普通高等教育计算机类系列教材

# Android 移动应用开发

主　编　罗　剑　潘雪峰

参　编　张　昀　崔　浩　胡克伟

机械工业出版社

本书介绍了Android开发的基础知识与流行框架，内容包括Android程序结构与基础入门、Android程序的界面设计与控件的使用、Android的事件处理、Activity组件、内容提供者、广播机制、服务、数据存储技术、Android网络编程技术、多媒体技术以及流行的Android开发框架，如OkHttp、GSON、EventBus、Glide等。书中重要的知识点都配有示例，所有示例均使用Android Studio3.5工具开发。本书内容理论与实践相结合，理实一体，任务驱动，示例选用的技术一般为较新的版本，通过需求分析与实现的参考代码，逐步提高读者的动手能力。

本书配套有教学视频、教学课件、案例源代码以及习题等教学资源，知识点对应的示例都采用较新的技术实现，尽量与企业岗位需求接轨。

本书可作为高等院校本、专科计算机相关专业的教材，也可作为Android开发者的培训教材与自学参考书，非常适合Android开发入门阶段的读者。

**图书在版编目（CIP）数据**

Android移动应用开发／罗剑，潘雪峰主编. —北京：机械工业出版社，2022.6（2023.2重印）

普通高等教育计算机类系列教材

ISBN 978-7-111-70852-0

Ⅰ. ① A… Ⅱ. ①罗… ②潘… Ⅲ. ①移动终端－应用程序－程序设计－高等学校－教材 Ⅳ. ① TN929.53

中国版本图书馆CIP数据核字（2022）第090405号

机械工业出版社（北京市百万庄大街22号　邮政编码100037）
策划编辑：王玉鑫　　　　　责任编辑：王玉鑫　张翠翠
责任校对：史静怡　贾立萍　封面设计：张　静
责任印制：李　昂
北京捷迅佳彩印刷有限公司印刷
2023年2月第1版第2次印刷
184mm×260mm·21.5印张·546千字
标准书号：ISBN 978-7-111-70852-0
定价：69.00元

电话服务　　　　　　　网络服务
客服电话：010-88361066　机　工　官　网：www.cmpbook.com
　　　　　010-88379833　机　工　官　博：weibo.com/cmp1952
　　　　　010-68326294　金　书　网：www.golden-book.com
**封底无防伪标均为盗版**　机工教育服务网：www.cmpedu.com

# 前　　言

Android 是一款开源的操作系统。从 2007 年推出的 Android SDK 1.0 到现在的 Android 10，其市场占有率越来越高，应用也越来越广，对整个移动互联网产业带来了深远的影响。面对这种趋势，很多开发者加入到 Android 应用开发队伍行列，但是 Android 开发不是简单看一下开发者文档就能马上掌握的，还需要掌握很多基础知识才能理解 Android 开发的原理。本书采用流行的 Android Studio 3.5 作为开发工具，对 Android 基础知识进行详细的讲解，理论与实践相结合，注重通过代码与执行效果来介绍程序逻辑，让初学者很快就能进行 Android 开发。

本书使用 Java 作为编程语言，在学习本书之前必须具备 Java 面向对象的编程基础。本书的内容组织采用知识模块与案例模块相结合的双核模式，所有的示例都配有源代码。每章都会通过思维导图来总结知识点，帮助读者建立知识体系结构。每章的重要知识点都配有示例，通过实践帮助读者巩固所学知识，达到学以致用的目的。学习 Android 开发需要进行实践，只有反复地练习才能掌握书中的知识与开发技巧。本书的章节具有较强的关联性，难度循序渐进，分为 10 章，内容简单介绍如下。

第 1 章主要介绍了 Android 的基础知识，包括 Android 的历史和发展、Android 的系统架构、开发环境的搭建、开发第一个简单的 Android 程序、Android 程序的项目结构分析、程序资源的管理、程序的日志管理、调试与打包发布等。

第 2 ～ 3 章主要介绍了 Android 控件与界面的交互及 Android 界面布局，包括常用的控件、Android 的事件处理、Android 常用的布局类型以及 RecyclerView 等。

第 4 章主要介绍了 Activiy 组件和 Fragment，包括 Activity 的使用、生命周期、启动模式、Intent 对象、Fragment 及其界面间的传值问题等。最后通过完成一个学生信息查询程序，读者可掌握 Activity 和 Fragment 的使用方法。

第 5 章主要介绍了 Android 数据存储技术，包括文件存储、SharedPreferences 存储、SQLite 数据库存储，还简单地介绍了 Room 操作数据库等。最后通过完成一个学生信息管理程序，读者可掌握数据的持久化操作方法。

第 6 章主要介绍了 ContentProvider（内容提供者）的相关知识，包括 ContentProvider（内容提供者）、ContentResolver（内容解析者）及 ContentObserver（内容观察者）的使用等。最后通过读取系统短信和添加联系人程序，读者可掌握内容提供者的使用方法。

第 7 章主要介绍了网络编程相关的知识，包括 Socket 编程、HTTP、HttpURLConnection 和 WebView 的使用、JSON 格式及其解析、库的应用、多线程编程等。最后通过解析网络数据完成新闻列表客户端程序。

第 8 章主要介绍了与图像、多媒体应用相关的知识，包括绘图、动画、音频播放控件、视频控件的使用等。

第 9 章主要介绍了广播机制与服务组件，包括广播的使用和类型、广播接收者定义广播、Service 概述、服务通信以及 Service 的生命周期。

第 10 章主要介绍了 Android 开发中的流行框架，包括事件发布 – 订阅框架 EventBus、快速高效的 Android 图片加载框架 Glide、数据库 ORM 操作框架 GreenDao、视图注入框架 ViewBing。

本书在编写过程中与众多 Android 工程师进行了交流，得到了很多启发，在此表示感谢。

尽管本书在编写过程中查阅了很多资料，核对了所有代码，由于编者水平有限加之技术的发展更新速度很快，书中难免存在不足，欢迎读者给予宝贵意见，在此将不胜感激。

编　者

# 目　录

# 第1章

# 初识 Android 开发

**本章简介**

本章主要介绍 Android 的历史和发展，安装 JDK、Android Studio 和 SDK 来搭建 Android 开发环境，使用 Android Studio 开发第一个安卓应用，并通过第一个安卓应用掌握 Android 应用程序的基本结构和相关程序文件的作用，以及资源的管理及引用。开发过程中能够使用 Android Studio 提供的工具调试程序，开发完成后能够打包发布应用。

**学习目标**

1）了解 Android 的历史和发展。

2）掌握 Android 的系统架构。

3）掌握如何搭建 Android 开发环境。

4）掌握 Android 应用的项目结构。

5）掌握第一个 Android 应用的编写和运行。

6）了解 Android 应用程序的调试。

## 1.1 Android 系统概述

Android（安卓）是一种基于 Linux 的自由及开放源代码的操作系统，主要用于移动设备，如智能手机和平板计算机。Android 操作系统最初由 Andy Rubin 开发，主要支持手机。2005 年 8 月由 Google 收购并注资。2007 年 11 月，Google 与 84 家硬件制造商、软件开发商及电信营运商组建开放手机联盟，共同研发改良 Android 系统。随后 Google 以 Apache 开源许可证的授权方式发布了 Android 的源代码。第一部 Android 智能手机发布于 2008 年 10 月。Android 逐渐扩展到平板计算机及其他领域，如电视、数字照相机、游戏机、智能手表等。Android 在移动端操作系统上的市场份额全球领先。

## 1.1.1　Android 的历史和发展

### 1. Android 的起源

2003 年，以 Andy Rubin（Android 之父）为首的创业者成立了 Android 公司，致力于研发一种新型的数字照相机系统。不过，由于受市场前景所限，公司快速转向智能手机平台，试图与诺基亚 Symbian 及微软的 Windows Mobile 竞争。然而，资金逐渐成为一个问题，最终 Google 于 2005 年收购了 Android 公司。Andy Rubin 开始率领团队开发基于 Linux 的移动操作系统，绿色机器人形象和预览版本则在 2007 年诞生，Android 的图标如图 1-1 所示。

### 2. Android 的发展与前景

时至今日，Android 已经成为家喻户晓的移动平台，也是 Google 最为重要的业务之一。几乎每一个 Android 版本代号都是一种美味的甜点，这也给原本冷冰冰的操作系统增添了趣味。

Android 在正式发行之前，最开始拥有两个内部测试版本，并且以著名的机器人名称来对其进行命名，它们分别是阿童木（AndroidBeta）、发条机器人（Android 1.0）。后来由于涉及版权问题，谷歌将其命名规则变更为用甜点作为它们系统版本代号。甜点命名法始于 Android 1.5 发布的时候。作为每个版本代表的甜点的命名按照 26 个字母顺序：纸杯蛋糕（Cupcake，Android 1.5，2009 年 4 月 30 日发布）、甜甜圈（Donut，Android 1.6，2009 年 9 月 15 日发布）、松饼（Éclair，Android 2.0/2.1）、冻酸奶（Froyo，Android 2.2）、姜饼（Gingerbread，Android 2.3）、蜂巢（Honeycomb，Android 3.0）、冰激凌三明治（Ice Cream Sandwich，Android 4.0）、果冻豆（Jelly Bean，Android 4.1 和 Android 4.2）、奇巧（KitKat，Android 4.4）、棒棒糖（Lollipop，Android 5.0）、棉花糖（Marshmallow，Android 6.0）、牛轧糖（Nougat，Android 7.0）、奥利奥（Oreo，Android 8.0）、派（Pie，Android 9.0）。

后来，Google 宣布对 Android 系统进行重大改变，不仅换了全新的图标（见图 1-2），命名方式也变了。2019 年的 Android Q 的正式名称是 Android 10，界面如图 1-3 所示。从 Android 10 开始，Android 不会再按照基于甜点的字母顺序命名，而是转换为版本号，就像 Windows 和 iOS 系统一样。Google 开始提供系统级的"黑暗模式"，大部分预装应用、抽屉、设置菜单和 Google Feed 资讯流等界面和按钮，都会以黑色为主色调。

图 1-1　Android 图标

图 1-2　Android 全新图标

Android 平台的更新速度相当快，相信实际生活中使用 Android 手机的用户都有同感。而 Android 平台之所以发展迅速，与其自身开放性是分不开的。其开源性、硬件丰富性以及开发便捷性，注定其发展迅速。

### 1.1.2　Android 的特点

#### 1. 开放性

开放性体现在三个方面。第一是指 Android 从源码上开放，一个应用程序可以调用手机电话模块的任何核心功能。第二是指平台开放，不存在任何阻碍移动产业创新的专有权限制，任何联盟厂商都可自行定制基于 Android 操作系统的手机产品。第三是指运营上开放，手机使用什么方式接入什么网络用户可以自由选择，不再依赖运营商的控制。

#### 2. 强大的应用开发平台

图 1-3　Android 10 的界面

Android 提供的应用开发平台，可以使开发人员基于 Android 应用开发框架方便、灵活地开发各种移动应用。其核心应用和第三方应用完全平等。用户能完全根据自己喜好定制手机服务系统，并支持组件的重用和替换。应用程序可以轻松地嵌入网络功能支持，并可并行执行。

#### 3. 支持丰富的硬件

由于 Android 的开放性，厂商可推出各具功能特色的多种产品。

#### 4. 巨大的市场前景

Android 市场占有率位居全球第一，机型数量庞大、简单易用，其开放性使厂商和客户可以定制桌面和主题风格，从而实现简单或华丽的界面。

#### 5. 广泛的应用

Android 从手机操作系统开始，现已发展成为很多移动设备（如平板计算机、PDA）的操作系统，并进而成为物联网中广泛采用的操作系统。

### 1.1.3　Android 的系统架构

Android 采用了分层的架构。从架构图（见图 1-4）中可以看到，Android 分为 4 层，从高层到低层分别是应用程序层、应用程序框架层、系统运行库层和 Linux 内核层。这种分工保证了层与层之间的低耦合，当某一层改变时，不会对其他层产生较大影响，有利于系统的维护。

#### 1. 应用程序层

Android 系统包含一系列的应用程序（Applications）。Android 中的核心应用程序会和 Android 系统一起发布，该应用程序包括客户端、SMS 短消息程序、日历、地图、浏览器、联系人管理程序等。本书要开发的程序都是 Android 系统中的应用程序。

#### 2. 应用程序框架层

应用程序框架（Application Framework）为开发 App 提供了大量的 API，开发者可以通过这些 API 来构建自己的应用程序。它除了可作为应用程序开发的基础之外，也是软件复用的重要手段，任何已开发完成的 App 都可发布它的功能模块，只要遵守了 Framework 的约定，其他应用程序就可使用这个功能模块。

图 1-4 Android 系统的架构图

应用程序框架包含以下组件：

1）Activity Manager（活动管理器）：管理应用程序的生命周期，起控制器的作用。

2）Windows Manager（窗口管理器）：管理所有窗口程序。

3）Content Provider（内容提供器）：提供一种服务，使应用程序之间可以实现数据共享，即使一个程序可以访问另一个程序的数据。

4）View System（视图系统）：是一组丰富并可扩展的视图组件，用于构建应用程序，如文本框（TextView）、编辑框（EditText）、图标按钮（ImageButton）、复选框（Checkbox）等。

5）Package Manager（包管理器）：管理安装在 Android 系统内的应用程序。

6）Telephone Manager（电话管理器）：管理电话相关功能。

7）Resource Manager（资源管理器）：对非编码资源进行统一管理。

8）Location Manager（定位管理器）：管理地图相关服务功能。

9）Notification Manager（通知管理器）：将应用消息显示在状态栏中，给用户以提示或通知。

3. 系统运行库层

Android 包含一套被不同组件所使用的 C/C++ 库的集合。一般来说，Android 应用开发者不能直接调用这套 C/C++ 库集，但可以通过它上面的应用程序框架来调用这些库，如系统 C 库、媒体库、Surface Manager、LibWebCore、SGL、3D Libraries、Free Type、SQLite。

Android 运行时（Android Runtime）由两部分组成：Android 核心库集和虚拟机 ART。其中，核心库集提供了 Java 语言的核心库所能使用的绝大部分功能，而虚拟机 ART 则负责运行所有的应用程序。

Android 5.0 以前的 Android 运行时由 Dalvik 虚拟机和 Android 核心库集组成，但由于 Dalvik 虚拟机采用了一种被称为 JIT（Just-in-time）的解释器进行动态编译并执行，因此导致 Android 运行时比较慢；而 ART 模式则是在用户安装 App 时进行预编译（Ahead-of-time，

AOT），将原本在程序运行时进行的编译动作提前到应用安装时，这样使得程序在运行时可以减少动态编译的开销，从而提升 Android App 的运行效率。由于 ART 需要在安装 App 时进行 AOT 处理，因此 ART 需要占用更多的存储空间，应用安装和系统启动时间会延长不少。除此之外，ART 还支持 ARM、x86 和 MIPS 架构，并且完全兼容 64 位系统，因此 Android 5.0 必然能够带来更好的用户体验。

#### 4. Linux 内核层

Android 系统建立在 Linux 内核之上。Linux 内核提供了安全性、内存管理、进程管理、网络协议栈和驱动模型等核心系统服务。

## 1.2　搭建 Android 开发环境

"工欲善其事，必先利其器"，选择一款好的开发工具能很大幅度地提升开发效率。Android 平台官方推荐的开发工具当属 Android Studio。Android Studio 是 Google 为开发设计人员提供的集成开发环境，基于 IntelliJ IDEA 工具。除 IntelliJ IDEA 工具外，Android Studio 还提供基于 Gradle 的构建支持，Google 建议开发设计人员尽快从 Eclipse 集成开发环境转为使用 Android Studio 集成开发环境。本节将讲解搭建 Android 开发环境时用到的工具以及 Android Studio 的安装步骤。

### 1.2.1　开发工具准备

本书的 Android 程序是使用 Java 语言编写的，在学习 Android 开发之前需要先熟悉一下 Java 的基础语法和特性。下面介绍搭建 Android 开发环境时需要用到的几个工具。

1）JDK。JDK 全称是 Java Development Kit，是 Java 语言的软件开发工具包，它包括了 Java 的运行环境、工具集合、基础类库等内容。

2）Android SDK。Android SDK 是 Googel 公司提供的 Android 开发工具包。此包专门为 Android 开发提供，包含了大量 Android 相关的 API 以供开发者开发使用。

3）Android Studio。这款开发工具是 2013 年由 Googel 官方推出的，经过几年的发展，其稳定性也大大增强，可以说已经完全取代了之前使用插件在 Eclipse 上开发安卓应用的形式。本书中所有的代码都是在 Android Studio 上开发的。

Android Studio 中已经集成了 JDK 和 SDK 的版本，不过还是建议亲自动手安装 JDK 部分，因为学习 Android 开发必须要有 Java 基础，而安装 JDK 也是学习 Java 必须经历的过程。

**提示**：Kotlin 是一种用于多平台应用的静态编程语言，也可以用于开发 Android 应用程序。

### 1.2.2　安装开发环境

#### 1. 安装 JDK

1）下载和安装 JDK 8。之所以要下载 JDK 8，是因为现在 Android Studio 的最新版本要求必须是 JDK 8 版本，否则编译 Android 项目时会报错。JDK 8 的下载地址为 https://www.oracle.com/java/technologies/javase-jdk8-downloads.html，直接访问该地址就可以下载，该地址打开后的界面如图 1-5 所示。

图 1-5　下载 JDK 地址界面

如果使用的计算机是 32 位 Windows 操作系统，可选择 Windows x86 版本。下载完成之后，双击下载的文件开始安装，可以把 JDK 统一放在 Java 文件夹中，通过单击"更改"按钮就可以实现。注意，安装路径中不要有中文，最好也不要有空格或特殊符号。路径确定之后，单击"下一步"按钮，开始安装 JDK。安装完成后会进入安装完成界面，单击"关闭"按钮，关闭当前界面，完成 JDK 的安装。安装完成后的 Java 文件夹目录如图 1-6 所示。

图 1-6　安装完成 JDK 后的 Java 文件夹目录

2）配置环境变量。右击桌面上的"计算机"图标，在弹出的快捷菜单中选择"属性"命令，进入显示系统基本信息的"系统"窗口，如图 1-7 所示。

图 1-7　"系统"窗口

单击“高级系统设置”选项，打开“系统属性”对话框，如图 1-8 所示。

单击“环境变量”按钮，打开“环境变量”对话框，如图 1-9 所示。

图 1-8　“系统属性”对话框

图 1-9　“环境变量”对话框

在“系统变量”列表框下面单击“新建”按钮，在弹出的“编辑系统变量”对话框中，在“变量名”输入框中输入“JAVA_HOME”，在“变量值”输入框中输入之前安装的 JDK 目录，本例的安装目录是“C:\Program Files\Java\jdk1.8.0_191”，如图 1-10 所示。单击“确定”按钮，完成 JAVA_HOME 环境变量的配置。

图 1-10　“编辑系统变量”对话框

在图 1-9 的“系统变量”列表框中寻找 Path 变量（通过拖动“系统变量”列表框中的滚动条查找），选中双击，出现“编辑环境变量”对话框，如图 1-11 所示。

在图 1-11 中单击“新建”按钮后输入“C:\Program Files\Java\jdk1.8.0_191\bin”或“%JAVA_HOME%\bin”，单击“确定”按钮完成 Java Path 设置。在安装配置完成之后需测试 JDK 是否安装成功。首先在键盘上按住 Windows+R 组合键，会出现图 1-12 所示的“运行”对话框。

图 1-11　"编辑环境变量"对话框

图 1-12　"运行"对话框

输入 cmd，单击"确定"按钮，出现图 1-13 所示的"命令行"窗口。

图 1-13　"命令行"窗口

输入"java-version"，按"Enter"键，如果出现图 1-14 所示的界面内容，则表示安装成功，否则安装失败。

图 1-14　执行"java-version"命令

### 2. Android Studio 的安装

Android Studio 可以在 Android 官网上下载，本书采用的 Android Studio 版本为 3.5。在下载页面找到 Android Studio 并下载完成后，双击 .exe 文件开始安装，安装过程很简单，连续单击 Next 按钮即可。安装完成后，打开 Android Studio 的欢迎界面，如图 1-15 所示。

图 1-15　Android Studio 的欢迎界面

**提示：** 安装帮助地址是 https://developer.android.google.cn/studio/install。

3. SDK 的安装

在图 1-15 中选择 "Configure" 选项，在弹出的下拉列表中选择 "SDK Manager" 选项，弹出的窗口如图 1-16 所示。

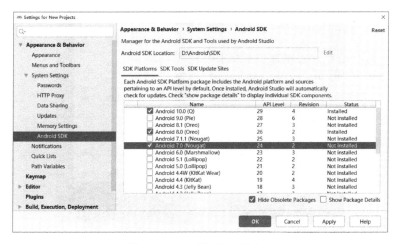

图 1-16　SDK 设置与下载窗口

SDK 设置窗口也可以在 Android Studio 中，打开 "Settings" 对话框（在 Mac OS 上，打开 Preferences），然后依次转到 Appearance & Behavior → System Settings → Android SDK。

在 SDK 设置窗口中将 Android SDK Location 的值更改为 D:\Android\SDK，选择 SDK Platforms，选择要下载的版本，单击 "Apply" 按钮和 "OK" 按钮下载 SDK。

4. 创建 Android 虚拟设备（AVD）

Android 应用程序可以在实体手机上执行，也可以创建一个 Android 虚拟设备（Android Virtual Device，AVD）来测试。每一个 Android 虚拟设备（AVD）模拟一套虚拟环境来运行 Android 操作系统平台，这个平台有自己的内核、系统图形、外观显示、用户数据区和仿真的 SD 卡等。

在图 1-15 的启动界面上，选择 "Configure" 选项，弹出窗口，选择 "Android Virtual Device Manager" 选项，弹出 "Android Virtual Device Manager" 窗口，如图 1-17 所示。

图 1-17 "Android Virtual Device Manager" 窗口

单击窗口下方的 "Create Virtual Device" 按钮，选择设备参数，创建虚拟设备。创建完成后，可以在设备列表中单击 Actions 中的启动按钮，启动后的 Android 虚拟机如图 1-18 所示。

图 1-18 Android 虚拟机

## 1.3 开发 Android 应用程序

从概念上来讲，Android 应用程序的开发工作流程与其他应用平台相同。不过，要想高效地编译精心设计的 Android 应用程序，需要用到一些专业工具。开发 Android 应用程序的步骤：启动环境，创建项目；编写程序；编译并运行；调试、分析和测试；发布。

### 1.3.1 开发第一个 Android 应用程序

#### 1. 创建一个新的 Android 项目

启动 Android Studio，在欢迎界面选择 "Start a new Android Studio project"，选择适合自己 App 的界面布局，如图 1-19 所示。

图 1-19 选择界面布局

单击"Next"按钮后,在弹出的界面中设置项目名称为 MyFirstApp,并设置存储路径和最低的 API 等级,如图 1-20 所示。

图 1-20 设置项目参数

单击"Finish"按钮后,系统自动生成一个 Android 应用项目结构,如图 1-21 所示。

图 1-21 生成的 Android 应用项目结构

2. 编写程序

在创建 MyFirstApp 项目后，打开主程序文件 MainActivity.java，可以看到系统自动生成的代码如下：

```java
package com.qcxy.myfirstapp;
import androidx.appcompat.app.AppCompatActivity;
import android.os.Bundle;
public class MainActivity extends AppCompatActivity {
    @Override
    protected void onCreate(Bundle savedInstanceState) {
        super.onCreate(savedInstanceState);
        setContentView(R.layout.activity_main);          // 显示 activity_main.xml 定义的界面
    }
}
```

以上代码中的 MainActivity 类的作用是展示 Android 项目的界面和交互功能，其显示的界面视图在 res → layout 文件夹下的 activity_main.xml 中定义了。

activity_main.xml 布局文件的内容如下：

```xml
<?xml version = "1.0" encoding = "utf-8"?>
<androidx.constraintlayout.widget.ConstraintLayout
    xmlns:android = "http://schemas.android.com/apk/res/android"
    xmlns:app = "http://schemas.android.com/apk/res-auto"
    xmlns:tools = "http://schemas.android.com/tools"
    android:layout_width = "match_parent"
    android:layout_height = "match_parent"
    tools:context = ".MainActivity">
    <TextView
        android:layout_width = "wrap_content"
        android:layout_height = "wrap_content"
        android:text = "Hello World!"
        app:layout_constraintBottom_toBottomOf = "parent"
        app:layout_constraintLeft_toLeftOf = "parent"
        app:layout_constraintRight_toRightOf = "parent"
        app:layout_constraintTop_toTopOf = "parent" />
</androidx.constraintlayout.widget.ConstraintLayout>
```

其对应的设计视图如图 1-22 所示。

可以在设计视图中添加 Android 组件和设置其属性，添加的组件和设置的属性都会显示在界面上。

MainActivity 通过系统生成的 R.java 文件中的 R 类找到布局文件和里面的组件，该文件将 res 目录中的资源与 id 编号进行映射，从而可以方便地对资源进行引用。R 文件的源代码如图 1-23 所示。

在程序中引用资源需要使用 R 类，其引用形式如下：

R. 资源类型 . 资源名称

图 1-22　设计视图

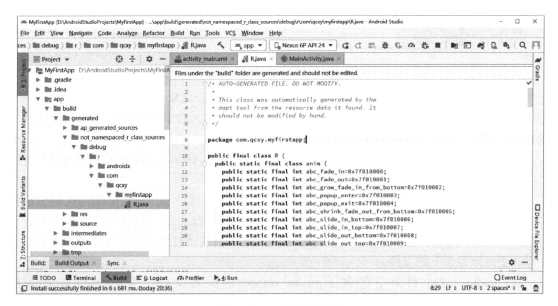

图 1-23　R 文件的源代码

例如：

1）在 Activity 中显示布局视图：setContentView(R.layout.activity_main)。

2）在程序中获取布局文件内 id 为 txtHello 的组件：findViewById(R.id.txtHello)。

### 3. 在模拟器中运行应用程序

在工具栏中单击运行按钮 ▶ ，就可以在 ADV 模拟器中看到应用程序的运行结果。程序运行结果如图 1-24 所示。模拟器启动需要比较长的时间，不要随便关闭。

单击 Android Studio 中的红色停止按钮 ■ ，结束程序运行。

**提示：** Google 为 Android 开发者提供了开发者文档，网址为 https://developer.android.google.cn/docs。

## 1.3.2 Android 项目结构分析

单击 App 上面的下拉列表，选择 Project，就会显示项目的完整结构，如图 1-25 所示。

图 1-24　程序运行结果

图 1-25　项目的完整结构

这个项目结构已经转换到了 Project 完整结构中，Android Studio 的默认结构是 Android 结构。Android 结构是 Android Studio 自动简化之后的结构，对于初次使用该 IDE 的读者来说比较难以理解。现在来观察 Project 下的项目结构：

1）.gradle 和 .idea。这两个目录用户无须关心，这是 Android Studio 自动生成的文件，开发者不要去手动更改这些文件。

2）app。项目中的代码和资源等内容几乎都放在这个目录下，在实际编写代码时也都在这个目录下进行，随后将会单独对这个目录进行详细讲解。

3）build。此目录也不必去关心，里面主要放置一些编译时生成的文件，开发者也不要手动去更改该目录下的文件。

4）gradle。这个目录下包含了 gradle wrapper 的配置文件，使用 gradle wrapper 的方式不需要提前将 gradle 下载好，系统会自动根据本地的缓存情况决定是否需要联网下载 gradle。若需要打开，可以通过选择 Android Studio 导航栏→File→Settings 命令，"Settings"对话框如图 1-26 所示。

5）.gitignore。此文件是用来将指定的目录或文件排除在版本控制之外，关于版本控制会在之后的目录中介绍。

6）build.gradle。这是项目全局的 gradle 构建脚本，一般此文件中的内容是不需要修改的。稍后详细分析 gradle 脚本中的内容。

7）gradle.properties。这个文件是全局的 gradle 配置文件，在这里配置的属性将会影响全局项目中所有的 gradle 编译脚本。

8）gradlew 和 gradlew.bat。这两个文件是用来在命令行界面中执行 gradle 命令的，其中 gradlew 是在 Linux 或 Mac 系统中使用的，gradlew.bat 是在 Windows 系统中使用的。

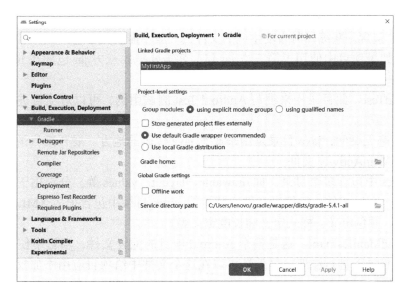

图 1-26　"Settings" 对话框

9）MyFirstApp.iml。.iml 文件是所有 IntelliJ IDEA 项目中都会自动生成的一个文件（Android Studio 是基于 IntelliJ IDEA 开发的），开发者也不用修改这个文件中的任何内容。

10）local.properties。这个文件用于指定本机中的 Android SDK 路径，通常内容都是自动生成的，并不需要修改。除非用户计算机上的 SDK 位置发生变化，此时将这个文件中的路径改成新的路径即可。

11）settings.gradle。这个文件用于指定项目中所有引入的模块。由于 MyFirstApp 项目中只有一个 app 模块，因此该文件中也引入了 app 这一个模块。通常情况下，模块的引入都是自动完成的，需要手动修改 settings.gradle 这个文件的场景较少，但是应知道这个文件的作用。

至此，整个项目的外层目录已经介绍完毕。除了 app 目录之外，绝大多数的文件和目录都是自动生成的，开发者并不需要修改。而 app 目录才是之后开发的重点目录，将它展开，如图 1-27 所示。

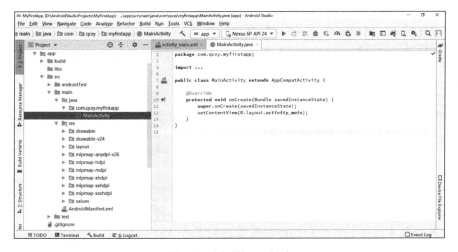

图 1-27　展开的 app 目录

下面对 app 目录进行详细分析。

1）build。包含一些编译时自动生成的文件，一般不需要关心它。

2）libs。如果项目中使用了第三方 jar 包，就需要把第三方 jar 包放在 libs 目录下。放在这个目录下的 jar 包会被自动添加到构建路径中去。

3）androidTest。此目录用来编写 Android Test 测试用例，可以对项目进行一些自动化测试。

4）java。毫无疑问，java 目录是用来放置 java 代码的地方。展开该目录，可以看到之前自动创建的 MainActivity 文件。

5）res。res 中包含多个目录，如 drawable、layout、values 等，分别用于存放项目工程中使用的图片、布局文件、字符串文件。其中，values 目录中包含很多 XML 描述文件，包括字符串定义、颜色定义、样式定义和长度定义等。

6）AndroidManifest.xml。这是整个 Android 项目的配置文件，项目中使用到的四大组件都需要在该目录下进行注册。另外还可以在这个文件中给项目应用添加权限声明。这个文件会经常用到。

7）test。用来编写 Unit Test 测试用例，是对项目进行自动化测试的另一种方式。

8）.gitignore。与外层的 .gitignore 文件作用相似，是将 app 模块中的指定文件或目录排除在版本控制之外。

9）app.iml。项目自动生成的文件，开发者不需要修改此文件内容。

10）proguard-rules.pro。这个文件用于指定项目代码的混淆规则，当代码开发完成后，打成安装包文件，如果不希望代码被别人破解，通常会将代码进行混淆，从而让破解者难以阅读。

### 1.3.3 程序文件分析

#### 1. Android 程序的组成结构

Activity 程序的组成结构与 Java 程序的组成结构是相同的，打开 src 目录下的 MainActivity.java 文件，其代码如下。

```
package com.qcxy.myfirstapp;                        // 包声明语句
// 导入包
import androidx.appcompat.app.AppCompatActivity;
import android.os.Bundle;
// 定义 MainActivity 类继承 AppCompatActivity
public class MainActivity extends AppCompatActivity {
    @Override                                       // 重写 onCreate() 方法
    protected void onCreate(Bundle savedInstanceState) {
        super.onCreate(savedInstanceState);         // 调用父类的 onCreate() 方法
        setContentView(R.layout.activity_main);     // 显示布局文件的内容
    }
}
```

MainActivity 继承自 AppCompatActivity，这是一种向下兼容的 Activity，可以将 Activity 在各个版本增加的特性和功能最低兼容到系统 Android 2.1。而用户必须知道，开发中所有自定义的 Activity 都必须继承自 Activity 或者 Activity 的子类，才能拥有 Activity 的特性，此代码中，AppCompatActivity 是 Activity 的子类。下面有一个 onCreate() 方法，这个方法是 Activity 创建时必须执行的方法，而在此方法中并没有看到 Hello World 字样，那么在模拟器中看到的 Hello World 来自哪里呢？

其实 Android 程序的设计讲究逻辑层与视图层分离，在 Activity 中一般不直接编写界面，而是在布局文件 layout 中编写，那么在 Activity 中怎么与 layout 联系呢？通过 setContentView() 方法。在上面代码中可以看到，setContentView() 引入了一个称为 activity_main 的 layout 文件，那么可以猜测，Hello World 字样一定来自这个布局文件。按住 Ctrl 键的同时单击鼠标左键可以直接打开该布局文件。顺便提一下，Android Studio 有很多快捷键供开发者使用，在后续的开发练习中可以多多练习使用快捷键，这样可以大大提升开发效率。

### 2. 项目配置文件 AndroidManifest.xml

AndroidManifest.xml 清单文件是每个应用程序都需要的系统配置文件，它是对整个 Android 应用的全局描述文件。清单文件详细说明了应用的图标、名称以及包含的各种组件等，它位于应用程序根目录下。

AndroidManifest.xml 文件代码内容如下：

```xml
<?xml version = "1.0" encoding = "utf-8"?>
<manifest xmlns:android = "http://schemas.android.com/apk/res/android"
    package = "com.qcxy.myfirstapp">

    <application
        android:allowBackup = "true"
        android:icon = "@mipmap/ic_launcher"
        android:label = "@string/app_name"
        android:roundIcon = "@mipmap/ic_launcher_round"
        android:supportsRtl = "true"
        android:theme = "@style/AppTheme">
        <!-- 应用程序的 Activity-->
        <activity android:name = ".MainActivity">
            <intent-filter>
                <!-- 指定该 Activity 为程序的入口 -->
                <action android:name = "android.intent.action.MAIN" />
                <!-- 指定启动应用时运行该 Activity-->
                <category android:name = "android.intent.category.LAUNCHER" />
            </intent-filter>
        </activity>
    </application>
</manifest>
```

AndroidManifest.xml 文件代码说明如表 1-1 所示。

表 1-1 AndroidManifest.xml 文件代码说明

| 代码元素 | 说明 |
| --- | --- |
| manifest | .xml 文件的根结点，包含了 package 中所有的内容 |
| xmlns:android | 命名空间的声明，使得 Android 中各种标准属性能在文件中使用 |

（续）

| 代码元素 | 说明 |
|---|---|
| package | 声明应用程序包 |
| application | application 级别组件的根结点。声明一些全局或默认的属性，如标签、图标、必要的权限等 |
| android:icon | 应用程序图标 |
| android:label | 应用程序名称 |
| activity | Activity 是一个应用程序与用户交互的图形界面。每一个 Activity 必须有一个 <activity> 标记对应 |
| android:name | 应用程序默认启动的活动程序 Activity 界面 |
| intent-filter | 声明一组组件支持的 Intent 值。在 Android 中，组件之间可以相互调用、协调工作。Intent 提供组件之间通信所需要的相关信息 |
| action | 声明目标组件执行的 Intent 动作 |
| category | 指定目标组件支持的 Intent 类别 |

# 1.4　资源的管理与引用

在 Android 程序中，人们经常把图片、文字、样式、布局、颜色等信息放在外部的资源文件中，这些文件也是程序的一部分，会被编译到 App 中。在 Android 程序中，资源文件一般存放在 res 目录下。下面将对 res 目录下的资源进行介绍。

## 1.4.1　字符串资源文件

在界面中出现的文字都可以使用字符串资源存储到文件中，如程序需要的文本提示信息、控件上显示的文本或标题等。为了在开发过程中更加方便、快捷地使用字符串，Android 系统使用了强大的字符串资源，人们可以在 res/values 目录下的 string.xml 文件中定义字符串。

定义字符串的代码如下：

```
<resources>
    <string name = "app_name">App 名称 </string>
</resources>
```

上述代码中，<string> </string> 标签定义的就是字符串资源，其中，name 属性指定字符串的资源名称，两个标签中间就是字符串的内容。需要注意的是，string.xml 文件中只能有一个根元素，但是根元素中间可以包含多个 <string> </string> 标签。

在程序中调用字符串资源的方式有两种，一种是通过 Java 代码来调用该字符串资源，另一种是在 XML 布局文件中引用字符串资源。具体使用方式如下：

1）通过 Java 代码调用字符串资源。

在 Activity 的 onCreate() 方法中调用名为 app_name 的字符串资源的代码如下：

```
getResources().getString(R.string.app_name);
```

2）在 XML 布局文件中引用字符串资源。

在 XML 布局文件中通过 @string 引用字符串资源，例如在 XML 布局文件中引用名为

app_name 字符串资源，代码如下：

    @string/app_name

## 1.4.2　颜色资源

在 Android 程序中，可以在 res/values/ 文件夹的 colors.xml 文件中定义颜色。

在 XML 中定义的颜色值，颜色使用 RGB 值和 Alpha 通道指定。可以在接收十六进制颜色值的任何地方使用颜色资源，例如保存在 res/values/colors.xml 的 XML 文件中的代码如下：

```xml
<?xml version = "1.0" encoding = "utf-8"?>
    <resources>
        <color name = "opaque_red">#f00</color>
        <color name = "translucent_red">#80ff0000</color>
    </resources>
```

当 XML 中需要可绘制资源时，也可以使用颜色资源（如 android:drawable="@color/opaque_red"）。资源的引用有两种方式：

1）在 Java 中：R.color.color_name。

```java
Resources res = getResources();
int color = res.getColor(R.color.opaque_red);
```

2）在 XML 中：@[package:]color/color_name。

```xml
<TextView
    android:layout_width = "fill_parent"
    android:layout_height = "wrap_content"
    android:textColor = "@color/translucent_red"
    android:text = "Hello"/>
```

补充：在 Android 中，颜色值由 RGB（红、绿、蓝）三原色和一个透明度（Alpha）表示，颜色值必须以"#"开头，"#"后面显示 Alpha-Red-Green-Blue 形式的内容。其中，Alpha 值可以省略，如果省略，则表示颜色默认是完全不透明的。

## 1.4.3　可绘制对象资源

可绘制对象资源是图形的一般概念，是指可在屏幕上绘制的图形，以及可使用 getDrawable(int) 等 API 检索的图形，或应用到拥有 android:drawable 和 android:icon 等属性的其他 XML 资源的图形。可绘制对象包含多种类型，如位图文件、九宫格文件、图层列表等。这里主要以位图文件为例。

Android 支持 3 种格式的位图文件：.png（首选）、.jpg（可接受）、.gif（不建议）。使用时将任一位图文件保存到 res/drawable/ 目录中时，Android 会为其创建 Drawable 资源。使用时将应用图标资源存放在 mipmap 文件夹中，界面中使用的图片资源存放在 drawable 文件夹中。

根据屏幕密度的不同，Android 系统自动匹配对应文件夹中的资源。在 res 中，mipmap 和 drawable 文件夹中的屏幕密度匹配规则如表 1-2 所示。

表 1-2　屏幕密度匹配规则

| 密度范围值 | mipmap 文件夹 | drawable 文件夹 |
| --- | --- | --- |
| 120 ～ 160dpi | mipmap_mdpi | mipmap_mdpi |
| 160 ～ 240dpi | mipmap_hdpi | drawable_hdpi |
| 240 ～ 320dpi | mipmap_xdpi | drawable_xdpi |
| 320 ～ 480dpi | mipmap_xxdpi | drawable_xxdpi |
| 480 ～ 640dpi | mipmap_xxxdpi | drawable_xxxdpi |

程序中可使用文件名作为资源 ID 来直接引用位图文件，也可以在 XML 中创建别名资源 ID。

当图像保存为 res/drawable/myimage.png 后，在布局 XML 文件中使用如下代码会将该图像应用至视图：

```
<ImageView
    android:layout_height = "wrap_content"
    android:layout_width = "wrap_content"
    android:src = "@drawable/myimage" />
```

在 Java 应用程序中，使用如下代码获取图像资源：

```
Resources res = getResources();
Drawable drawable = ResourcesCompat.getDrawable(res, R.drawable.myimage, null);
```

### 1.4.4　主题与样式资源

Android 中的样式和主题都用于为界面元素定义显示风格，它们的定义方式比较类似，下面分别介绍。

#### 1. 样式资源

样式是指为 View 或窗口指定外观和格式的属性集合。样式可以指定高度、填充、字体、颜色、字号、背景色等许多属性。样式在与指定布局 XML 不同的 XML 资源中进行定义。Android 中的样式和 CSS 样式作用相似，都用于为界面元素定义显示风格，它是包含一个或者多个 View 控件属性的集合。样式只能作用于单个 View，如 EditText、TextView。使用样式可以将多个控件具有的重复属性统一抽取出来进行编写，避免书写大量重复代码。例如可以将如下代码进行重构：

```
<TextView
    android:layout_width = "fill_parent"
    android:layout_height = "wrap_content"
    android:textColor = "#00FF00"
    android:typeface = "monospace"
    android:text = "@string/hello" />
```

将布局 XML 中所有与样式有关的属性都移除，并置于一个名为 CodeFont 的样式定义内，然后通过 style 属性加以应用。重构后的结构如下：

```
<TextView
    style = "@style/CodeFont"
    android:text = "@string/hello" />
```

下面详细说明如何定义样式资源。

（1）定义样式资源

在项目的 res/values/ 目录中创建一个设置样式 XML 文件。默认有一个 styles.xml 样式资源文件保存在 res/values/ 文件夹内。

该 XML 文件的根结点必须是 <resources>。如果要创建样式，则可向该文件中添加 <style> 元素，该元素带有对样式进行唯一标识的 name 属性（该属性为必需属性）。然后为该样式的每个属性添加一个 <item> 元素，该元素带有声明样式属性以及属性值的 name（该属性为必需属性）。根据样式属性，<item> 的值可以是关键字字符串、十六进制颜色值、对另一资源类型的引用或其他值。以下是一个包含单个样式的示例文件：

```
<?xml version = "1.0" encoding = "utf-8"?>
<resources>
    <style name = "CodeFont" parent = "@android:style/TextAppearance.Medium">
        <item name = "android:layout_width">fill_parent</item>
        <item name = "android:layout_height">wrap_content</item>
        <item name = "android:textColor">#00FF00</item>
        <item name = "android:typeface">monospace</item>
    </style>
</resources>
```

在上述代码中，<resources> 元素的每个子项都会在编译时转换成一个应用资源对象，该对象可由 <style> 元素的 name 属性中的值引用。可从 XML 布局以 @style/CodeFont 形式引用该示例样式。<style> 元素中的 parent 属性是可选属性，它指定应作为此样式所继承属性来源的另一样式的资源 ID。

提示：样式是使用 name 属性中提供的值（不是 XML 文件的名称）引用的简单资源。因此，可以在一个 XML 文件中将样式资源与其他简单资源合并到一个 <resources> 元素下。

（2）使用样式

在布局文件的 View 控件中使用 style 属性调用定义的样式，如下面代码：

```
<TextView
    style = "@style/CodeFont"
    android:text = "@string/hello" />
```

### 2. 主题资源

主题也是包含一个或者多个 View 控件属性的集合，但它的作用范围与样式不同。主题是通过 AndroidManifest.xml 中的 <application> 和 <activity> 结点用在整个应用或者某个 Activity，它的影响是全局性的。如果一个应用中使用了主题，同时应用下的 View 使用了样式，那么当主题和样式中的属性发生冲突时，样式的优先级高于主题。

在 Android 系统中，自带的样式和主题都可以直接用，例如设置主题可以通过 android:theme="android:style/…"，在弹出的对话框中选择。

（1）定义主题

　程序要使用定制主题，必须先定义主题，在 res/values 目录下的 styles.xml 文件中定义主题，代码如下：

```
<style name = "AppTheme" parent = "Theme.AppCompat.Light.DarkActionBar">
    <!-- Customize your theme here. -->
    <item name = "colorPrimary">@color/colorPrimary</item>
    <item name = "colorPrimaryDark">@color/colorPrimaryDark</item>
    <item name = "colorAccent">@color/colorAccent</item>
</style>
```

　　上述代码中，<style> </style> 标签用于定义主题，<style> 标签中的 name 属性用于指定主题的名称，parent 属性指定 Android 系统提供的父主题。<style> </style> 中包含的 <item> </item> 标签用于设置主题的样式。

　　（2）使用主题

　　在 Android 程序中调用 styles.xml 文件中的主题，可以在 AndroidManifest.xml 中引用，如：

```
<application
    …
    android:theme = "@style/AppTheme">

</application>
```

通过 Java 代码引用，代码如下：

```
setTheme(R.style.AppTheme)
```

## 1.4.5　布局资源

　　从前面的内容可以看到，在程序的 res 目录下有一个 layout 文件夹，该文件夹中存放的是程序中的所有布局资源文件，这些布局资源通常用于搭建 App 中的各个界面。

　　当创建一个 Activity 时，可以选择同时创建它的布局文件，这时会在 res/layout 文件夹中生成一个 XML 布局文件，也可以单独在 res/layout 文件夹中创建新的布局资源文件。

　　布局资源文件创建好后，可以通过 Java 程序使用，或者在另一个布局文件中引用，具体如下：

　　1）通过 Java 代码调用布局资源文件。在 Activity 中找到 onCreate() 方法，在该方法中通过调用 setContentView() 方法来加载 Activity 对应的布局资源文件，代码如下：

```
setContentView(R.layout.activity_main);
```

　　2）在 XML 布局文件中引用其他布局文件。在 XML 布局文件中可以通过 <include> 标签引入其他的布局资源文件，例如在 XML 布局文件中调用 activity_login.xml 文件，代码如下：

```
<include layout = "@layout/activity_logo"/>
```

## 1.5　应用程序主题制作

随着移动互联网的快速发展，已经有越来越多的互联网企业在 Android 平台上部署客户端。为了提升用户体验，客户端布局一般非常合理，而且美观。Android 应用程序开发中涉及的样式设计是提升用户体验的关键之一。

Android 中的样式分为两个方面：

1）主题（Theme）是针对窗体级别的，可改变窗体的样式。

2）样式（Style）是针对窗体元素级别的，可改变指定控件或者布局的样式。

主题和样式的区别主要体现如下：

1）主题不能作用于单个的 View 控件，主题对整个应用中所有的 Activity 起作用，或者对指定的 Activity 起作用。

2）主题定义的格式只能改变窗口的外观。主题是用来设置界面 UI 风格的，因此可以通过主题来设置整个应用或者某个 Activity 的界面风格。Android 系统为程序开发者提供了大量主题供开发者选择使用。

开发者可以在应用程序中创建自定义的主题样式。Android 源码中的 themes.xml 和 style.xml（位于 /frameworks/base/core/res/res/values/）包含了很多系统定义好的样式，开发者可以在里面挑选合适的，然后继承修改。

## 1.6　程序的日志

程序日志是记录程序中硬件、软件、系统问题的反馈信息，同时还可以监视程序中发生的执行状态和变化。用户可以通过它来检查错误发生的原因和痕迹。日志包括系统日志、应用程序日志和安全日志。日志通常有 5 种输出类型级别，详细描述如下：

1）Verbose 级别：Verbose 通常表达开发调试过程中的一些详细信息，用 Log.v() 方法输出日志信息，是最低级的 Log。

2）Debug 级别：Debug 表达调试信息，用 Log.d() 输出，设置 Debug 级别后能输出 Debug、Info、Warn、Error 级别的 Log 信息。

3）Info 级别：Info 用来表达一些信息，用 Log.i() 输出，能输出 Info、Warn、Error 级别的 Log 信息。

4）Warn 级别：Warn 表示警告，但不一定会出现错误，开发时用来表示特别注意的地方。用 Log.w() 输出，能输出 Warn、Error 级别的 Log 信息。

5）Error 级别：Error 表示出现错误，是最需要关注的。用 Log.e() 输出，能输出 Error 级别的 Log 信息。

Android 应用程序运行后并不会在 Android Studio 的控制台内输出任何信息，而是在 Android logcat 日志查看工具中输出。logcat 是 Android SDK 中的命令，它用于查看和过滤缓冲区中的日志信息。logcat 日志查看工具如图 1-28 所示。

Android 日志信息由 android.util.Log 类提供，Log 类输出的日志级别包括 Debug、Info、Warn、Error 和 Verbose 模式（打印最详细的日志）。

日志的输出语法格式如下：

```
Log.[d|i|w|e|v](String, String);
```

图 1-28　logcat 日志查看工具

其中，第一个参数代表消息源，第二个参数代表日志内容。

日志的使用示例如下：

1）编写 Activity 类，在 onCreate() 方法中添加代码。代码如下：

Log.v(" 测试 _v", "verbose 模式，打印最详细的日志 ");
Log.d(" 测试 _d", "debug 级别的日志 ");
Log.i(" 测试 _i", "info 级别的日志 ");
Log.w(" 测试 _w", "warn 级别的日志 ");
Log.e(" 测试 _e", "error 级别的日志 ");

2）运行程序。日志输出内容如图 1-29 所示。

图 1-29　日志输出内容

日志的输出可以作为简单的调试功能使用，如查看变量的赋值情况和当前的运行位置。对于日志级别的使用，一般选择 Debug 和 Info 即可。

## 1.7　程序调试

　　程序调试是程序投入实际运行前，手动或使用编译程序等方法进行测试，修正语法错误和逻辑错误的过程。调试可以不断地对程序进行调整优化以达到最好的效果。在开发中，通常在未达到预期结果、即将抛出运行时异常和程序性能不佳时使用。使用的步骤大致分为 3 步，详细描述如下。

### 1. 设置调试断点

　　调试断点是执行测试开始的信号，当程序运行到调试断点之前的代码行时，将启动单步调试模式，Android Studio 会打开 "Debug 控制台"。设置调试断点，如图 1-30 所示。

```
13        @Override
14 ●       protected void onCreate(Bundle savedInstanceState) {
15            super.onCreate(savedInstanceState);
16            setContentView(R.layout.activity_main);
17            Log.v( tag: "测试_v",   msg: "verbose模式，打印最详细的日志");
18            Log.d( tag: "测试_d",   msg: "debug级别的日志");
19            Log.i( tag: "测试_i",   msg: "info级别的日志");
20            Log.w( tag: "测试_w",   msg: "warn级别的日志");
21            Log.e( tag: "测试_e",   msg: "error级别的日志");
22
23 ●          final String name = "Jack";
24            Button btnInfo = findViewById(R.id.btnInfo);
25 ●          btnInfo.setOnClickListener((v) → {
28                Toast.makeText( context: MainActivity.this,
29                     text: name+"欢迎使用Android系统！",Toast.LENGTH_LONG).show();
30            });
32        }
```

单击此处设置
"调试断点"

图 1-30　设置调试断点

### 2. 开启调试会话

启动调试模式是将程序以调试模式发布到 Android 虚拟机，此时，开发人员在 Android 系统中执行的操作将会与代码产生关联。单击工具栏中的 🐞 按钮开始调试会话。Android 虚拟机接收调试状态，程序会在设置的断点处停止，如图 1-31 所示。

```
14 ●       protected void onCreate(Bundle savedInstanceState) {  savedInstanceState: null
15            super.onCreate(savedInstanceState);  savedInstanceState: null
16            setContentView(R.layout.activity_main);
17            Log.v( tag: "测试_v",   msg: "verbose模式，打印最详细的日志");
18            Log.d( tag: "测试_d",   msg: "debug级别的日志");
19            Log.i( tag: "测试_i",   msg: "info级别的日志");
20            Log.w( tag: "测试_w",   msg: "warn级别的日志");
21            Log.e( tag: "测试_e",   msg: "error级别的日志");
22
23 🐞          final String name = "Jack";
24            Button btnInfo = findViewById(R.id.btnInfo);
25 ●          btnInfo.setOnClickListener((v) → {
28                Toast.makeText( context: MainActivity.this,
29                     text: name+"欢迎使用Android系统！",Toast.LENGTH_LONG).show();
30            });
32        }
```

图 1-31　程序在断点处停止

### 3. 单步调试

要了解单步调试的功能，首先要了解"Debugger 控制台"。Debugger 控制台如图 1-32 所示。

调试开关按钮　　　　　　　　　　调试控制按钮　　　　　　　　　　　　　　　　　变量监控区

图 1-32　Debugger 控制台

Debugger 控制台的基本使用方法如下。

1）调试开关按钮：负责控制当前运行程序的暂停、开始和关闭调试。

2）变量监控区：负责当前代码中已定义的变量赋值情况，以树形结构展示。

3）调试控制按钮：分为 step over、step into、Force step into、step out 和 Drop frame 5 个操作，说明如下。

① step over：单击后程序向下执行一行（如果当前行有方法调用，该方法被执行完毕返回，然后到下一行）。

② step into：单击后程序向下执行一行。如果该行有自定义方法，则运行进入自定义方法。

③ Force step into：单击后能进入方法内部。

④ step out：单击后将跳出已进入的方法体。

⑤ Drop frame：单击后将返回到当前方法的调用处重新执行。

## 1.8 开发一个欢迎界面

【需求】开发一个 Android App，运行后显示"欢迎学习 Android 开发"的字符串，下方显示一张 Android 的图片，效果如图 1-33 所示。

【实现思路】

1）在 Android Studio 中创建项目，项目名称为 MyFirstApp。

2）创建 WelcomeActivity 和其布局文件 activity_welcome.xml，设置为启动界面。

3）在 res\drawable 中添加 Android 的 Logo 图片。

4）打开 res\layout 布局文件 activity_welcome.xml，设置为相对布局，打开布局文件的设计视图，并添加组件。参考代码如下：

图 1-33 任务效果图

```xml
<?xml version = "1.0" encoding = "utf-8"?>
<LinearLayout xmlns:android = "http://schemas.android.com/
apk/res/android"
    xmlns:app = "http://schemas.android.com/apk/res-auto"
    xmlns:tools = "http://schemas.android.com/tools"
    android:orientation = "vertical"
    android:layout_width = "match_parent"
    android:layout_height = "match_parent"
    tools:context = ".WelcomeActivity">

    <TextView
        android:layout_width = "match_parent"
        android:layout_height = "wrap_content"
        android:text = " 欢迎学习 Android 开发 "
        android:textSize = "30sp" />
```

```
    <ImageView
        android:id = "@+id/imageView"
        android:layout_width = "match_parent"
        android:layout_height = "wrap_content"
        android:src = "@drawable/logo"/>
</LinearLayout>
```

启动 Android 模拟器，运行 App。

# 本章习题

## 1. 选择题

1）下列选项中，属于定义字符串资源使用的标签的是（　　　）。

A. <string/> 　　　　B. 　　　　C. 　　　　D. demin

2）在 Activity 的 onCreate() 方法中，加载布局资源文件的方法是（　　　）。

A. setTheme() 　　　　　　　　　B. .setContentView()

C. setView() 　　　　　　　　　　D. setGroupView()

3）下列选项中，属于 Log 类中显示黑色的日志内容的方法是（　　　）。

A. Log.v() 　　　　B. Log.e() 　　　　C. Log.wtf() 　　　　D. Log.w()

4）下列选项中，属于在 XML 文件中调用 drawable 文件夹中的 icon 图片资源代码的是
（　　　）。

A. R.drawable.icon 　　　　　　　B. @drawable/icon

C. R.mipmap.icon 　　　　　　　　D. @mipmap/icon

5）下面关于 Android 程序结构的描述，正确的是（　　　）。

A. app/src/main/res 目录用于存放程序的资源文件

B. app/src/main/java 用于存放程序的代码文件

C. app/libs 用于存放第三方 jar 包

D. build.gradle 用于配置在 Android 程序中使用到的子项目

6）下面关于单元测试的描述，正确的是（　　　）。

A. ExampleUnitTest 属于 Junit 单元测试类

B. ExampleInstrumentedTest 类属于 Junit 单元测试类

C. Junit 单元测试需要连接 Android 设备

D. Android 单元测试不需要依赖 Android 设备

7）下面关于模拟器的说法，正确的是（　　　）。

A. 在模拟器上可预览和测试 Android 应用程序

B. 只可以在模拟器上预览 Android 应用程序

C. 只可以在模拟器上测试 Android 程序

D. 模拟器属于物理设备

## 2. 简答题

1）简述 Android 系统架构包含的层次以及各层的特点。

2）简述 Android 源代码的编译过程。

# 第 2 章

# Android 控件与界面交互

**本章简介**

本章主要讲解了 Android 中控件的相关知识，包括简单控件、AlertDilog 对话框、消息框以及事件处理机制等。通过本章的学习，初学者能掌握 Android 控件的基本使用，能够在界面布局中设置控件的属性来完成程序的界面设计，理解 Android 的事件处理方式来实现界面与用户的交互。

**学习目标**

1）了解 Android 中的视图。

2）掌握常用的 UI 控件。

3）掌握消息框和对话框的使用。

4）理解 Android 的事件处理。

## 2.1 界面布局概述

### 2.1.1 View 和 ViewGroup 概述

Android 界面布局就是定义应用中的界面结构（如 Activity 的界面结构）。界面布局中的所有元素均使用 View 和 ViewGroup 对象的层次结构进行构建。View 通常绘制用户可查看并进行交互的内容。然而，ViewGroup 是不可见容器，用于定义 View 和其他 ViewGroup 对象的布局结构，如图 2-1 所示。

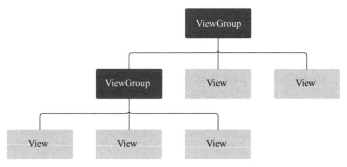

图 2-1　定义界面布局的视图层次结构

从图 2-1 中可以看出，多个视图组件（View）可以存放在一个视图容器（ViewGroup）中，该容器可以与其他视图组件共同存放在另一个视图容器当中，但是一个界面文件必须有且仅有一个容器作为根结点。

Android 应用的界面都是由 View 和 ViewGroup 对象构建的，ViewGroup 继承了 View 类，也可以当成普通的 View 来使用，但主要还是当成容器来使用。Android 应用的绝大部分 UI 组件都放在 android.widget 包和 android.view 包中。

View 对象通常称为"UI 控件"，例如，Button、TextView 都属于 View 的子类。ViewGroup 对象通常称为"布局"，用于定义界面的布局结构，例如，LinearLayout、ConstraintLayout 都属于 ViewGroup。

### 2.1.2　布局声明

Android 讲究逻辑层和视图层分离，开发中一般不在 Activity 中直接编写界面代码，而是在布局文件中编写。Android 程序中可通过两种方式声明布局。

#### 1. 用 XML 文件声明布局

XML 布局文件即前面说的 layout 文件，在文件中通过 XML 声明布局元素，设置其属性。Android 推荐使用 XML 布局文件方式来控制视图，因为这样不仅简单直接，而且将视图控制逻辑从 Java 代码中分离出来，单独在 XML 文件中控制，更好地体现了 MVC 原则。

在第 1 章介绍项目的结构目录时，布局文件是放在 app\src\main\res\layout 文件夹下面，并通过 Java 代码中的 setContentView() 方法在 Activity 中显示该视图的。

在实际开发中，当遇到有很多 UI 组件时（实际上这种情况很常见），各个组件会通过 android:id 属性给每个组件设置一个唯一的标识。当需要在代码中访问指定的组件时（如设置单击事件），就可以通过 id 值，利用方法 findViewById(R.id.id 值 ) 来访问。

在设置 UI 控件时有两个属性值非常常用：android:layout_height、android:layout_width。这两个属性支持以下两种属性值。

1）match_parent：指定子组件的高度和宽度与父组件的高度和宽度相同（实际还有填充的空白距离）。

2）wrap_content：指定组件的大小恰好能包裹它的内容。

Android 机制决定了 UI 组件的大小不仅受它实际宽度和高度的控制，还受它所在布局的高度和宽度控制，所以在设置组件的宽度和高度时还要考虑布局的宽度和高度。

其实在 XML 文件中编写界面代码时还有很多的属性，比如 gravity、LinearLayout 中的 orientation、RelativeLayout 中的 centerInParent 属性等，这些属性在之后的内容中都会介绍。

## 2. 用 Java 代码实例化布局元素

用 Java 代码实例化布局元素一般是指在 Activity 中通过编程创建 View 对象和 ViewGroup 对象，并操纵其属性。不管使用哪种方式，其本质和显示出来的效果是一样的。对于 View 类而言，由于它是所有 UI 组件的基类，所以它包含的 XML 属性和方法是所有 UI 组件都可以使用的。而 ViewGroup 类虽然继承了 View 类，但由于它是抽象类，因此实际使用中通常只是用 ViewGroup 的子类作为容器。

## 2.1.3　布局的类型

一个优秀的布局设计对 UI 界面起着重要的作用。在 Android 中，常用布局主要有 7 种，经常使用的有 5 种，分别是：

1）线性布局（LinearLayout），以水平或垂直方向排列。

2）相对布局（RelativeLayout），通过相对定位排列。

3）表格布局（TableLayout），以表格形式排列。

4）帧布局（FrameLayout），开辟空白区域，帧里的控件（层）叠加。

5）约束布局（ConstraintLayout），以可视化的方式编写布局。

Android 系统提供的 5 种常用布局直接或者间接继承自 ViewGroup，因此它们也支持在 ViewGroup 中定义的属性，这些属性可以看作布局的通用属性，如表 2-1 所示。

表 2-1　布局中 View 常用的属性

| 属性名称 | 功能描述 |
| --- | --- |
| android:id | 设置布局的标识 |
| android:layout_width | 设置布局的宽度 |
| android: layout_height | 设置布局的高度 |
| android:background | 设置布局的背景 |
| android:layout_margin | 设置当前布局与屏幕边界或与周围控件的距离 |
| android:padding | 设置当前布局与该布局中控件的距离 |

在 Android 程序中创建布局文件后就可以添加布局视图了，创建布局文件的步骤如下。

1）打开项目。找到 layout 文件夹，右键单击该文件夹，选择 New → XML → Layout XML File 命令，就会创建一个新的布局文件，如图 2-2 所示。

2）添加组件。在新创建的布局文件中，可以使用 xml 标签添加布局容器组件或 UI 控件，为了方便也可以直接在设计视图上直接对控件进行拖动操作，放置在界面中，然后通过代码进行调整，这种可视化的方式减少了用户编写的代码量。

例如，在布局文件中使用 ConstraintLayout 布局，然后添加一个文本框控件，代码如下：

```
<?xml version = "1.0" encoding = "utf-8"?>
<androidx.constraintlayout.widget.ConstraintLayout
    xmlns:android = "http://schemas.android.com/apk/res/android"
    xmlns:app = "http://schemas.android.com/apk/res-auto"
    xmlns:tools = "http://schemas.android.com/tools"
    android:layout_width = "match_parent"
    android:layout_height = "match_parent"
```

```
        tools:context = ".MainActivity">
        <TextView
            android:layout_width = "wrap_content"
            android:layout_height = "wrap_content"
            android:text = "Hello World!"
            app:layout_constraintBottom_toBottomOf = "parent"
            app:layout_constraintLeft_toLeftOf = "parent"
            app:layout_constraintRight_toRightOf – "parent"
            app:layout_constraintTop_toTopOf = "parent" />
</androidx.constraintlayout.widget.ConstraintLayout>
```

图 2-2　创建布局文件

3）使用布局文件。如果要显示布局文件，需要在 Activity 中加入如下代码：

```
setContentView(R.layout.activity_main);
```

## 2.1.4　界面中的尺寸

在 XML 中定义尺寸值时，尺寸由数字后跟度量单位来指定，如 10px、2in、5sp。Android 支持以下度量单位。

1）dp。密度无关像素，它是基于屏幕物理密度的抽象单位。这些单位相对于 160 dpi（每英寸点数）屏幕确立，在该屏幕上，1dp 大致等于 1px。在更高密度的屏幕上运行时，用于绘制 1dp 的像素数量会根据屏幕 dpi 按照适当的系数增加。同样，在更低密度的屏幕上，用于绘制 1dp 的像素数量会相应减少。dp 对像素的比率会随着屏幕密度的变化而变化，但不一定成正比。要使布局中的视图尺寸根据不同的屏幕密度正确调整大小，一种简单的解决办法就是使用 dp 单位（而不是 px 单位）。换句话说，它可在不同设备上提供一致的界面元素大小。

2）sp。缩放无关像素，它和 dp 单位类似，但它也会根据用户的字体大小偏好设置进行缩放。建议在指定字体大小时使用此单位，以便字体大小会根据屏幕密度和用户偏好设置进行调整。

3）pt。点，1/72in，基于屏幕的物理尺寸。

4）px。像素，它对应于屏幕上的实际像素数。建议不使用这种度量单位，因为不同设备的实际呈现效果可能不同。每台设备的每英寸像素数可能不同，屏幕上的总像素数也可能有差异。

5）mm。毫米，基于屏幕的物理尺寸。

6）in。英寸，基于屏幕的物理尺寸。

提示：尺寸是使用 name 属性中提供的值（而不是 XML 文件的名称）引用的简单资源。因此，可以在一个 XML 文件中将尺寸资源与其他简单资源合并到一个 <resources> 元素下。

## 2.2　常见的 UI 控件

### 2.2.1　TextView 及其子类

TextView 直接继承了 View，并且它还是 EditText 和 Button 两个 UI 组件的父类，TextView 类图如图 2-3 所示。TextView 的作用就是在界面上显示文本，只是 Android 关闭了它的文字编辑功能，EditText 有编辑功能。

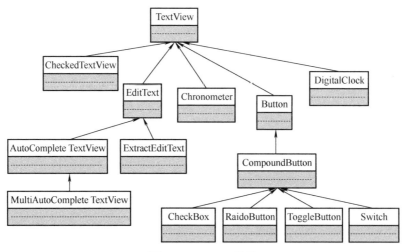

图 2-3　TextView 类图

在图 2-3 中可以看到，TextView 派生了 5 个类，除了常用的 EditText 和 Button 类之外，还有 CheckedTextView。CheckedTextView 增加了 Checked 状态，开发者可以通过 setChecked(boolean) 和 isChecked() 方法来改变和访问 Checked 状态。

TextView 和 EditText 有很多相似的地方，它们之间最大的区别就是 TextView 不允许用户编辑文本内容，而 EditText 则可以。

TextView 提供了大量 XML 属性，这些属性不仅适用于 TextView 本身，也同样适用于它的子类（EditText、Button 等）。常用的属性如表 2-2 所示。

表 2-2　TextView 常用属性

| 属性 | 说明 |
| --- | --- |
| android:drawableLeft | 在文本框内文本的左边绘制指定图案 |
| android:editable | 设置该文本是否允许编辑 |
| android:ellipsize | 设置当文本内容超过 TextView 长度时如何处理文本内容 |
| android:gravity | 设置文本框内文本的对齐方式 |
| android:hint | 设置当文本框内容为空时显示的提示文字 |
| android:inputType | 指定该文本框的类型 |
| android:lines | 设置该文本默认占几行 |
| android:password | 设置文本框是一个密码框 |
| android:text | 设置文本框的文本内容 |
| android:textColor | 设置文本的字体颜色 |
| android:textSize | 设置文本的文字大小 |

当然 TextView 的属性并不止这些，还有很多属性没有写出来，在实际开发中，可以通过 API 文档来查找需要的属性。这里介绍的 TextView 的属性使用方式，同样适用于 EditText 和 Button 以及其他子类。

下面具体介绍 TextView 的几个子类。

1）EditText 的功能和用法。EditText 组件最重要的属性是 inputType，该属性能接收的属性值非常丰富，而且随着 Android 版本的升级，该属性能接收的类型还会增加。

EditText 还派生了如下两个子类。

● AutoCompleteTextView：带有自动完成功能的 EditText。

● ExtractEditText：它并不是 UI 组件，而是 EditText 组件的底层服务类，负责提供全屏输入法的支持。

2）Button 的功能和用法。Button 主要用于在界面上生成一个可供用户单击的按钮，当用户单击之后触发其 onClick 事件。Button 使用起来比较简单，通过 android:background 属性可以改变按钮的背景颜色或背景图片，如果想使这两项内容随着用户动作动态改变，就需要用到自定义的 Drawable 对象。

【示例 2.1】使用 TextView、EditText 和 Button 控件制作简易的登录界面。

创建 LoginActivity 和 activity_login.xml 文件，activity_login.xml 布局文件的代码如下：

```
<?xml version = "1.0" encoding = "utf-8"?>
<LinearLayout xmlns:android = "http://schemas.android.com/apk/res/android"
    xmlns:app = "http://schemas.android.com/apk/res-auto"
    xmlns:tools = "http://schemas.android.com/tools"
    android:layout_width = "match_parent"
    android:layout_height = "match_parent"
    android:orientation = "vertical"
    tools:context = ".LoginActivity">
    <TextView
        android:id = "@+id/txtLogin"
        android:layout_width = "match_parent"
        android:layout_height = "wrap_content"
```

```
                android:text = " 用户登录 "
                android:textSize = "22sp"
                android:gravity = "center"
                android:paddingLeft = "20dp"/>
        <EditText
                android:id = "@+id/etLoginName"
                android:layout_width = "match_parent"
                android:layout_height = "wrap_content"
                android:layout_marginTop = "20dp"
                android:textSize = "20sp"
                android:singleLine = "true"
                android:hint = " 输入用户名 "
                />
        <EditText
                android:id = "@+id/etPassWord"
                android:inputType = "textPassword"
                android:layout_width = "match_parent"
                android:layout_marginTop = "10dp"
                android:layout_height = "wrap_content"
                android:textSize = "20sp"
                android:hint = " 输入用户名 "/>
        <Button
                android:id = "@+id/btnLogin"
                android:layout_width = "match_parent"
                android:layout_height = "wrap_content"
                android:layout_marginTop = "20dp"
                android:textSize = "20sp"
                android:text = " 登录 "
                android:gravity = "center"/>
        <Button
                android:id = "@+id/btnReg"
                android:layout_width = "match_parent"
                android:layout_height = "wrap_content"
                android:layout_marginTop = "10dp"
                android:textSize = "20sp"
                android:text = " 注册 "
                android:gravity = "center"/>
    </LinearLayout>
```

示例中使用了线性布局 LinearLayout，设置其为垂直方向 vertical，里面放了一个 TextView、两个 EditText、两个 Button。运行 App，界面显示效果如图 2-4 所示。

【说明】：自动调整 TextView 的大小。

对于 Android 8.0（API 级别 26）及更高版本，可以在 TextView 中设置允许自动扩展或收缩文字大小，以根据 TextView 的特征和边界填充其布局。利用此设置可以更轻松地优化包含动态内容的不同屏幕上的文字大小。

要在 XML 中定义默认设置，需要使用 Android 命名空间并将 autoSizeTextType 属性设置为 none 或 uniform。

图 2-4　登录界面运行结果

如果在 XML 文件中设置自动调整大小，则不建议对 TextView 的 layout_width 或 layout_height 属性值使用"wrap_content"，否则可能会产生意外结果。

## 2.2.2　ImageView 及其子类

ImageView 用于显示 Drawable 中的对象，该对象称为可绘制的对象。要使用图片资源，需要将相应文件添加到项目的 res/drawable/ 目录下，这样就可以通过资源图片创建可绘制对象。支持的文件类型包括 PNG（首选）、JPG（可接受）和 GIF（不推荐）。这种方法非常适合添加应用图标、徽标和其他图形（如游戏中使用的图形）。

在项目中，可以通过引用项目资源中的图片文件向应用添加图形。项目中可以使用代码方式引用图片资源，或者在 XML 布局文件中引用图片资源。无论是哪种方式，都是通过资源 ID（不包含文件类型扩展名的文件名）引用的。

ImageView 派生了 ImageButton、QuickContactBadge 等子类，如图 2-5 所示。

ImageView 支持的常用 XML 属性如表 2-3 所示。

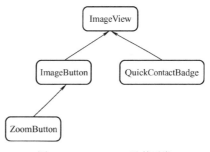

图 2-5　ImageView 及其子类

表 2-3　ImageView 支持的常用 XML 属性

| XML 属性 | 相关方法 | 说明 |
| --- | --- | --- |
| android:maxHeight | setMaxHeight(int) | 设置 ImageView 的最大高度 |
| android:maxWidth | setMaxWidth(int) | 设置 ImageView 的最大宽度 |
| android:scaleType | setScaleType(ImageView.ScaleType) | 设置图片的缩放类型以适应 ImageView 大小 |

（续）

| XML 属性 | 相关方法 | 说明 |
|---|---|---|
| android:src | setImageResource(int) | 设置 ImageView 所显示的 Drawable 的 id |
| android:adjustViewBounds | setAdjustViewbBounds(boolean) | 设置 ImageView 是否调整自己的边界来保持所显示图片的长宽比 |
| android:cropToPadding | setCropToPadding(boolean) | 是否裁剪 ImageView 到只剩 padding 值 |

由于 android:scaleType 属性经常使用，下面详细介绍它支持的属性值，如表 2-4 所示。

表 2-4　android:scaleType 支持的属性

| XML 属性 | 说明 |
|---|---|
| matrix | 用矩阵的方法来绘制，从左上角开始 |
| fitXY | 对图片横向、纵向独立缩放，使它完全适应于 imageview |
| fitStart | 保持横纵比缩放图片，图片较长的一边等于 imageview 相应的边长，缩放完成后将图片放置在 imageview 的左上角 |
| fitCenter | 保持横纵比缩放图片，图片较长的一边等于 imageview 相应的边长，缩放完成后将图片放置在 imageview 的中央 |
| fitEnd | 保持横纵比缩放图片，图片较长的一边等于 imageview 相应的边长，缩放完成后将图片放置在 imageview 的右下角来保持所显示图片的长宽比 |
| center | 把图片放置在 imageview 的中央，不进行缩放 |
| centerCrop | 保持横纵比缩放图片，直到最短的边能够显示出来 |
| centerInside | 保持横纵比缩放图片，使得 imageview 完全显示该图片 |

ImageView 派生了两个子类：

1）ImageButton：图片按钮。

2）QuickContactBadge：显示关联到特定联系人的图片。

Button 与 ImageButton 的区别在于，Button 按钮显示文字，而 ImageButton 显示图片（因为 ImageButton 本质还是 ImageView）。

ImageButton 派生了一个 ZoomButton 类，它代表"放大""缩小"按钮。Android 默认为 ZoomButton 提供了 btn_minus、btn_plus 两个属性值，只要在 ZoomButton 的 android:src 属性中设置它们就可实现放大、缩小功能。

QuickContactBadge 的本质也是图片按钮，也可以通过 android:src 属性设置。但是它可以关联到手机中指定的联系人，当用户单击该图片时，系统会自动打开相应联系人的联系方式界面。

【示例 2.2】创建图片浏览界面。

创建一个图片浏览界面，界面中有图片显示区和图片浏览翻页按钮，App 运行效果如图 2-6 所示。

图 2-6　图片浏览界面的运行效果

1）在 Drawable 中添加 4 张 Android 机器人的图片。

2）编写 activity_photo.xml 文件的代码：

```xml
<?xml version = "1.0" encoding = "utf-8"?>
<LinearLayout xmlns:android = "http://schemas.android.com/apk/res/android"
    xmlns:app = "http://schemas.android.com/apk/res-auto"
    xmlns:tools = "http://schemas.android.com/tools"
    android:layout_width = "match_parent"
    android:layout_height = "match_parent"
    android:orientation = "vertical"
    tools:context = ".PhotoActivity">
    <ImageView
        android:id = "@+id/img"
        android:layout_width = "200dp"
        android:layout_height = "200dp"
        android:layout_gravity = "center"
        android:src = "@drawable/img0"
        />
    <LinearLayout
        android:layout_width = "match_parent"
        android:layout_height = "wrap_content"
        android:orientation = "horizontal">
        <Button
            android:id = "@+id/btnPre"
            android:layout_width = "0dp"
            android:layout_height = "wrap_content"
            android:layout_weight = "1"
            android:text = " 上一张 "
            android:layout_marginLeft = "10dp"
            android:gravity = "center"
```

```
                android:textSize = "18sp"/>
        <Button
            android:id = "@+id/btnNext"
            android:layout_width = "0dp"
            android:layout_weight = "1"
            android:layout_height = "wrap_content"
            android:text = " 下一张 "
            android:layout_marginLeft = "10dp"
            android:gravity = "center"
            android:textSize = "18sp"/>
    </LinearLayout>
</LinearLayout>
```

3）编写 PhotoActivity 的代码：

```
package com.qcxy.chapter2;

import androidx.appcompat.app.AppCompatActivity;
import android.os.Bundle;
import android.util.Log;
import android.view.View;
import android.widget.Button;
import android.widget.ImageView;
public class PhotoActivity extends AppCompatActivity {
    final String TAG = PhotoActivity.class.getName();
    private ImageView img;              // 声明一个 ImageView，对应界面中的图片框
    private Button btnPre, btnNext;     // 声明两个按钮，对应上下翻页按钮
    // 4 个图片资源
private int [] imgs =
        {R.drawable.img0, R.drawable.img1, R.drawable.img3, R.drawable.img4};
    int index = 0; // 显示图片对应的索引
    @Override
    protected void onCreate(Bundle savedInstanceState) {
        super.onCreate(savedInstanceState);
        setContentView(R.layout.activity_photo);
        // 获取 XML 中的控件并存储到对象中
        img = findViewById(R.id.img);
        btnPre = findViewById(R.id.btnPre);
        btnNext = findViewById(R.id.btnNext);
        // 设置事件监听器
        BtnClick btnClick = new BtnClick();
        btnPre.setOnClickListener(btnClick);
        btnNext.setOnClickListener(btnClick);
    }
    class BtnClick implements View.OnClickListener{
        @Override
        public void onClick(View v) {
            if(v == btnPre){
                if(index>0){
```

```
            index--;                              // 索引减少
        }else {
            index = imgs.length - 1;              // 如果小于 0, 回到最后的图片索引
        }
    }else if(v == btnNext){
        if(index<imgs.length - 1){
            index++; // 索引增加
        }else {
            index = 0;                            // 如果大于最后图片的索引, 则回到 0
        }
    }
    Log.d(TAG, "onClick: "+index);
    // 显示图片
    img.setImageResource(imgs[index]);            // 显示索引处图片
    }
  }
}
```

### 2.2.3　RadioButton 和 CheckBox

RadioButton（单选按钮）和 CheckBox（复选框）是用户界面中经常使用的 UI 组件，它们都继承自 Button 类，因此可以直接使用 Button 类支持的各种属性和方法。

RadioButton 和 CheckBox 都多了一个可选中的功能，因此可以额外指定一个 android:checked 属性，用于指定 RadioButton 和 CheckBox 初始时是否被选中。

RadioButton 和 CheckBox 的不同之处在于，一组 RadioButton 只能选中其中一个，因此 RadioButton 通常要和 RadioGroup 一起使用，用于定义一组单选按钮。

【示例 2.3】使用单选按钮和复选框实现简易的调查问卷，运行效果如图 2-7 所示。

图 2-7　调查问卷的运行效果

activity_question.xml 的代码如下：

```xml
<?xml version = "1.0" encoding = "utf-8"?>
<LinearLayout xmlns:android = "http://schemas.android.com/apk/res/android"
    xmlns:app = "http://schemas.android.com/apk/res-auto"
    xmlns:tools = "http://schemas.android.com/tools"
    android:layout_width = "match_parent"
    android:layout_height = "match_parent"
    android:orientation = "vertical"
    tools:context = ".QuestionActivity">
    <TextView
        android:layout_width = "match_parent"
        android:layout_height = "wrap_content"
        android:textSize = "18sp"
        android:text = " 调查问卷 "
        android:gravity = "center"/>
    <View
        android:layout_width = "match_parent"
        android:layout_height = "1dp"
        android:background = "@color/colorPrimaryDark"/>
    <LinearLayout
        android:layout_width = "match_parent"
        android:layout_height = "wrap_content"
        android:layout_marginTop = "20dp"
        android:orientation = "vertical">
        <TextView
            android:layout_width = "match_parent"
            android:layout_height = "wrap_content"
            android:textSize = "18sp"
            android:text = "1. 选择你就读的年级？ "
            android:gravity = "left"/>
        <View
            android:layout_width = "match_parent"
            android:layout_height = "1dp"
            android:layout_marginBottom = "10dp"
            android:background = "#ccc"/>
        <RadioGroup
            android:layout_width = "match_parent"
            android:layout_height = "wrap_content">
            <RadioButton
                android:layout_width = "match_parent"
                android:layout_height = "wrap_content"
                android:text = " 大一 "
                android:textSize = "15sp"/>
            <RadioButton
                android:layout_width = "match_parent"
                android:layout_height = "wrap_content"
                android:text = " 大二 "
```

```
            android:textSize = "15sp"/>
        <RadioButton
            android:layout_width = "match_parent"
            android:layout_height = "wrap_content"
            android:text = " 大三 "
            android:textSize = "15sp"/>
        <RadioButton
            android:layout_width = "match_parent"
            android:layout_height = "wrap_content"
            android:text = " 大四 "
            android:textSize = "15sp"/>
    </RadioGroup>
</LinearLayout>
<LinearLayout
    android:layout_width = "match_parent"
    android:layout_height = "wrap_content"
    android:layout_marginTop = "20dp"
    android:orientation = "vertical">
    <TextView
        android:layout_width = "match_parent"
        android:layout_height = "wrap_content"
        android:textSize = "18sp"
        android:text = "2. 你的兴趣爱好？ "
        android:gravity = "left"/>
    <View
        android:layout_width = "match_parent"
        android:layout_height = "1dp"
        android:layout_marginBottom = "10dp"
        android:background = "#ccc"/>
    <CheckBox
        android:layout_width = "match_parent"
        android:layout_height = "wrap_content"
        android:textSize = "15sp"
        android:text = " 篮球 "/>
    <CheckBox
        android:layout_width = "match_parent"
        android:layout_height = "wrap_content"
        android:textSize = "15sp"
        android:text = " 足球 "/>
    <CheckBox
        android:layout_width = "match_parent"
        android:layout_height = "wrap_content"
        android:textSize = "15sp"
        android:text = " 羽毛球 "/>
    <CheckBox
        android:layout_width = "match_parent"
        android:layout_height = "wrap_content"
        android:textSize = "15sp"
```

```
                    android:text = " 乒乓球 "/>
        </LinearLayout>
        <Button
            android:id = "@+id/btnSubmit"
            android:layout_width = "match_parent"
            android:layout_height = "wrap_content"
            android:textSize = "20sp"
            android:text = " 提交 "/>
</LinearLayout>
```

## 2.2.4　ProgressBar 及其子类

ProgressBar 也是一组重要的组件。ProgressBar 本身代表了进度条组件，它还派生了两个常用的组件：seekBar 和 RatingBar。ProgressBar 及其子类十分相似，只是在显示上有一定的区别。ProgressBar 的常用属性如表 2-5 所示。

表 2-5　ProgressBar 的常用属性

| XML 属性 | 说明 |
| --- | --- |
| android:max | 设置该进度条的最大值 |
| android:progress | 设置该进度条的已完成进度值 |
| android:progressDrawable | 设置该进度条的轨道对应的 Drawable 对象 |
| android:indeterminate | 设置进度条是否精确显示进度 |
| android: indeterminateDrable | 设置不显示进度条的 Drawable 对象 |
| android: indeterminateDuration | 设置不精确显示进度的持续事件 |

进度条通常用于向用户显示某个耗时操作完成的百分比。进度条可以动态地显示进度，因此避免长时间地执行某个耗时操作时，让用户感觉程序失去了响应，从而带给用户更好的体验。

Android 支持多种风格的进度条，通过 style 属性可以为 ProgressBar 指定风格，该属性的取值如表 2-6 所示。

表 2-6　style 属性的取值

| 属性值 | 说明 |
| --- | --- |
| Widget.ProgressBar.Horizontal | 水平进度条 |
| Widget.ProgressBar.Inverse | 普通大小的环形进度条 |
| Widget.ProgressBar.Large | 大环形进度条 |
| Widget.ProgressBar.Large.Inverse | 大环形逆转进度条 |
| Widget.ProgressBar.Small | 小环形进度条 |
| Widget.ProgressBar.Small.Inverse | 小环形逆转进度条 |

拖动条（SeekBar）与进度条非常相似，只是进度条采用颜色填充来表示进度完成的程度，而拖动条则通过滑块的位置来标识数字。拖动条允许用户拖动滑块来改变值，因此拖动条通常用于对系统的某种数值进行调节，比如音量调节等。

由于拖动条继承了进度条，因此进度条所支持的 XML 属性和方法同样适用于拖动条。进度条允许用户改变拖动条的滑块外观，改变滑块外观通过 android:thumb 属性来实现。这个属性指定一个 Drawable 对象，该对象将作为自定义滑块。为了让程序能够响应拖动条滑块位置的改变，程序为它绑定一个 OnSeekBarChangeListener 监听器。

【示例 2.4】ProgressBar 及其子类的使用。

布局文件的代码如下：

```xml
<?xml version = "1.0" encoding = "utf-8"?>
<LinearLayout xmlns:android = "http://schemas.android.com/apk/res/android"
    xmlns:app = "http://schemas.android.com/apk/res-auto"
    xmlns:tools = "http://schemas.android.com/tools"
    android:layout_width = "match_parent"
    android:layout_height = "match_parent"
    android:orientation = "vertical"
    tools:context = ".ProgressBarActivity">
    <TextView
        android:layout_width = "match_parent"
        android:layout_height = "wrap_content"
        android:text = " 环形进度条 "
        android:textSize = "20sp"
        android:layout_marginTop = "20dp"/>
    <ProgressBar
        android:id = "@+id/loading_spinner"
        style = "?android:progressBarStyle"
        android:layout_width = "wrap_content"
        android:layout_height = "wrap_content" />
    <TextView
        android:layout_width = "match_parent"
        android:layout_height = "wrap_content"
        android:text = " 水平进度条 "
        android:textSize = "20sp"
        android:layout_marginTop = "20dp"/>
    <ProgressBar
        android:id = "@+id/progress_bar"
        style = "?android:progressBarStyleHorizontal"
        android:layout_width = "match_parent"
        android:layout_height = "wrap_content"
        android:indeterminate = "false"
        android:max = "100"
        android:progress = "40"/>
    <TextView
        android:layout_width = "match_parent"
        android:layout_height = "wrap_content"
        android:text = " 拖动条 "
        android:textSize = "20sp"
        android:layout_marginTop = "20dp"/>
    <SeekBar
        android:id = "@+id/seek_bar"
```

```
        android:layout_width = "match_parent"
        android:layout_height = "wrap_content"
        android:max = "100"
        android:progress = "20" />
    <TextView
        android:layout_width = "match_parent"
        android:layout_height = "wrap_content"
        android:text = " 评分等级 "
        android:textSize = "20sp"
        android:layout_marginTop = "20dp"/>
    <RatingBar
        android:id = "@+id/rating_bar"
        style = "?android:attr/ratingBarStyleSmall"
        android:layout_width = "wrap_content"
        android:layout_height = "wrap_content"
        android:numStars = "5"
        android:rating = "2.5"
        android:stepSize = "0.5" />
</LinearLayout>
```

显示的界面如图 2-8 所示。

图 2-8　ProgressBar 及其子控件的显示界面

# 2.3　消息框与对话框

## 2.3.1　消息框

　　消息框可以在一个小型弹出式窗口中提供与操作有关的简单反馈。它仅有填充消息所需的空间大小，并且 Activity 会一直显示及供用户与之互动。超时后，消息框会自动消失。例如，当单击"登录"按钮后弹出"正在登录 ..."的消息，如图 2-9 所示。

　　在 Android 中使用 Toast 组件实现该功能时，Toast 会在屏幕上显示消息以告诉用户一些信息，并且在短暂的时间后会自动消失。使用 Toast 需要掌握两个方法，分别是 makeText() 方法和 show() 方法。makeText() 方法用于设置提示用户的文字，包括 3 个参数，分别是组件的上下文环境、要显示的文字、显示时间的长短。其语法如下：

Toast.makeText(context, text, duration).show();

图 2-9　用户登录消息

　　图 2-9 实现的完整代码如下：

Toast.makeText(getApplicationContext(), " 正在登录 ...", Toast.LENGTH_LONG).show();

　　显示时间的长短通常使用 Toast.LENGTH_SHORT 和 Toast.LENGTH_LONG 表示，也可以使用 0 和 1 分别表示 SHORT 和 LONG。

### 2.3.2　对话框

在 Android 开发中，经常需要在 Android 界面上弹出一些对话框，比如询问用户或者让用户选择的对话框。实现这些功能的组件称为 Android Dialog（对话框）。Android 中提供了丰富的对话框支持，日常开发中会经常使用到表 2-7 所示的 4 种对话框。

表 2-7　4 种对话框

| 对话框 | 说明 |
| --- | --- |
| AlertDialog | 功能最丰富，实际应用最广的对话框 |
| ProgressDialog | 进度对话框，只是用来显示进度条 |
| DatePickerDialog | 日期选择对话框，只是用来选择日期 |
| TimePickerDialog | 时间选择对话框，只是用来选择时间 |

AlertDialog 是上述 4 种对话框中功能最强大、用法最灵活的一种，同时它也是其他 3 种对话框的父类。

使用 AlertDialog 生成的对话框样式多变，但是基本样式总会包含 4 个区域：图标区、标题区、内容区、按钮区，如图 2-10 所示。

图 2-10　使用 AlertDialog 建立的对话框的基本样式

创建一个 AlertDialog 一般需要如下几个步骤：

1）调用 AlertDialog 的静态内部类 Builder 来创建 AlertDialog.Builder 的对象。

2）调用 AlertDialog.Builder 的 setTitle() 和 setIcon() 方法来分别设置 AlertDialog 对话框的标题名称和图标。

3）调用 AlertDialog.Builder 的 setMessage()、setSingleChoiceItems() 或者 setMultiChoiceItems() 方法来分别设置 AlertDialog 对话框的内容为简单文本、单选列表或者多选列表。

4）调用 AlertDialog.Builder 的 setPositiveButton() 和 setNegativeButton() 方法来设置 AlertDialog 对话框的"确定"和"取消"按钮。

5）调用 AlertDialog.Builder 的 create() 方法来创建 AlertDialog 对象。

6）调用 AlertDialog 对象的 show() 方法来显示该对话框。

7）调用 AlertDialog 对象的 dismiss() 方法来取消该对话框。

AlertDialog 的样式多变，就是因为设置对话框内容时的样式多变，AlertDialog 提供了 6 种方法设置对话框的内容，如表 2-8 所示。

表 2-8　AlertDialog 中的 6 种设置对话框内容的方法

| 方法 | 说明 |
| --- | --- |
| setMessage() | 设置对话框内容为简单文本 |
| setItems() | 设置对话框内容为简单列表项 |
| setSingleChoiceItems() | 设置对话框内容为单选列表项 |
| setMultiChoiceItems() | 设置对话框内容为多选列表项 |
| setAdapter() | 设置对话框内容为自定义列表项 |
| setView() | 设置对话框内容为自定义 View |

【示例 2.5】弹出对话框的使用

单击"设置字体大小"按钮时弹出"设置字体大小"界面，从中选择单选按钮，文本编辑框中的字体大小改变，如图 2-11 所示。

当用户单击返回按钮时会弹出对话框提示，实现效果如图 2-12 所示。

图 2-11　设置字体大小　　　　　　　　图 2-12　弹出提示对话框

1）创建布局文件，添加文本编辑框和字体大小设置按钮，代码如下：

```xml
<?xml version = "1.0" encoding = "utf-8"?>
<LinearLayout xmlns:android = "http://schemas.android.com/apk/res/android"
    xmlns:app = "http://schemas.android.com/apk/res-auto"
    xmlns:tools = "http://schemas.android.com/tools"
    android:orientation = "vertical"
    android:layout_width = "match_parent"
    android:layout_height = "match_parent"
    tools:context = ".DialogActivity">
    <EditText
        android:id = "@+id/et_cnt"
        android:layout_width = "match_parent"
        android:layout_height = "200dp"
```

```
            android:gravity = "top"
            android:inputType = "textMultiLine"
            android:scrollbars = "vertical"
            android:minLines = "5"
            android:padding = "10dp"
            android:background = "@android:drawable/edit_text"
            />
    <Button
            android:id = "@+id/btnSetSize"
            android:layout_width = "match_parent"
            android:layout_height = "wrap_content"
            android:text = " 设置字体大小 "
            android:textSize = "16sp"/>
</LinearLayout>
```

2）在 Activity 中添加对话框功能，代码如下：

```
    package com.qcxy.chapter2;
import androidx.appcompat.app.AlertDialog;
import androidx.appcompat.app.AppCompatActivity;
import android.content.DialogInterface;
import android.os.Bundle;
import android.view.View;
import android.widget.Button;
import android.widget.EditText;
public class DialogActivity extends AppCompatActivity {
    private int [] sizeArr = {10, 20, 25, 30};
    private String [] sizeStr = {" 小号 ", " 中号 ", " 大号 ", " 超大 "};
    int index = 0;
    Button btnSize; // 字体设置按钮
    EditText etCnt; // 文本编辑框
    @Override
    protected void onCreate(Bundle savedInstanceState) {
        super.onCreate(savedInstanceState);
        setContentView(R.layout.activity_dialog);
        // 找到对应的控件
        btnSize = findViewById(R.id.btnSetSize);
        etCnt = findViewById(R.id.et_cnt);
        // 设置字体大小单击事件的处理
        btnSize.setOnClickListener(new View.OnClickListener() {
            @Override
            public void onClick(View v) {
                // 创建 AlertDialog.Builder 对象
                AlertDialog.Builder builder = new AlertDialog.Builder(DialogActivity.this);
                // 设置内容
                builder.setIcon(R.mipmap.ic_launcher)
                        .setTitle(" 设置字体大小 ")
                            .setSingleChoiceItems(sizeStr, index, new DialogInterface.OnClickListener() {
                                @Override
```

```java
                                  public void onClick(DialogInterface dialog, int which) {
                                      index = which; // 获取选项 index
                                  }
                              })
                              .setPositiveButton(" 确定 ", new DialogInterface.OnClickListener() {
                                  @Override
                                  public void onClick(DialogInterface dialog, int which) {
                                      dialog.dismiss();
                                      etCnt.setTextSize(sizeArr[index]);
                                  }
                              })
                              .setNegativeButton(" 取消 ", new DialogInterfacc.OnClickListener() {
                                  @Override
                                  public void onClick(DialogInterface dialog, int which) {
                                      dialog.dismiss();
                                  }
                              });
                    // 创建 AlertDialog
                    AlertDialog dialog = builder.create();
                    // 显示对话框
                    dialog.show();
                }
            });
    }
    @Override
    public void onBackPressed() {
        // 创建 AlertDialog.Builder 对象
        AlertDialog.Builder builder = new AlertDialog.Builder(this);
        // 设置内容
        builder.setIcon(R.mipmap.ic_launcher)
                .setTitle(" 提示信息 ")
                .setMessage(" 是否确定退出应用程序！ ")
                .setPositiveButton(" 确定 ", new DialogInterface.OnClickListener() {
                    @Override
                    public void onClick(DialogInterface dialog, int which) {
                        dialog.dismiss();
                        DialogActivity.this.finish();
                    }
                })
                .setNegativeButton(" 取消 ", new DialogInterface.OnClickListener() {
                    @Override
                    public void onClick(DialogInterface dialog, int which) {
                        dialog.dismiss();
                    }
                });
        // 创建 AlertDialog
        AlertDialog dialog = builder.create();
        // 显示对话框
```

```
        dialog.show();
    }
}
```

**提示**：使用对话框时，要注意内存泄漏问题。因为对话框是附属在 Activity 上的，所以在 Activity 调用 finish() 之前，必须通过 dismiss() 回收所有对话框。

### 2.3.3　其他对话框

#### 1. DatePickerDialog 与 TimePickerDialog 对话框

DatePickerDialog 与 TimePickerDialog 的功能较为简单，用法也简单，使用步骤如下：

1）通过 new 关键字创建 DatePickerDialog、TimePickerDialog 实例，然后调用它们自带的 show() 方法即可将这两种对话框显示出来。

2）为 DatePickerDialog、TimePickerDialog 绑定监听器，这样可以保证用户通过DatePickerDialog、TimePickerDialog 设置事件时触发监听器，从而通过监听器来获取用户设置的事件。

#### 2. ProgressDialog 进度的对话框

程序中只要创建了 ProgressDialog 实例，并且调用了 show() 方法将其显示出来，进度对话框就已经创建完成。在实际开发中，会经常对进度对话框中的进度条进行设置，设置的方法如表 2-9 所示。

表 2-9　ProgressDialog 中设置进度条的方法

| 方法 | 说明 |
| --- | --- |
| setIndeterminater(Boolean indeterminater) | 设置进度条不显示进度值 |
| setMax(int max) | 设置进度条的最大值 |
| setMessage(CharSequence messsge) | 设置进度框里显示的消息 |
| setProgress(int value) | 设置进度条的进度值 |
| setProgressStyle(int style) | 设置进度条的风格 |

ProgressDialog 和 AlertDialog 有点相似，都可以在界面上弹出一个对话框，都能够屏蔽掉其他控件的交互能力。不同的是，ProgressDialog 会在对话框中显示一个进度条，一般用于当前操作比较耗时的情况，以便让用户耐心等待。它的用法和 AlertDialog 也比较相似，下面通过一个案例来介绍 ProgressDialog 的用法。

【示例 2.6】ProgressDialog 的使用。

1）编写 XML 布局配置文件，在 RelativeLayout 布局中添加一个 Button 控件，单击Button 按钮时弹出 ProgressDialog 对话框。

2）编写 Activity 类，在 onCreate() 方法中添加代码。代码如下：

```
package com.qcxy.chapter2;

import androidx.appcompat.app.AppCompatActivity;
import android.app.ProgressDialog;
import android.os.Bundle;
import android.view.View;
```

```
import android.widget.Button;

public class ProcessActivity extends AppCompatActivity {

    private Button btnProgress;
    @Override
    protected void onCreate(Bundle savedInstanceState) {
        super.onCreate(savedInstanceState);
        setContentView(R.layout.activity_process);
        // 获取 Button
        btnProgress = findViewById(R.id.btnProgress);
        // 设置事件监听
        btnProgress.setOnClickListener(btnClickListener);
    }
    private View.OnClickListener btnClickListener =
            new View.OnClickListener() {
                @Override
                public void onClick(View view) {
                    ProgressDialog dialog =
                            new ProgressDialog(ProcessActivity.this);
                    dialog.setTitle(" 进度对话框 ");
                    dialog.setMessage("Loading...");
                    dialog.setCancelable(true);
                    dialog.show();
                }
            };

}
```

3）运行程序，查看运行结果。ProgressDialog 对话框的运行效果如图 2-13 所示。

代码中首先构建一个 ProgressDialog 对象，然后设置标题、内容、可否取消等属性，最后通过调用 show() 方法将 ProgressDialog 显示出来。

提示：如果在 setCancelable() 中传入了 false，表示 ProgressDialog 是不能通过 Backspace 键取消掉的，这时一定要在代码中做好控制，当数据加载完成后必须要调用 ProgressDialog 的 dismiss() 方法来关闭对话框，否则 ProgressDialog 将会一直存在。

### 3. 关于 PopupWindow

PopupWindow，顾名思义是弹出式窗口，它的风格与对话框很像。使用 PopupWindow 创建一个窗口的步骤如下：

1）调用 PopupWindow 的构造方法创建 PopupWindow 对象。

2）调用其自带的 showAsDropDown(View view) 方法将

图 2-13 ProgressDialog 对话框的运行效果

PopupWindow 作为 view 的下拉组件显示出来，或调用 showAtLocation() 方法在指定位置显示该窗口。

## 2.4　Android 事件处理

### 2.4.1　事件处理概述

事件与用户界面紧密相关，当用户在应用程序界面执行一系列操作时，程序要响应用户的各种事件，如单击、长按、触碰、键盘输入等，响应这些动作就需要事件来完成。这种事件处理机制与 Java 中的 Swing GUI 事件处理机制相同，并且 Android 中提供了两套完善的事件处理机制，说明如下。

（1）基于监听的事件处理

它是基于面向对象的事件处理机制，这种方式与 Swing 的处理方式完全相同，由 3 类对象组成。

1）事件源：产生事件的来源，通常是各个组件，如按钮、窗口、菜单等。

2）事件：事件封装了界面组件上发生的特定事件的具体信息（如单击、长按、触摸等），如果监听器需要获取界面组件上所发生事件的相关信息，则一般通过事件 Event 对象来传递。

3）事件监听器：负责监听事件源发生的事件，并对不同的事件做相应的处理，如单击、长按、触碰等。

基于监听的事件处理是一种委派式 Delegation 的事件处理方式，事件源将整个事件委托给事件监听器，由监听器对事件进行响应处理。这种处理方式将事件源和事件监听器分离，有利于提供程序的可维护性。

（2）基于回调的事件处理

它的事件源和事件监听器是合一的，没有独立的事件监听器存在。当用户在 GUI 组件上触发某事件时，由该组件自身特定的函数负责处理该事件。

### 2.4.2　基于监听的事件处理

所谓事件监听器，即实现了特定接口的 Java 类的实例。例如，setOnTouchListener 事件监听方法要接收 View.OnTouchListener 事件监听接口。在程序中通常有以下 5 种基于监听的监听器。

#### 1. 匿名内部类作为事件监听器

多数情况下，事件监听器都不会重用。因此，一般情况下，事件监听器只是临时使用，所以使用匿名内部类形式的事件监听器更加合适。目前，这是最为广泛使用的形式。代码结构如下。

```java
btn.setOnClickListener(new View.OnClickListener() {
    @Override
    public void onClick(View v) {
        // 代码……
    }
});
```

### 2. 内部类作为事件监听器

使用内部类作为事件监听器主要出于重用方面的考虑，在多个事件源共享一个事件监听器时使用。例如，在 Android 应用中有多个分享按钮，该业务由同一个事件监听器处理。代码结构如下。

```
注册监听器：
    btn.setOnClickListener(new MyBtnClick());
事件监听器：
    public class MyBtnClick implements View.OnClickListener {
        @Override
        public void onClick(View v) {
            // 代码……
        }
    }
```

### 3. Activity 类本身作为事件监听器

使用 Activity 类本身作为监听器，可以直接在 Activity 类中定义事件监听器方法，这种形式原本非常简洁。但是，当 Activity 处理业务功能时，Activity 的初始化方法和事件监听器方法编写在一个类中，会造成程序结构混乱。代码结构如下。

```
public class MainActivity extends AppCompatActivity
implements View.OnClickListener {
    @Override
    public void onClick(View v) {
        // 代码……
    }
}
```

### 4. 外部类作为监听器

由于使用外部类定义事件监听器不利于提高程序的内聚性，所以这种形式较少使用。但是，如果外部事件监听器被多个 Activity 界面所共享，且具有相同的业务逻辑，则可以考虑使用外部类的形式来定义事件监听器。代码结构如下。

```
事件监听器：
    class MyClickListener implements View.OnClickListener {
        @Override
        public void onClick(View v) {
            // 代码……
        }
    }
注册监听器：
    btn.setOnClickListener(new MyClickListener());
```

### 5. 直接绑定到标签

直接绑定到标签的方式是最简单的绑定事件监听器的方式，直接在 Activity 布局文件中为指定标签绑定事件处理方法即可。由于方法名可以自定义，所以直接绑定到标签的做法能提高程序的可读性。代码结构如下。

Activity 布局文件：
```
<Button
    android:layout_width = "match_parent"
    android:layout_height = "wrap_content"
    android:onClick = "doLogin" />
```
事件监听器：
```
public void doLogin(View v) {
    // 代码……
}
```

**提示**：在开发中，常用的监听器编写方法是匿名内部类作为事件监听器、内部类作为事件监听器和 Activity 类本身作为事件监听器。

在事件监听的处理模型中主要涉及以下 3 类对象。

1）Event Source（事件源）：一般指各个组件。

2）Event（事件）：一般指用户操作，该事件封装了界面组件上发生的各种特定事件。

3）Event Listener（事件监听器）：负责监听事件源所发生的事件，并对该事件做出响应。

实际上，事件响应的动作就是一组程序语句，通常以方法的形式组织起来。Android 利用的是 Java 语言开发，其面向对象的本质没有改变，所以方法必须依附于类才可以使用。而事件监听器的核心就是它所包含的方法，这些方法也被称为事件处理器（Event Handler）。

事件监听的处理模型可以这样描述：当用户在程序界面操作时，会激发一个相应的事件，该事件就会触发事件源上注册的事件监听器，事件监听器再调用对应的事件处理器做出相应的反应。

Android 的事件处理机制采用了一种委派式的事件处理方式：普通组件（事件源）将整个事件处理委派给特定的对象（事件监听器），当该组件发生指定的事件时，就通知所委托的事件监听器，由该事件监听器处理该事件。事件处理流程如图 2-14 所示。

图 2-14　事件的处理流程

这种委派式的处理方式类似于人类社会的分工合作。举一个简单例子，当人们要邮寄一份快递（事件源）时，通常是将该快递交给快递点（事件监听器）来处理，再由快递点通知物流公司（事件处理器）运送快递，而快递点也会监听多个物流公司的快递，进而通知不同的物流公司。这种处理方式将事件源与事件监听器分离，从而提供更好的程序模型，有利于提高程序的可维护性。

基于上面的介绍可以总结出基于监听的事件处理模型的编程步骤：

1）获取要被监听的组件（事件源）。

2）实现事件监听器类，该类是一个特殊的 Java 类，必须实现一个 XxxListener 接口。

3）调用事件源的 setXxxListener() 方法将事件监听器对象注册给事件源。

当用户操作应用界面并触发事件源上指定的事件时，Android 会触发事件监听器，然后由该事件监听器调用指定的方法（事件处理器）来处理事件。

实际上，对于上述 3 个步骤，最关键的步骤是实现事件监听器类。实现事件监听器类其实就是实现了特定接口的 Java 类实例。在程序中实现事件监听器类，通常有如下几种形式。

① 内部类形式：将事件监听器类定义成当前类的内部类。

② 外部类形式：将事件监听器类定义成一个外部类。

③ Activity 本身作为事件监听器类：让 Activity 本身实现监听器接口，并实现事件处理方法。

④ 匿名内部类形式：使用匿名内部类创建事件监听器对象。

【示例 2.7】使用外部类形式创建监听器。

创建监听器的代码如下：

```java
public class BtnClickListener implements View.OnClickListener {
    private Activity activity;
    private TextView textView;
    public BtnClickListener(Activity activity,
                                    TextView textView) {
        this.activity = activity;
        this.textView = textView;
    }
    @Override
    public void onClick(View v) {
        textView.setText(" 外部类创建监听器 ");
        Toast.makeText(activity, " 触发了 onClick() 方法 ",
                Toast.LENGTH_LONG).show();
    }

}
```

上面的事件监听器类实现了 View.OnClickListener 接口，创建该监听器时需要使用一个 Activity 和一个 TextView，具体 Java 代码：

```java
public class EventActivity extends AppCompatActivity {
    private TextView tvTitle;
    private Button btnShow;
    @Override
    protected void onCreate(Bundle savedInstanceState) {
        super.onCreate(savedInstanceState);
        setContentView(R.layout.activity_event);
        tvTitle = findViewById(R.id.tvTitle);
        btnShow = findViewById(R.id.btnShow);
```

```
        btnShow.setOnClickListener(new BtnClickListener(this, tvTitle));
    }
}
```

运行程序后得到图 2-15 所示的界面。

上面的程序代码 btnShow.setOnClickListener(new BtnClickListener (this, tvTitle)) 用于给按钮的单击事件绑定监听器。当用户单击按钮时，就会触发监听器 BtnClickListener，从而执行监听器里面的方法。

外部类形式的监听器基本就是这样实现的，专门定义一个外部类用于实现事件监听器接口，作为事件监听器，之后在对应的组件中注册该监听器。

【示例 2.8】Activity 本身作为事件监听器。

创建 MainActivity 来实现 View.OnClickListener 将 Activity 作为监听器并重写 onClick() 方法，代码如下：

图 2-15　运行程序后的
　　　　界面

```
public class MainActivity extends AppCompatActivity
        implements View.OnClickListener {
    private TextView tv;
    private Button btn;
    @Override
    protected void onCreate(Bundle savedInstanceState) {
        super.onCreate(savedInstanceState);
        setContentView(R.layout.activity_main);
        tv = findViewById(R.id.textView);
        btn = findViewById(R.id.btn);
        btn.setOnClickListener(this);
    }
    @Override
    public void onClick(View v) {
        tv.setText("Activity 作为事件监听 ");
    }
}
```

上面程序代码中，Activity 直接实现了 View.OnClickListener 接口，从而可以直接在该 Activity 中定义事件处理器方法——onClick(View v)。当为某个组件添加该事件监听器的时候，直接使用 this 关键字作为事件监听器即可。

【示例 2.9】匿名内部类作为事件监听器。

在设置监听器的同时创建匿名监听器内部类，代码如下：

```
public class MainActivity extends AppCompatActivity {
    private TextView tv;
    private Button btn;
    @Override
    protected void onCreate(Bundle savedInstanceState) {
        super.onCreate(savedInstanceState);
        setContentView(R.layout.activity_main);
```

```
tv = findViewById(R.id.textView);
btn = findViewById(R.id.btn);
btn.setOnClickListener(new View.OnClickListener() {
    @Override
    public void onClick(View v) {
        tv.setText(" 匿名内部类作为事件监听器 ");
    }
});
    }
}
```

从上面的程序代码可以看出，匿名内部类的语法结构比较怪异。除了这个缺点外，匿名内部类相比于其他方式比较有优势，一般建议使用匿名内部类的方式创建监听器。

### 2.4.3　基于回调的事件处理

#### 1. 回调机制

前面提到监听机制是一种委派式的事件处理机制，事件源与事件监听器分离，用户触发事件源指定的事件之后，交给事件监听器处理相应的事件。而回调机制则完全相反，它的事件源与事件监听器是统一的，或者可以说，它没有事件监听器的概念。因为它可以通过回调自身特定的方法处理相应的事件。

为了实现回调机制的事件处理，需要继承 GUI 组件类，并重写对应的事件处理方法，其实就是自定义 UI 组件的方法。Android 为所有的 GUI 组件提供了一些事件处理的回调方法，以 View 类为例，该类包含表 2-10 所示的方法。

表 2-10　View 类中的回调方法

| 方法 | 作用 |
| --- | --- |
| boolean onKeyDown(int keyCode, KeyEvent event) | 在该组件上按下某个按键时触发 |
| boolean onKeyLongPress(int keycode, KeyEvent event) | 在该组件上长按某个按键时触发 |
| boolean onKeyUp(int keycode, KeyEvent event) | 在该组件上松开某个按键时触发 |
| boolean onTouchEvent(MotionEvent event) | 在该组件上触发触摸屏事件时触发 |
| boolean onTrackballEvent(MotionEvent event) | 在该组件上触发轨迹球事件时触发 |
| boolean onKeyShortcut(int keycode, KeyEvent event) | 一个键盘快捷键事件发生时触发 |

就代码实现的角度而言，基于回调的事件处理模型更加简单。

#### 2. 基于回调的事件传播

开发者可控制基于回调的事件传播，几乎所有基于回调的事件处理方法都有一个 boolean 类型的返回值，该返回值决定了对应的处理方法能否完全处理该事件。当返回值为 false 时，表明该处理方法并未完全处理该事件，事件会继续向下传播；返回值为 true 时，表明该处理方法已完全处理该事件，该事件不会继续传播。因此对基于回调的事件处理方法而言，某组件上所发生的事件不仅会激发该组件上的回调方法，也会触发所在 Activity 的回调方法，只要该事件能传播到该 Activity。

当 Button 上的某个按键被按下时，程序的执行顺序是首先触发按键上绑定的事件监听器，然后触发该组件提供的事件回调方法，最后传播到该组件所在的 Activity。但如果改变某个方法的返回值，使其返回 true，则该事件不会传播到下一层，相应的输出日志也会改变。

对比基于回调的事件处理与监听机制这两种事件处理模型，可以看出基于监听的事件处理模型比较有优势：

1）分工明确，事件源与事件监听器分开实现，可维护性较好。

2）优先被触发。

但在某些特定的情况下，基于回调的事件处理机制能更好地提高程序的内聚性。通过为 View 提供事件处理的回调方法，可以很好地把事件处理方法封装在该 View 内部，从而提高程序的内聚性。

## 2.5　系统配置与屏幕方向监听

### 2.5.1　响应系统设置的机制和方法

在实际开发中，经常会遇到横竖屏切换的问题。在 Android 应用中，横竖屏切换并不仅仅是设备屏幕的横竖屏切换，它还涉及 Activity 生命周期的销毁与重建的问题。所以当遇到类似横竖屏切换这样的系统设置问题时，应用程序就需要根据系统的设置做出相应的改变，这就是本小节要讲述的内容。

Android 提供了针对设备本身 Configuration（配置信息）的类。Configuration 类能够获得设备的配置信息，包括横竖屏、电信运营商、是否支持某些传感器等。

#### 1. Configuration 类

Configuration 类专门用来描述 Android 手机的设备信息，这些配置信息既包括用户特定的配置项，也包括系统的动态设备配置。

获取 Configuration 对象的方式很简单，只需要一行代码就可以实现：

```
Configuration cfg = getResources().getConfiguration();
```

获取了该对象之后，就可以通过该对象提供的属性来获取系统的配置信息。Configuration 类中的属性如表 2-11 所示。

表 2-11　Configuration 类中的属性

| 属性 | 作用 |
| --- | --- |
| public float fontScale | 获取当前用户设置的字体的缩放因子 |
| public int keyboard | 获取当前设备所关联的键盘类型 |
| public Locale locale | 获取用户当前的位置 |
| public int mcc | 获取移动信号的国家码 |
| public int mnc | 获取移动信号的网络码 |
| public int orientation | 获取系统屏幕的方向 |
| public int touchscreen | 获取系统触摸屏的触摸方式 |

**2. onConfigurationChanged() 方法**

在 Android 应用中，经常会看到应用程序为适应手机屏幕的横竖屏切换，也切换了横竖屏显示方式。实现此功能需要对屏幕的横竖屏变化进行监听，可以通过重写 Activity 的 onConfigurationChanged(Configuration newConfig) 方法实现监听。该方法是一个基于回调的事件处理方法：当系统设置发生变化时，该方法会被自动触发。

需要注意的是，为了让该 Activity 能监听到屏幕方向更改的事件，需要在配置该 Activity（Manifest.xml）时指定 android:configChanges 属性，并在将属性值设为 orientation|screenSize 时才能监听到系统屏幕改变的事件。除了该属性值外，还可以设置为 mcc、mnc、locale、touchscreen、keyboard、keyboardHidden、navigation、screenLayout、uiMode、smallestScreenSize、fontScale 等属性值。

字体缩放: 1.0
当前Local: en_US
移动信号国家码: 310
移动国家网络码:260
导航设备类型: 2
屏幕方向: 1
触摸屏触摸方式: 3

图 2-16 运行结果

【示例 2.10】使用 Configuration 获取设备的配置信息。

本示例使用设备配置信息类 Configuration 获取设备的配置信息，运行效果如图 2-16 所示。

1）创建布局文件，添加 TextView 控件，参考代码如下：

```
<TextView
        android:id = "@+id/txtConfig"
        android:layout_width = "match_parent"
        android:layout_height = "wrap_content" />
```

2）修改 MainActivity 中 onCreate() 方法的代码，参考代码如下：

```
public class MainActivity extends AppCompatActivity {
    @Override
    protected void onCreate(Bundle savedInstanceState) {
        super.onCreate(savedInstanceState);
        setContentView(R.layout.activity_main);
        TextView text = findViewById(R.id.txtConfig);
        Configuration configuration = getResources().getConfiguration();
        txtConfig.setText(
        " 字体缩放: "+configuration.fontScale +
        "\n 当前 Local: "+configuration.locale+
        "\n 移动信号国家码: "+configuration.mcc+
        "\n 移动国家网络码 :"+configuration.mnc+
        "\n 导航设备类型: "+configuration.navigation+
        "\n 屏幕方向: "+configuration.orientation+
        "\n 触摸屏触摸方式: "+configuration.touchscreen);
    }
}
```

### 2.5.2 监听屏幕方向的改变

在 Android 中，一些应用程序可以在运行时随着用户的使用习惯调整屏幕的显示方向。

上一小节中通过 Configuration 类获得屏幕的当前方向，它对设计拥有横竖屏显示功能的程序作用非常大。但是，在使用时还需要结合 Activity 的 onConfigurationChanged() 方法监听屏幕改变。

【示例 2.11】监听屏幕方向的改变。

1）编写 XML 布局配置文件，在 RelativeLayout 布局中添加 ImageView 控件，代码如下：

```
<TextView
    android:text = " 监听屏幕方向改变 "
    android:layout_width = "match_parent"
    android:layout_height = "wrap_content" />
<Button
    android:layout_width = "wrap_content"
    android:layout_height = "wrap_content"
    android:text = " 屏幕中心的按钮 "
    android:layout_centerVertical = "true"
    android:layout_centerHorizontal = "true" />
```

2）编写 Activity 类，在 onConfigurationChanged() 方法中添加代码，代码如下：

```
@Override
    public void onConfigurationChanged(Configuration newConfig) {
        super.onConfigurationChanged(newConfig);
        // 判断屏幕方向
        if(newConfig.orientation == Configuration.ORIENTATION_PORTRAIT){
            Toast.makeText(MainActivity.this, " 竖屏显示 ",
        Toast.LENGTH_SHORT).show();
        }
        if(newConfig.orientation == Configuration.ORIENTATION_LANDSCAPE){
            Toast.makeText(MainActivity.this, " 横屏显示 ",
        Toast.LENGTH_SHORT).show();
        }
    }
```

3）修改 AndroidManifest.xml 文件，设置 Activity 可以监听屏幕方向改变的事件，代码如下：

```
<activity        android:configChanges = "orientation|screenSize"
            android:name = ".MainActivity"
            android:label = "@string/app_name">
            <intent-filter>
                <action android:name = "android.intent.action.MAIN" />
                <category android:name = "android.intent.category.LAUNCHER" />
            </intent-filter>
</activity>
```

4）运行程序，在竖屏显示和屏幕旋转后横屏显示的效果中可以看出按钮显示在屏幕中心。这是因为屏幕使用相对布局，所以在屏幕旋转时，控件仍然保持一致的相对位置。

# 本章习题

## 1. 选择题

1）下列选项中，属于设置 TextView 中文本内容属性的是（　　　）。

A. android:textValue　　　　　　　B. android:text

C. android:textColor　　　　　　　D. android:textSize

2）下面关于单选对话框的描述，正确的是（　　　）。

A. 必须使用 dismiss() 方法才能使单选对话框消失

B. 单选对话框中的确定按钮是通过 setPositiveButton() 方法实现的

C. 可以调用 setIcon() 方法显示内容区域的图标

D. 以上说法都不对

3）下列选项中，属于设置 ImageView 控件以显示图片资源的属性是（　　　）。

A. android:src　　　　　　　　　　B. android:background

C. android:img　　　　　　　　　　D. android:imgValue

4）下列选项中，用于 EditText 控件中内容为空时显示提示文本信息的属性为（　　　）。

A. android:hint　　　B. android:tint　　　C. android:password　　D. android:textColorHint

5）下列选项中，属于设置 EditText 控件中输入的内容只能是数字的属性是（　　　）。

A. android:password　　　　　　　B. android:hint

C. android:phoneNumber　　　　　　D. android:editable

6）下列选项中，属于 Toast 显示提示信息时间的参数是（　　　）。

A. Toast.LENGTH_SHORT　　　　　B. Toast.LENGTH_LONG

C. LENGTH_SHORT　　　　　　　　D. LENGTH_LONG

7）下面关于 AlertDialog 的描述，正确的是（　　　）。

A. AlertDialog 用于提示一些重要信息或者显示一些需要用户额外交互的内容

B. 可以调用 AlertDialog.Builder 的 create() 方法创建 AlertDialog 对象

C. AlterDialog 一般包含标题、内容和按钮 3 个区域

D. AlertDialog 的内容可以为简单文本、单选列表、多选列表

## 2. 简答与编程题

1）编写一个程序实现在界面中间显示"I Love Android"。

2）编写一个简单的用户注册界面，包含用户名、密码以及注册按钮。

3）简述 AlertDialog 的创建过程。

4）简述 ImageView 控件中的 android:background 属性和 android:src 属性的异同。

5）简述实现 Button 的单击事件的方式。

# 第 3 章

## Android 界面布局

**本章简介**

本章介绍了 Android 中主要的布局，深入讲解了线性布局、相对布局、表格布局、帧布局和约束布局；使用 ListView 可以在布局中以列表的形式展示数据，通过 Adapter 可以将数据源的数据填充到 ListView 中显示，RecyclerView 组件是 ListView 更高级的版本，性能更好；另外还介绍了一些消息框、对话框与菜单的使用。通过本章的学习，读者应能够设计出美观的 Android 界面并展示数据。

**学习目标**

1）掌握 Android 中的主要布局。

2）掌握 ListView 控件的使用。

3）掌握 RecyclerView 的使用。

4）会使用消息框和对话框。

5）会使用菜单组件。

## 3.1 Android 布局管理

### 3.1.1 LinearLayout（线性布局）

LinearLayout 是一个视图组（ViewGroup），用于使所有子视图（视图组内的组件）在单个方向（垂直或水平）保持对齐。使用 android:orientation 属性可指定其子视图的排列方向。

定义线性布局的标签格式如下：

```
<LinearLayout    xmlns:android = "http://schemas.android.com/apk/res/android"
    android:layout_width = "wrap_content"
    android:layout_height = "wrap_content"
    android: orientation = "vertical">
    …
</LinearLayout>
```

LinearLayout 的所有子视图依次堆叠，因此无论子视图有多宽，设置 android: orientation= "vertical" 时，视图内的组件在垂直（上下）方向上排列，即每行均只有一个子视图；设置 android:orientation="horizontal" 时，视图内的组件水平排列，水平列表将只有一行高（最高子视图的高度加上内边距）。LinearLayout 会考虑子视图之间的边距以及每个子视图的对齐方式（右对齐、居中对齐或左对齐）。

LinearLayout 内的子视图使用布局权重调节所占空间的大小。LinearLayout 使用 android:layout_weight 属性为各个子视图分配权重。此属性会根据视图应在屏幕上占据的空间大小向视图分配权重值。如果拥有更大的权重值，则视图便可展开，进而填充父视图中的任何剩余空间。子视图可指定权重值，然后系统会按照子视图所声明的权重值比例为其分配视图组中的任何剩余空间。默认权重值为零。

在 LinearLayout 中，要使每个子视图在垂直布局中占相同大小的屏幕高度，必须将每个视图的 android:layout_height 设置为"0dp"；水平布局时，要使子视图在水平方向上占用相同的宽度，必须将每个子视图的 android:layout_width 设置为"0dp"。然后，需要将每个视图的 android:layout_weight 设置为"1"。

【示例 3.1】设置 3 个按钮平分水平空间。

布局文件的代码如下：

```
<?xml version = "1.0" encoding = "utf-8"?>
<LinearLayout xmlns:android = "http://schemas.android.com/apk/res/android"
    xmlns:app = "http://schemas.android.com/apk/res-auto"
    xmlns:tools = http://schemas.android.com/tools
    android:orientation = "horizontal"
    android:layout_width = "match_parent"
    android:layout_height = "match_parent"
    tools:context = ".LayoutDemoActivity">
    <Button
        android:id = "@+id/btn1"
        android:layout_width = "0dp"
        android:layout_height = "wrap_content"
        android:textSize = "18sp"
        android:layout_weight = "1"
        android:text = "Button1"/>
    <Button
        android:id = "@+id/btn2"
        android:layout_width = "0dp"
        android:layout_height = "wrap_content"
        android:textSize = "18sp"
```

```
        android:layout_weight = "1"
        android:text = "Button2"/>
    <Button
        android:id = "@+id/btn3"
        android:layout_width = "0dp"
        android:layout_height = "wrap_content"
        android:textSize = "18sp"
        android:layout_weight = "1"
        android:text = "Button4"/>
</LinearLayout>
```

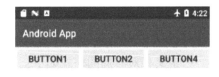

图 3-1　子视图平分空间界面显示

程序运行后的界面显示如图 3-1 所示。

如果要让子视图使用大小不同的屏幕空间，可以为子视图分配不同的权重。例如，有 3 个文本字段，其中的两个声明权重为 1，另一个未赋予权重，则没有权重的第 3 个文本字段将不会扩展，并且仅占据其内容所需的区域。另外两个文本字段将以同等幅度进行扩展，以填充测量 3 个字段后仍剩余的空间。如果有 3 个文本字段，其中的两个字段声明权重为 1，而为第 3 个字段赋予权重 2（而非 0），则表明第 3 个字段比另外两个字段更为重要，因此，第 3 个字段将获得总剩余空间的一半，而其他两个字段占据余下的空间。

【示例 3.2】设计 SendMessage 的界面布局。

布局文件的代码如下：

```
<?xml version = "1.0" encoding = "utf-8"?>
<LinearLayout xmlns:android = "http://schemas.android.com/apk/res/android"
    android:layout_width = "match_parent"
    android:layout_height = "match_parent"
    android:paddingLeft = "16dp"
    android:paddingRight = "16dp"
    android:orientation = "vertical" >
    <EditText
        android:layout_width = "match_parent"
        android:layout_height = "wrap_content"
        android:hint = "to" />
    <EditText
        android:layout_width = "match_parent"
        android:layout_height = "wrap_content"
        android:hint = "subject" />
    <EditText
        android:layout_width = "match_parent"
        android:layout_height = "0dp"
        android:layout_weight = "1"
        android:gravity = "top"
        android:hint = "message" />
    <Button
        android:layout_width = "100dp"
        android:layout_height = "wrap_content"
        android:layout_gravity = "right"
        android:text = "sEND" />
</LinearLayout>
```

to 字段、subject 行和 SEND 按钮均仅占用各自所需的高度。此配置允许消息自身占用 Activity 的剩余高度，显示效果如图 3-2 所示。

## 3.1.2　RelativeLayout（相对布局）

相对布局是通过相对定位的方式指定子视图位置的，即以其他控件或父容器为参照物，摆放控件位置。

定义相对布局的格式如下：

```
<RelativeLayout xmlns:android = "http://schemas.android.com/apk/res/
android"
属性 = " 属性值 "
...>

</RelativeLayout>
```

为了更好地确定布局中控件的位置，相对布局提供了很多属性，相对布局中的控件可以使用其属性控制其位置，具体如表 3-1 所示。

图 3-2　SendMessage 效果

表 3-1　相对布局中控件的属性

| 控件属性 | 功能描述 |
| --- | --- |
| android:layout_centerInParent | 设置当前控件位于父布局的中央位置 |
| android:layout_centerVertical | 设置当前控件位于父布局的垂直居中位置 |
| android:layout_centerHorizontal | 设置当前控件位于父控件的水平居中位置 |
| android:layout_above | 设置当前控件位于某控件上方 |
| android:layout_below | 设置当前控件位于某控件下方 |
| android:layout_toLeftOf | 设置当前控件位于某控件左侧 |
| android:layout_toRightOf | 设置当前控件位于某控件右侧 |
| android:layout_alignParentTop | 设置当前控件是否与父控件顶端对齐 |
| android:layout_alignParentLeft | 设置当前控件是否与父控件左对齐 |
| android:layout_alignParentRight | 设置当前控件是否与父控件右对齐 |
| android:layout_alignParentBottom | 设置当前控件是否与父控件底端对齐 |
| android:layout_alignTop | 设置当前控件的上边界与某控件的上边界对齐 |
| android:layout_alignBottom | 设置当前控件的下边界与某控件的下边界对齐 |
| android:layout_alignLeft | 设置当前控件的左边界与某控件的左边界对齐 |
| android:layout_alignRight | 设置当前控件的右边界与某控件的右边界对齐 |

【示例 3.3】相对布局的使用。

布局文件的代码如下：

```
<?xml version = "1.0" encoding = "utf-8"?>
```

```
<RelativeLayout xmlns:android = "http://schemas.android.com/apk/res/android"
    xmlns:app = "http://schemas.android.com/apk/res-auto"
    xmlns:tools = "http://schemas.android.com/tools"
    android:layout_width = "match_parent"
    android:layout_height = "match_parent"
    tools:context = ".LayoutDemo2Activity">
    <Button
        android:id = "@+id/button"
        android:layout_width = "wrap_content"
        android:layout_height = "wrap_content"
        android:layout_alignParentTop = "true"
        android:layout_marginTop = "100dp"
        android:layout_marginLeft = "50dp"
        android:text = "BUTTON1" />
    <Button
        android:id = "@+id/button2"
        android:layout_width = "wrap_content"
        android:layout_height = "wrap_content"
        android:layout_toRightOf = "@+id/button"
        android:layout_below = "@+id/button"
        android:layout_marginTop = "15dp"
        android:text = "BUTTON2"/>

    <Button
        android:id = "@+id/button3"
        android:layout_width = "wrap_content"
        android:layout_height = "wrap_content"
        android:layout_toRightOf = "@+id/button2"
        android:layout_below = "@+id/button2"
        android:layout_marginTop = "15dp"
        android:text = "BUTTON3"/>

</RelativeLayout>
```

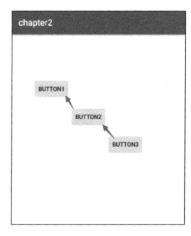

图 3-3　相对布局效果

运行后，显示的效果如图 3-3 所示。

## 3.1.3　TableLayout（表格布局）

表格布局采用行、列的形式来管理控件，它不需要明确声明包含多少行、多少列，而是通过在 TableLayout 中添加 TableRow 布局来控制表格的行数，通过在 TableRow 布局中添加控件来控制表格的列数。

表格布局的定义如下：

```
<TableLayout xmlns:android = "http://schemas.android.com/apk/res/android"
                属性 = "属性值">
            <TableRow>
                    UI 控件
            </TableRow>
            ...
```

```
</TableLayout>
```

表格布局中的常用属性如表 3-2 所示。
表格布局中的控件属性如表 3-3 所示。

表 3-2　表格布局中的常用属性

| 布局属性 | 功能描述 |
| --- | --- |
| android:stretchColumns | 设置该列被拉伸 |
| android:shrinkColumns | 设置该列被收缩 |
| android:collapseColumns | 设置该列被隐藏 |

表 3-3　表格布局中的控件属性

| 控件属性 | 功能描述 |
| --- | --- |
| android:layout_column | 设置该单元的显示位置 |
| android:layout_span | 设置该单元格占据几行，默认为 1 行 |

【示例 3.4】表格布局的应用。
XML 布局文件的代码如下：

```xml
<?xml version = "1.0" encoding = "utf-8"?>
<TableLayout xmlns:android = "http://schemas.android.com/apk/res/android"
    xmlns:app = "http://schemas.android.com/apk/res-auto"
    xmlns:tools = "http://schemas.android.com/tools"
    android:layout_width = "match_parent"
    android:layout_height = "match_parent"
    android:stretchColumns = "1"
    tools:context = ".TableLayoutActivity">
    <TableRow
        android:layout_width = "match_parent"
        android:layout_height = "match_parent">
        <Button
            android:id = "@+id/button1"
            android:layout_width = "wrap_content"
            android:layout_height = "wrap_content"
            android:layout_column = "0"
            android:text = "BUTTON1" />
    </TableRow>

    <TableRow
        android:layout_width = "match_parent"
        android:layout_height = "match_parent">
        <Button
            android:id = "@+id/button2"
            android:layout_width = "wrap_content"
            android:layout_height = "wrap_content"
            android:layout_column = "1"
            android:text = "BUTTON2"/>
    </TableRow>

</TableLayout>
```

表格布局设计了两行，每行一个按钮，使用 android:stretchColumns="1"，属性拉伸第 2 列，android:layout_column="0" 属性表示显示在第 1 列中。需要注意的是，TableRow 不需要设置宽度和高度，其会自动填充到容器，宽度为容器宽度，高度根据内容改变。但对于 TableRow 的其他控件来说，是可以设置宽度和高度的。表格布局效果如图 3-4 所示。

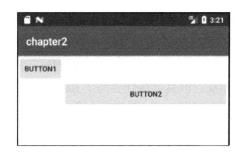

图 3-4　表格布局效果

### 3.1.4　FrameLayout（帧布局）

帧布局是 Android 布局中最简单的一种，帧布局为每个加入其中的控件创建了一块空白区域。采用帧布局的方式设计界面时，只能在屏幕左上角显示一个控件，如果添加多个控件，会依次重叠在屏幕左上角，且会透明显示之前的文本。

帧布局的定义代码如下：

```
<FrameLayout xmlns:android = "http://schemas.android.com/apk/res/android"
    属性 = " 属性值 ">
</FrameLayout>
```

【示例 3.5 】帧布局的应用。

布局文件的代码如下：

```
<?xml version = "1.0" encoding = "utf-8"?>
<FrameLayout xmlns:android = "http://schemas.android.com/apk/res/android"
    xmlns:app = "http://schemas.android.com/apk/res-auto"
    xmlns:tools = "http://schemas.android.com/tools"
    android:layout_width = "match_parent"
    android:layout_height = "match_parent"
    tools:context = ".FrameLayoutActivity">

    <Button
        android:id = "@+id/button0"
        android:layout_width = "314dp"
        android:layout_height = "315dp"
        android:text = "BUTTON1" />
    <Button
        android:id = "@+id/button1"
        android:layout_width = "216dp"
        android:layout_height = "140dp"
        android:text = "BUTTON2" />
    <Button
        android:id = "@+id/button2"
        android:layout_width = "103dp"
        android:layout_height = "wrap_content"
        android:text = "BUTTON3" />
</FrameLayout>
```

图 3-5　帧布局效果

运行后显示的界面如图 3-5 所示。

## 3.1.5　ConstraintLayout（约束布局）

ConstraintLayout（约束布局）方式使用扁平视图层次结构（无嵌套视图组）创建复杂的大型布局。它与 RelativeLayout 相似，其中所有的视图均根据同级视图与父布局之间的关系进行布局，但其灵活性要高于 RelativeLayout，并且更易于与 Android Studio 的布局编辑器配合使用。使用 ConstraintLayout（约束布局）可以通过设计视图进行可视化设计，还能减少其他布局中的布局嵌套。约束布局重在约束。如图 3-6 所示的效果，使用约束布局能很好地实现。

图 3-6　约束布局的应用效果图

ConstraintLayout 的所有功能均可直接通过布局编辑器的可视化工具来使用，因为布局 API 和布局编辑器是专为彼此构建的。因此，完全可以使用 ConstraintLayout 通过拖放的形式（而非修改 XML）来构建布局。

ConstraintLayout 是 Android Studio 2.2 新添加的布局。它适合使用可视化的方式编写界面布局。可视化操作的背后仍然是使用 XML 代码实现的，只不过这些代码是 Android Studio 根据操作自动生成的。

要在项目中使用 ConstraintLayout，需要按照以下步骤的操作引入支持的库：

1）确保 maven.google.com 代码库已在模块级文件 build.gradle 中声明：

```
repositories {
    google()
}
```

2）将该库作为依赖项添加到同一个 build.gradle 文件中，如下所示：

```
dependencies {
    implementation 'com.android.support.constraint:constraint-layout:1.1.3'
}
```

提示：最新版本可能与示例中显示的不同。

3）在工具栏或同步通知中，单击 Sync Project with Gradle Files 选项。

本书使用的开发工具版本会自动导入 ConstraintLayout（约束布局）的支持库。布局中元素的定位主要有 3 种方式，下面分别进行介绍。

1. 父布局内居中或倾向

在 ConstraintLayout 中，控件可以通过添加约束的方式确定其在父布局（即 ConstraintLayout）

中的相对位置。在相同方向上（横向或纵向），控件两边同时向 ConstraintLayout 添加约束，则控件在添加约束的方向上居中显示。父布局中横向居中如图 3-7 所示。

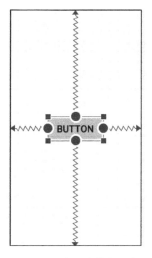

图 3-7　父布局中横向居中

　　在约束是同向相反的情况下，默认控件是居中的，但是也像拔河一样，当两个约束力大小不等时，就会产生倾向。横向或纵向的倾向属性设置如表 3-4 所示，设置向左倾向的效果如图 3-8 所示。

表 3-4　倾向属性设置

| 属性名称 | 功能描述 |
| --- | --- |
| layout_constraintHorizontal_bias | 横向的倾向 |
| layout_constraintVertical_bias | 纵向的倾向 |

图 3-8　设置向左倾向的效果

### 2. 相对定位

相对定位是在 ConstraintLayout 中创建布局的基本构建方法之一。相对定位即一个控件相对于另一个控件进行定位。ConstraintLayout 中的控件可以在横向和纵向上以添加约束关系的方式进行相对定位，其中，横向边包括 Left、Start、Right、End，纵向边包括 Top、Bottom、Baseline（文本底部的基准线）。约束布局中相对定位的属性如表 3-5 所示。

表 3-5　约束布局中相对定位的属性

| 属性名称 | 功能描述 |
| --- | --- |
| layout_constraintLeft_toLeftOf | 控件的左边与另外一个控件的左边对齐 |
| layout_constraintLeft_toRightOf | 控件的左边与另外一个控件的右边对齐 |
| layout_constraintRight_toLeftOf | 控件的右边与另外一个控件的左边对齐 |
| layout_constraintRight_toRightOf | 控件的右边与另外一个控件的右边对齐 |
| layout_constraintTop_toTopOf | 控件的上边与另外一个控件的上边对齐 |
| layout_constraintTop_toBottomOf | 控件的上边与另外一个控件的底部对齐 |
| layout_constraintBaseline_toBaselineOf | 控件间的文本内容基准线对齐 |
| layout_constraintStart_toEndOf | 控件的起始边与另外一个控件的尾部对齐 |
| layout_constraintStart_toStartOf | 控件的起始边与另外一个控件的起始边对齐 |
| layout_constraintEnd_toStartOf | 控件的尾部与另外一个控件的起始边对齐 |
| layout_constraintEnd_toEndOf | 控件的尾部与另外一个控件的尾部对齐 |

例如，在设计视图中，设计 3 个按钮，采用相对定位，与父容器的边框对齐，BUTTON2 控件的起始边与 BUTTON1 控件的尾部对齐，BUTTON3 控件的上边与 BUTTON2 控件的底部对齐，如图 3-9 所示。

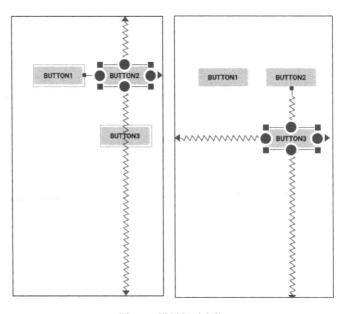

图 3-9　设置相对定位

### 3. Chain（链）控制

Chain（链）是一种特殊的约束，使用链能够对一组水平或竖直方向互相关联的控件进行统一管理。一组控件通过一个双向的约束关系链接起来，就能形成一个 Chain。链中的视图有多种分布方式，如图 3-10 所示。

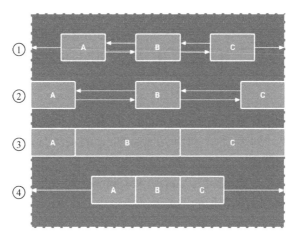

图 3-10　不同链样式的示例

对于图 3-10 中的链样式，说明如下。

① spread：视图是均匀分布的（在考虑外边距之后），这是默认值。

② spread inside：第一个和最后一个视图固定在链两端的约束边界上，其余视图均匀分布。

③ weighted：当链设置为 spread 或 spread inside 时，可以通过将一个或多个视图设置为 "match constraints"(0dp) 来填充剩余空间。默认情况下，设置为 "match constraints" 的视图之间的空间均匀分布，但也可以使用 layout_constraintHorizontal_weight 和 layout_constraintVertical_weight 属性为每个视图分配重要性权重。

④ packed：视图打包在一起（在考虑外边距之后），可以通过更改链的头视图偏差调整整条链的偏差（左 / 右或上 / 下）。

链的头视图（水平链中最左侧的视图以及垂直链中最顶部的视图）以 XML 格式定义链的样式。通过选择链中的任意视图，然后单击出现在该视图下方的链按钮，在 spread、spread inside 和 packed 之间进行切换。

例如，在设计视图中，将 BUTTON1、BUTTON2、BUTTON3 这 3 个按钮设计为一组水平链，然后选择链的头 BUTTON1 设计为顶端边缘对齐，设计的效果如图 3-11 所示。

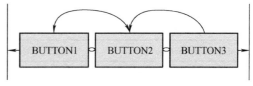

图 3-11　水平链的设计效果

## 3.2　AdapterView 及其子类

AdapterView 是一个抽象基类，是 Android 中非常重要的一个组件，其派生的子类在用法上十分相似，只是显示的界面有所不同。AdapterView 和子类的关系如图 3-12 所示。

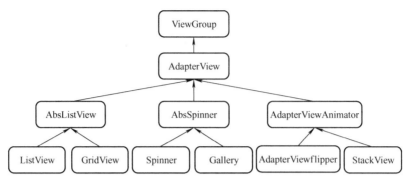

图 3-12 AdapterView 和子类的关系

可以看出，AdapterView 继承自 ViewGroup，它本质上也是容器。通过适配器 Adapter（后面内容会讲解）提供"列表项"，利用 AdapterView 的 setAdapter(Adapter) 方法将"列表项"加入 AdapterView 容器中。

AdapterView 派生的 3 个类 AbsListView、AbsSpinner 和 AdapterViewAnimator 依然是抽象类，所以实际开发中使用的是它们的子类。

### 3.2.1 ListView

ListView 是手机系统中使用非常广泛的一种组件，它以垂直列表的形式显示所有的列表项。生成列表视图有如下两种方式：

1）直接使用 ListView 进行创建。

2）创建一个继承 ListActivity 的 Activity（相当于该 Activity 显示的组件为 ListView）。

一旦在程序中获得了 ListView，接下来就需要为 ListView 设置它要显示的列表项。ListView 通过 setAdapter(Adapter) 方法为之提供 Adapter，并由 Adapter 提供要显示的内容。

先来看 AbsListView 提供的常用 XML 属性，如表 3-6 所示。

表 3-6 AbsListView 提供的常用 XML 属性

| XML 属性 | 说明 |
| --- | --- |
| android:divider | 设置 List 列表项的分隔线（既可以用颜色分隔，也可以用 Drawable 分隔） |
| android:dividerHeight | 设置分隔线的高度 |
| android:entries | 指定一个数据源来显示 |
| android:footerDividersEnabled | 是否在 footer view 之前绘制分隔线 |
| android:headerDividersEnabled | 是否在 header view 之后绘制分隔线 |
| android:drawSelectorOnTop | 设置选中的列表项是否显示在上面 |
| android:fastScrollEnabled | 设置是否允许快速滚动 |
| android:listSelector | 指定被选中的列表项上绘制的 Drawable |
| android:scrollingCache | 设置滚动时是否使用绘制缓存 |
| android:textFilterEnabled | 设置是否对列表项进行过滤，只有当 Adapter 中实现了 Filter 接口时才会起作用 |
| android:transcriptMode | 设置该组件的滚动模式 |

【示例 3.6】使用 ListView 展示课程列表信息，运行效果如图 3-13 所示。

首先需要在布局文件中添加 ListView 组件，然后在 values 文件夹中添加一个新的 courses.xml 文件以用于存储字符串数组，在 ListView 组件中通过 android:entries="@array/course_name" 制定字符串数组为 ListView 组件的数据源，将数组的内容显示到 ListView 中，values 下的 courses.xml 中的代码如下：

```
<?xml version = "1.0" encoding = "utf-8"?>
<resources>
    <string-array name = "course_name">
        <item> 计算机网络技术 </item>
        <item> 数据结构与算法 </item>
        <item> 计算机体系结构 </item>
        <item>Android 系统开发 </item>
    </string-array>
</resources>
```

图 3-13　ListView 显示课程的效果

布局文件 activity_course_list.xml 的代码如下：

```
<?xml version = "1.0" encoding = "utf-8"?>
<androidx.constraintlayout.widget.ConstraintLayout xmlns:android = "http://schemas.android.com/apk/res/
android"
    xmlns:app = "http://schemas.android.com/apk/res-auto"
    xmlns:tools = "http://schemas.android.com/tools"
    android:layout_width = "match_parent"
    android:layout_height = "match_parent"
    tools:context = ".CourseListActivity">
    <ListView
        android:paddingTop = "20dp"
        android:layout_width = "409dp"
        android:layout_height = "729dp"
        android:divider = "@color/colorPrimaryDark"
        android:dividerHeight = "1dp"
        android:entries = "@array/course_name"
        app:layout_constraintBottom_toBottomOf = "parent"
        app:layout_constraintEnd_toEndOf = "parent"
        app:layout_constraintStart_toStartOf = "parent"
        app:layout_constraintTop_toTopOf = "parent" />
</androidx.constraintlayout.widget.ConstraintLayout>
```

使用 ListView 显示字符串数组的数据比较简单，这时 ListView 能显示的内容很少，如果想对 ListView 进行外观和行为的定制，就需要把 ListView 作为 AdapterView 来使用，然后通过 Adapter 控制每个列表项的外观和行为。

### 3.2.2　Adapter 接口及其实现类

数据适配器是数据与视图之间的桥梁，它类似于一个转换器，将复杂的数据转换成用户可以接收的方式进行呈现。Adapter 本身只是一个接口，它派生了两个子类：ListAdapter 和 SpinnerAdapter，具体的派生类及其子类的继承关系如图 3-14 所示。

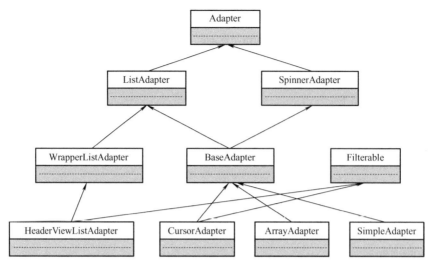

图 3-14　Adapter 及其子类的继承关系

在图 3-14 中，BaseAdapter 继承了 ListAdapter 和 SpinnerAdapter 接口，因此 BaseAdapter 及其子类都可以为 AbsListView 或 AbsSpinner 提供列表项。

下面介绍 Adapter 常用的实现类。

### 1. BaseAdapter

BaseAdapter 顾名思义是基本的适配器。它实际上是一个抽象类。通常，在自定义适配器时会继承 BaseAdapter。BaseAdapter 中的方法如表 3-7 所示。

表 3-7　BaseAdapter 中的方法

| 方法名称 | 功能描述 |
| --- | --- |
| public int getCount() | 获取 Item 条目的总数 |
| public Object getItem(int position) | 根据 position（位置）获取某个 Item 的对象 |
| public long getItemId(int position) | 根据 position（位置）获取某个 Item 的 id |
| public View getView(int position, View convertView, ViewGroup parent) | 获取相应 position 对应的 Item 视图，position 是当前 Item 的位置，convertView 用于复用旧视图，parent 用于加载 XML 布局 |

### 2. ArrayAdapter

ArrayAdapter 通常用于将数组或 List 集合的多个值包装成多个列表项，创建 ArrayAdapter 并使用的代码如下：

```
public class ListViewActivity1 extends AppCompatActivity {
    @Override
    protected void onCreate(Bundle savedInstanceState) {
        super.onCreate(savedInstanceState);
        setContentView(R.layout.activity_list_view1);
        ListView lvCourses = findViewById(R.id.lv_courses);
        String [] courses = new String[]{" 计算机网络 ", " 数据结构 ", " 操作系统 "};
        ArrayAdapter<String> adapter = new ArrayAdapter<String>(this, android.R.layout.simple_
        expandable_list_item_1, courses);
```

```
        lvCourses.setAdapter(adapter);
    }
}
```

程序运行后的显示效果如图 3-15 所示。

ArrayAdapter 也是 BaseAdapter 的子类，用法与 SimpleAdapter 类似，开发者只需要在构造方法中传入相应参数即可。ArrayAdapter 通常用于适配 TextView 控件。在上述示例代码中，创建 ArrayAdapter 构造方法内的参数 android.R.layout.simple_expandable_list_item_1 为系统提供的文件，该文件里面有一个 TextView 控件，该文件可以直接使用，源文件代码如下：

图 3-15　创建 ArrayAdapter 并运行后的效果

```xml
<?xml version = "1.0" encoding = "utf-8"?>
<TextView xmlns:android = "http://schemas.android.com/apk/res/android"
    android:id = "@android:id/text1"
    android:layout_width = "match_parent"
    android:layout_height = "?android:attr/listPreferredItemHeight"
    android:paddingStart = "?android:attr/expandableListPreferredItemPaddingLeft"
    android:textAppearance = "?android:attr/textAppearanceListItem"
    android:gravity = "center_vertical"
    android:textAlignment = "viewStart"
/>
```

## 3. SimpleAdapter

SimpleAdapter 是功能强大的 Adapter，将 List 集合的多个对象包装成多个列表项。SimpleAdapter 继承自 BaseAdapter，实现了 BaseAdapter 的 4 个抽象方法并进行封装。因此在使用 SimpleAdapter 进行数据适配时，只需要在构造方法中传入相应的参数即可。

SimpleAdapter 的构造方法的具体信息如下：

public SimpleAdapter(Context context, List<? extends Map<String, ?>> data, int resource, String[] from, int[] to)

使用 SimpleAdapter 时有 5 个参数需要设置，其中后面 4 个非常关键：

1）第 1 个参数：Context context。该参数为上下文对象。

2）第 2 个参数：List<? extends Map<String, ?>> data。它是一个 List 类型的集合对象，该集合中，每个 Map 对象都生成一个列表项。

3）第 3 个参数：int resource。该参数指定一个界面布局的 ID。本例中指定为 R.layout.simple_layout，即使用 app\src\main\res\layout\simple_layout.xml 文件作为列表项组件。

4）第 4 个参数：String[] from。决定提取 Map<String, ?> 对象中哪些 key 对象的 value 来生成列表项。

5）第 5 个参数：int[] to。决定填充哪些组件。

【示例 3.7】使用 SimpleAdapter 来获取列表项。

使用 SimpleAdapter，需要在 layout 目录下添加一个自定义的布局文件，即 list_item1_layout.xml 文件来设置 ListView 中每项的样式，代码如下：

```xml
<?xml version = "1.0" encoding = "utf-8"?>
<LinearLayout xmlns:android = "http://schemas.android.com/apk/res/android"
    android:layout_width = "match_parent"
    android:layout_height = "match_parent"
    android:padding = "10dp"
    android:orientation = "horizontal">

    <ImageView
        android:id = "@+id/img_course"
        android:layout_width = "120dp"
        android:layout_height = "150dp"/>

    <LinearLayout
        android:orientation = "vertical"
        android:layout_marginLeft = "10dp"
        android:layout_width = "match_parent"
        android:layout_height = "wrap_content"
        android:gravity = "center_vertical">
        <TextView
            android:id = "@+id/txtCourse"
            android:textSize = "18sp"
            android:layout_width = "wrap_content"
            android:layout_height = "wrap_content"
            android:layout_marginTop = "20dp"/>

        <TextView
            android:id = "@+id/txtTimes"
            android:textSize = "18sp"
            android:textColor = "#ff2938"
            android:layout_width = "wrap_content"
            android:layout_height = "wrap_content"
            android:layout_marginTop = "50dp"/>
    </LinearLayout>
</LinearLayout>
```

在 Activity 中获取 ListView 控件，创建 SimpleAdapter，使用 SimpleAdapter 填充 ListView，代码如下：

```java
package com.qcxy.chapter2;
import androidx.appcompat.app.AppCompatActivity;
import android.os.Bundle;
import android.widget.ArrayAdapter;
import android.widget.ListView;
import android.widget.SimpleAdapter;
import java.util.ArrayList;
import java.util.HashMap;
import java.util.List;
import java.util.Map;
public class ListViewActivity1 extends AppCompatActivity {
```

```
private String [] cname = {"Java 编程基础 ", "C 语言程序设计 ", "JavaEE 开发 "};
private String [] ctimes = {"64 学时 ", "48 学时 ", "96 学时 "};
private int [] img_book = {R.drawable.book1, R.drawable.book2, R.drawable.book3};
@Override
protected void onCreate(Bundle savedInstanceState) {
    super.onCreate(savedInstanceState);
    setContentView(R.layout.activity_list_view1);
    ListView lvCourses = findViewById(R.id.lv_courses);
    // 创建一个 List 集合，存储 Map 类型的元素
    List<Map<String, Object>> clists = new ArrayList<Map<String, Object>>();
    for (int i = 0; i<cname.length; i++){
        Map<String, Object> listItem = new HashMap<>();
        listItem.put("cname", cname[i]);
        listItem.put("ctimes", ctimes[i]);
        listItem.put("img_book", img_book[i]);
        clists.add(listItem);
    }
    // 创建 SimpleAdapter 对象
    SimpleAdapter adapter = new SimpleAdapter(this, clists,
            R.layout.list_item1_layout,
            new String[]{"img_book", "cname", "ctimes"},
            new int[]{R.id.img_course, R.id.txtCourse, R.id.txtTimes});
    lvCourses.setAdapter(adapter);
    }
}
```

程序运行的效果如图 3-16 所示。

在实际开发中，为了实现更为灵活的效果，一般采用 BaseAdapter。BaseAdapter 是最基础的 Adapter，具有全能性，不会像 ArrayAdapter 等封装好的类那样有那么多局限性。

【示例 3.8】使用 BaseAdapter 重构选课页面。

创建 Activity 的布局文件，代码如下：

图 3-16　示例 3.7 的运行效果

```
<?xml version = "1.0" encoding = "utf-8"?>
<LinearLayout xmlns:android = "http://schemas.android.com/apk/res/
android"
    xmlns:app = "http://schemas.android.com/apk/res-auto"
    xmlns:tools = "http://schemas.android.com/tools"
    android:layout_width = "match_parent"
    android:layout_height = "match_parent"
    android:orientation = "vertical"
    tools:context = ".SelectCourseActivity">
    <TextView
        android:id = "@+id/txtTitle"
        android:layout_width = "match_parent"
        android:layout_height = "wrap_content"
        android:text = " 选课 "
```

```
            android:textSize = "18sp"
            android:textColor = "#FFFFFF"
            android:gravity = "center_horizontal"
            android:background = "@color/colorPrimaryDark"
            android:paddingVertical = "8dp"/>
        <ListView
            android:id = "@+id/lv_courses1"
            android:layout_width = "match_parent"
            android:layout_height = "wrap_content" />
</LinearLayout>
```

创建 ListView 列表项的布局文件，代码如下：

```
<?xml version = "1.0" encoding = "utf-8"?>
<LinearLayout xmlns:android = "http://schemas.android.com/apk/res/android"
        android:layout_width = "match_parent"
        android:layout_height = "match_parent"
        android:padding = "10dp"
        android:orientation = "horizontal">
        <ImageView
            android:id = "@+id/img_course1"
            android:layout_width = "120dp"
            android:layout_height = "150dp"
            android:src = "@drawable/img1"
            />
        <LinearLayout
            android:orientation = "vertical"
            android:layout_marginLcft = "10dp"
            android:layout_width = "match_parent"
            android:layout_height = "wrap_content"
            android:gravity = "center_vertical">
            <TextView
                android:id = "@+id/txtCourse1"
                android:textSize = "18sp"
                android:layout_width = "wrap_content"
                android:layout_height = "wrap_content"
                android:layout_marginTop = "20dp"
                android:text = " 课程 "/>
            <TextView
                android:id = "@+id/txtTimes1"
                android:textSize = "18sp"
                android:textColor = "#ff2938"
                android:layout_width = "wrap_content"
                android:layout_height = "wrap_content"
                android:layout_marginTop = "20dp"
                android:text = " 学时 "/>
            <Button
                android:id = "@+id/btnSelect"
                android:layout_width = "wrap_content"
```

```
            android:layout_height = "wrap_content"
            android:text = " 选课 "
            android:layout_marginTop = "20dp"
            android:textSize = "18sp"/>
    </LinearLayout>
</LinearLayout>
```

创建 MyAdapter 继承 BaseAdapter 类，并重写里面的抽象方法，代码如下：

```java
package com.qcxy.chapter2.adapter;
import android.content.Context;
import android.view.View;
import android.view.ViewGroup;
import android.widget.BaseAdapter;
import android.widget.Button;
import android.widget.ImageView;
import android.widget.TextView;
import com.qcxy.chapter2.R;
import java.util.List;
import java.util.Map;
public class MyAdapter extends BaseAdapter {
    private List<Map<String, Object>> datas;
    private Context context;
    public MyAdapter(List<Map<String, Object>> datas, Context context){
        this.datas = datas;
        this.context = context;
    }
    @Override
    public int getCount() {
        // 返回数据的总数
        return datas.size();
    }
    @Override
    public Object getItem(int position) {
        // 返回对应位置的 item
        return datas.get(position);
    }
    @Override
    public long getItemId(int position) {
        // 返回数据在 list 中的所在位置
        return position;
    }
    @Override
    public View getView(int position, View convertView, ViewGroup parent) {

        // 将布局文件转换为 View
        View view = View.inflate(context, R.layout.list_item2_layout, null);
        TextView txtCourse = view.findViewById(R.id.txtCourse1);
        TextView txtTimes = view.findViewById(R.id.txtTimes1);
```

```
        Button btnSelect = view.findViewById(R.id.btnSelect);
        ImageView imgCourse = view.findViewById(R.id.img_course1);
        txtCourse.setText(datas.get(position).get("cname").toString());
        txtTimes.setText(datas.get(position).get("ctimes").toString());
        imgCourse.setImageResource((Integer)(datas.get(position).get("img_book")));
        return  view;
    }
}
```

在 Activity 类中使用 MyAdapter 填充 ListView, 代码如下:

```
package com.qcxy.chapter2;
import androidx.appcompat.app.AppCompatActivity;
import android.os.Bundle;
import android.widget.ListView;
import android.widget.SimpleAdapter;
import com.qcxy.chapter2.adapter.MyAdapter;
import java.util.ArrayList;
import java.util.HashMap;
import java.util.List;
import java.util.Map;
public class SelectCourseActivity extends AppCompatActivity {
    private String [] cname = {"Java 编程基础 ", "C 语言程序设计 ", "JavaEE 开发 "};
    private String [] ctimes = {"64 学时 ", "48 学时 ", "96 学时 "};
    private int [] img_book = {R.drawable.book1, R.drawable.book2, R.drawable.book3};
    @Override
    protected void onCreate(Bundle savedInstanceState) {
        super.onCreate(savedInstanccState);
        setContentView(R.layout.activity_select_course);
        ListView lvCourses = findViewById(R.id.lv_courses1);
        // 创建一个 List 集合, 存储 Map 类型的元素
        List<Map<String, Object>> clists = new ArrayList<Map<String, Object>>();
        for (int i = 0; i<cname.length; i++){
            Map<String, Object> listItem = new HashMap<>();
            listItem.put("cname", cname[i]);
            listItem.put("ctimes", ctimes[i]);
            listItem.put("img_book", img_book[i]);
            clists.add(listItem);
        }
        // 创建 MyAdapter 的对象
        MyAdapter adapter = new MyAdapter(clists, this);
        // 设置 ListView 的适配器
        lvCourses.setAdapter(adapter);
    }
}
```

上面程序的关键部分是 new BaseAdapter() 之后的内容, 扩展 BaseAdapter 需要重写以下 4 个方法。

1) getCount(): 该方法的返回值控制该 Adapter 包含多少项。

2）getItem()：该方法的返回值决定第 position 处的列表项内容。

3）getItemId()：该方法的返回值决定第 position 处的列表项 ID。

4）getView()：该方法的返回值决定第 position 处的列表项组件。

4 个方法中非常重要的是第 1 个和第 4 个方法。需要说明的是，虽然此处只介绍了 ListView，但是也同样适用于 AdapterView 的其他子类，如 GridView、Spinner 等。

通过 getView() 方法加载 Item 布局时，每次加载都会使用 findViewById() 方法找到 Item 布局中的各个控件，在每一次加载新的 Item 数据时都会进行控件寻找，这样也会产生耗时操作。

为了优化 ListView，减少耗时操作，可以将要加载的子 View 放在 ViewHolder 类中，第 1 次创建 convertView 时将这些控件找出，第 2 次重用 convertView 时就可直接通过 convertView 中的 getTag() 方法获得这些控件。优化后的代码如下：

```
package com.qcxy.chapter2.adapter;
import android.content.Context;
import android.view.View;
import android.view.ViewGroup;
import android.widget.BaseAdapter;
import android.widget.Button;
import android.widget.ImageView;
import android.widget.TextView;
import android.widget.Toast;
import com.qcxy.chapter2.R;
import java.util.List;
import java.util.Map;
public class MyAdapter extends BaseAdapter {
    private List<Map<String, Object>> datas;
    private Context context;
    public MyAdapter(List<Map<String, Object>> datas, Context context){
        this.datas = datas;
        this.context = context;
    }
    @Override
    public int getCount() {
        // 返回数据的总数
        return datas.size();
    }
    @Override
    public Object getItem(int position) {
        // 返回对应位置的 Item
        return datas.get(position);
    }
    @Override
    public long getItemId(int position) {
        // 返回数据在 list 中的所在位置
        return position;
    }
    @Override
```

```java
public View getView(int position, View convertView, ViewGroup parent) {
    ViewHolder holder;
    if(convertView == null){
        // 将布局文件转换为 View
        convertView = View.inflate(context, R.layout.list_item2_layout, null);
        // 减少 findView
        holder = new ViewHolder();
        // 初始化布局元素
        holder.imgCourse = convertView.findViewById(R.id.img_course1);
        holder.txtCourse = convertView.findViewById(R.id.txtCourse1);
        holder.txtTimes = convertView.findViewById(R.id.txtTimes1);
        holder.btnSelect = convertView.findViewById(R.id.btnSelect);
        holder.btnSelect.setOnClickListener(new View.OnClickListener() {
            @Override
            public void onClick(View v) {
                Toast.makeText(context, " 选课成功！ ", Toast.LENGTH_LONG).show();
            }
        });
        convertView.setTag(holder);
    }else {
        holder = (ViewHolder) convertView.getTag();
    }
    // 将传入的数据绑定到 View 中
    holder.imgCourse.setImageResource((Integer)(datas.get(position).get("img_book")));
    holder.txtCourse.setText(datas.get(position).get("cname").toString());
    holder.txtTimes.setText(datas.get(position).get("ctimes").toString());

    return convertView;
}

class ViewHolder{
    TextView txtCourse;
    TextView txtTimes;
    Button btnSelect;
    ImageView imgCourse;
}
}
```

运行程序，单击"选课"按钮，显示效果如图 3-17 所示。

# 3.3　使用 RecyclerView 创建列表

## 3.3.1　RecyclerView 介绍

如果应用 App 需要根据大型数据集（或频繁更改的数据）显示元素的滚动列表，则可以使用 RecyclerView。RecyclerView 组件是 ListView 的更高级版本。

图 3-17　选课界面效果

在 RecyclerView 模型中，几个不同的组件协同作用可显示程序的数据。界面的总体容器是用于添加到布局中的 RecyclerView 对象。该 RecyclerView 会用提供的布局管理器中的视图来填充。使用某个标准布局管理器（如 LinearLayoutManager），也可以实现自己的布局管理器。

列表中的视图由"视图持有者"对象表示。这些对象是通过扩展 RecyclerView. ViewHolder 定义的类的实例。每个视图持有者负责显示一个带有视图的项。例如，程序需要在列表显示音乐收藏，则每个视图持有者都可能代表一张专辑。RecyclerView 仅会创建所需数量的视图持有者来显示屏幕上的动态内容部分及一些 extra。当用户滚动浏览列表时，RecyclerView 会接收屏幕外的视图，并将其重新绑定到滚动显示在屏幕上的数据。

视图持有者对象由适配器管理，程序通过扩展 RecyclerView.Adapter 创建适配器。适配器会根据需要创建视图持有者，还会将视图持有者绑定到相应数据。具体的操作是，将视图持有者指定到某个位置并调用适配器的 onBindViewHolder() 方法。该方法使用视图持有者的位置，根据其列表位置确定内容应该是什么。

此 RecyclerView 模型会执行大量优化工作，因此可以不需要自己定义 ViewHolder 来优化程序。当显示的项发生更改时，可以通过调用适当的 RecyclerView.Adapter.notify…() 方法通知适配器，然后适配器的内置代码仅会重新绑定受影响的项。

## 3.3.2　使用 RecyclerView 重构选课界面

### 1. 创建支持库

在低版本中使用 RecyclerView 组件时需要将 v7 支持库添加到项目中，步骤如下：

1）打开应用模块的 build.gradle 文件。

2）将支持库添加到 dependencies 部分。

```
dependencies {
    implementation 'com.android.support:recyclerview-v7:29.0.0'
}
```

这里使用 RecyclerView，不需要手动添加支持库，会默认导入。

### 2. 添加 RecyclerView

将 RecyclerView 添加到用户的布局中，代码如下：

```
<?xml version = "1.0" encoding = "utf-8"?>
<LinearLayout xmlns:android = "http://schemas.android.com/apk/res/android"
    xmlns:app = "http://schemas.android.com/apk/res-auto"
    xmlns:tools = "http://schemas.android.com/tools"
    android:layout_width = "match_parent"
    android:layout_height = "match_parent"
    tools:context = ".RecyclerViewActivity">
    <androidx.recyclerview.widget.RecyclerView
        android:id = "@+id/recyclerview"
        android:layout_width = "match_parent"
        android:layout_height = "wrap_content">
    </androidx.recyclerview.widget.RecyclerView>
</LinearLayout>
```

### 3. 添加列表适配器

要将所有数据输入列表中，必须扩展 RecyclerView.Adapter 类。此对象会创建项的视图，并在原始项不再可见时用新数据项替换部分视图的内容，代码如下：

```java
package com.qcxy.chapter2.adapter;

import android.content.Context;
import android.view.LayoutInflater;
import android.view.View;
import android.view.ViewGroup;
import android.widget.Button;
import android.widget.ImageView;
import android.widget.TextView;
import androidx.annotation.NonNull;
import androidx.recyclerview.widget.RecyclerView;
import com.qcxy.chapter2.R;
import java.util.List;
import java.util.Map;
public class MyRecyclerAdapter
                extends RecyclerView.Adapter<MyRecyclerAdapter.MyViewHolder> {
    private Context context;
    private List<Map<String, Object>> datas;
    public MyRecyclerAdapter(Context context, List<Map<String, Object>> datas){
        this.context = context;
        this.datas = datas;
    }
    @NonNull
    @Override
    public MyViewHolder onCreateViewHolder(@NonNull ViewGroup parent, int viewType) {
        View view = LayoutInflater.from(context).inflate(R.layout.list_item2_layout, parent, false);
        MyViewHolder holder = new MyViewHolder(view);
        return holder;
    }
    @Override
    public void onBindViewHolder(@NonNull MyViewHolder holder, int position) {
        holder.imgCourse.setImageResource((Integer)(datas.get(position).get("img_book")));
        holder.txtCourse.setText(datas.get(position).get("cname").toString());
        holder.txtTimes.setText(datas.get(position).get("ctimes").toString());
    }
    @Override
    public int getItemCount() {
        return datas.size();
    }
    class MyViewHolder extends RecyclerView.ViewHolder{
        TextView txtCourse;
        TextView txtTimes;
        Button btnSelect;
        ImageView imgCourse;
```

```
        public MyViewHolder(@NonNull View itemView) {
            super(itemView);
            txtCourse = itemView.findViewById(R.id.txtCourse1);
            txtTimes = itemView.findViewById(R.id.txtTimes1);
            btnSelect = itemView.findViewById(R.id.btnSelect);
            imgCourse = itemView.findViewById(R.id.img_course1);
        }
    }
}
```

　　布局管理器会调用适配器的 onCreateViewHolder() 方法。该方法需要构造一个 RecyclerView.ViewHolder，并设置用于显示其内容的视图。ViewHolder 的类型必须与 Adapter 类签名中声明的类型一致。通常，它会通过扩充 XML 布局文件来设置视图。由于视图持有者尚未分配到任何特定数据，因此该方法实际上不会设置视图的内容。

　　布局管理器随后会将视图持有者绑定到相应数据。具体操作是调用适配器的 onBindViewHolder() 方法，并将视图持有者的位置传入 RecyclerView。onBindViewHolder() 方法需要获取适当的数据，并使用它填充视图持有者的布局。如果列表需要更新，可对 RecyclerView.Adapter 对象调用通知方法，如 notifyItemChanged()。然后，布局管理器会重新绑定任何受影响的视图持有者，使其数据得到更新。

　　在布局中添加了 RecyclerView 组件之后，获取对象句柄，将其连接到布局管理器，并为要显示的数据附加适配器。Activity 中的代码如下：

```
package com.qcxy.chapter2;
import androidx.appcompat.app.AppCompatActivity;
import androidx.recyclerview.widget.LinearLayoutManager;
import androidx.recyclerview.widget.RecyclerView;
import android.os.Bundle;
import com.qcxy.chapter2.adapter.MyRecyclerAdapter;
import java.util.ArrayList;
import java.util.HashMap;
import java.util.List;
import java.util.Map;
public class RecyclerViewActivity extends AppCompatActivity {
    private String [] cname = {"Java 编程基础 ", "C 语言程序设计 ", "JavaEE 开发 "};
    private String [] ctimes = {"64 学时 ", "48 学时 ", "96 学时 "};
    private int [] img_book = {R.drawable.book1, R.drawable.book2, R.drawable.book3};
    @Override
    protected void onCreate(Bundle savedInstanceState) {
        super.onCreate(savedInstanceState);
        setContentView(R.layout.activity_recycler_view);
        // 创建一个 List 集合，存储 Map 类型的元素
        List<Map<String, Object>> clists = new ArrayList<Map<String, Object>>();
        for (int i = 0; i<cname.length; i++){
            Map<String, Object> listItem = new HashMap<>();
            listItem.put("cname", cname[i]);
            listItem.put("ctimes", ctimes[i]);
            listItem.put("img_book", img_book[i]);
```

```
            clists.add(listItem);
        }
        RecyclerView recyclerView = findViewById(R.id.recyclerview);
        recyclerView.setLayoutManager(new LinearLayoutManager(this));
        MyRecyclerAdapter adapter = new MyRecyclerAdapter(this, clists);
        recyclerView.setAdapter(adapter);
    }
}
```

代码重构完后，运行程序，显示效果如图 3-18 所示。

与 ListView 相比，RecyclerView 的优势如下。

1）展示效果：RecyclerView 控件可以通过 LayoutManager 类实现横向或竖向的列表效果、瀑布流效果和 GridView 效果，而 ListView 控件只能实现竖向的列表效果。

2）适配器：RecyclerView 控件使用的是 RecyclerView. Adapter 适配器，该适配器将 BaseAdapter 中的 getView() 方法拆分为 onCreateViewHolder() 方法和 onBindViewHolder() 方法，强制使用 ViewHolder 类，使代码编写规范化。

3）复用效果：RecyclerView 控件复用 Item 对象的工作由该控件自己实现，而 ListView 控件复用 Item 对象的工作需要开发者通过 convertView 的 setTag() 方法和 getTag() 方法进行操作。

4）动画效果：RecyclerView 控件可以通过 setItemAnimator() 方法为 Item 添加动画效果，而 ListView 控件不可以通过该方法为 Item 添加动画效果。

图 3-18　RecyclerView 的显示数据效果

## 3.4　菜单

Android 中的菜单（Menu）在桌面应用中十分广泛，几乎所有的桌面应用都会使用到。Android 应用中的菜单分为 3 种：选项菜单（OptionMenu）、上下文菜单（ContextMenu）、弹出式菜单（PopupMenu）。本节依次介绍这些内容。

### 3.4.1　选项菜单

从 Android 3.1 开始，Android 引入了全新的操作栏，扩展了很多功能，如安置菜单选项、配置应用图标作为导航按钮等。

可显示在操作栏上的菜单称为选项菜单。选项菜单提供了一些选项，用户选择后可进行相应的操作。

一般为 Android 应用添加选项菜单的步骤如下。

1）重写 Activity 的 onCreateOptionsMenu(Menu menu) 方法，在该方法中调用 Menu 对象的方法添加菜单项。

2）如果想要引用程序响应菜单项的单击事件，就要继续重写 Activity 的 onOptionsItemSelected(MenuItem mi) 方法。

Android 同样推荐在 XML 中使用菜单，选项菜单也可以在代码中使用。具体为在 app\src\main\res 文件夹中创建名称为 menu 的文件夹，创建完成之后，在 menu 文件夹中新建根标签为 menu 的布局文件。

下面来分析 Menu 的组成结构。

Menu 接口是一个父接口，该接口下实现了两个子接口。

● SubMenu：代表一个子菜单，可包含多个 MenuItem（形成菜单项）。

● ContextMenu：代表一个上下文菜单，可包含多个 MenuItem（形成菜单项）。

Menu 接口定义了 add() 方法用于添加菜单项，addSubMenu() 方法用于添加子菜单项。只不过有好几个重载方法可供选择，使用时可根据需求选择。SubMenu 继承自 Menu，它额外提供了 setHeaderIcon()、setHeaderTitle()、setHeaderView() 方法，分别用于设置菜单头的图标、标题以及设置菜单头。

【示例 3.9】选项菜单的使用。

1）在项目的 res/menu/ 目录内创建 XML 文件，并使用以下元素构建菜单，代码如下：

```xml
<?xml version = "1.0" encoding = "utf-8"?>
<menu xmlns:android = "http://schemas.android.com/apk/res/android"
      xmlns:app = "http://schemas.android.com/apk/res-auto">
    <item
        android:icon = "@android:drawable/ic_menu_add"
        android:id = "@+id/menu_manage"
        android:title = "manage"
        app:showAsAction = "ifRoom">
        <menu>
            <item android:id = "@+id/create_new"
                android:title = "create_new" />
            <item android:id = "@+id/open"
                android:title = "open" />
        </menu>
    </item>
    <item
        android:icon = "@android:drawable/ic_menu_agenda"
        android:id = "@+id/menu_agenda"
        android:title = "agenda"
        />
    <item
        android:icon = "@android:drawable/ic_dialog_email"
        android:id = "@+id/menu_email"
        android:title = "email"
        app:showAsAction = "ifRoom"/>
    <item
        android:icon = "@android:drawable/ic_menu_help"
        android:id = "@+id/menu_help"
        android:title = "help"
        app:showAsAction = "ifRoom"/>
</menu>
```

2）在 Activity 中使用菜单，代码如下：

```java
package com.qcxy.chapter2;

import androidx.annotation.NonNull;
import androidx.appcompat.app.AppCompatActivity;
import android.os.Bundle;
import android.util.Log;
import android.view.Menu;
import android.view.MenuInflater;
import android.view.MenuItem;
import android.widget.Toast;
public class MenuActivity extends AppCompatActivity {
    final String TAG = MenuActivity.class.getName();
    @Override
    protected void onCreate(Bundle savedInstanceState) {
        super.onCreate(savedInstanceState);
        setContentView(R.layout.activity_menu);
    }
    @Override
    public boolean onCreateOptionsMenu(Menu menu) {
        MenuInflater inflater = getMenuInflater();
        inflater.inflate(R.menu.basemenu, menu);
        return super.onCreateOptionsMenu(menu);
    }
    @Override
    public boolean onOptionsItemSelected(@NonNull MenuItem item) {
        switch (item.getItemId()){
            case R.id.menu_agenda:
                Log.d(TAG, "onOptionsItemSelected: agenda");
                return true;
            case R.id.menu_email:
                Log.d(TAG, "onOptionsItemSelected: email");
                return true;
            case R.id.menu_manage:
                Log.d(TAG, "onOptionsItemSelected: manage");
                return true;
            case R.id.menu_help:
                Log.d(TAG, "onOptionsItemSelected: help");
                return true;
            default:
                Log.d(TAG, "onOptionsItemSelected: default");
                return super.onOptionsItemSelected(item);
        }
    }
}
```

运行程序，效果如图 3-19 所示。

图 3-19　选项菜单效果

### 3.4.2　上下文菜单

上下文菜单（ContextMenu）继承自 Menu，开发上下文菜单与开发选项菜单基本类似，区别在于：开发上下文菜单是重写 onCreateContextMenu(ContextMenu menu, View source, ContextMenu.ContextMenuInfo menuInfo) 方法，其中，source 参数代表触发上下文菜单的组件。

开发上下文菜单的步骤如下：

1）重写 Activity 的 onCreateContextMenu() 方法。

2）调用 Activity 的 registerForContextMenu(View view) 方法为 view 注册上下文菜单。

3）如果想实现单击事件，需要重写 onContextItemSelected(MenuItem mi) 方法。

与 SubMenu 子菜单相似，ContextMenu 也提供了 setHeaderIcon() 与 setHeaderTitle() 方法为 ContextMenu 设置图标和标题。

上下文菜单需长按注册的组件才能出现，这一点和选项菜单不同。

【示例 3.10】上下文菜单的使用。

给 ListView 添加上下文菜单，长按屏幕后出现的效果如图 3-20 所示。

在 Activity 中添加的代码如下：

```
package com.qcxy.chapter2;
import androidx.appcompat.app.AppCompatActivity;
import android.os.Bundle;
import android.util.Log;
import android.view.ContextMenu;
import android.view.MenuInflater;
import android.view.MenuItem;
import android.view.View;
import android.widget.AdapterView;
import android.widget.ArrayAdapter;
import android.widget.ListView;
import android.widget.SimpleAdapter;
import java.util.ArrayList;
import java.util.HashMap;
import java.util.List;
import java.util.Map;
public class ListViewActivity1 extends AppCompatActivity {
    final String TAG = ListViewActivity1.class.getName();
```

图 3-20　上下文菜单效果

```java
private String [] cname = {"Java 编程基础 ", "C 语言程序设计 ", "JavaEE 开发 "};
private String [] ctimes = {"64 学时 ", "48 学时 ", "96 学时 "};
private int [] img_book = {R.drawable.book1, R.drawable.book2, R.drawable.book3};
@Override
protected void onCreate(Bundle savedInstanceState) {
    super.onCreate(savedInstanceState);
    setContentView(R.layout.activity_list_view1);
    ListView lvCourses = findViewById(R.id.lv_courses);
    // 创建一个 List 集合，存储 Map 类型的元素
    List<Map<String, Object>> clists = new ArrayList<Map<String, Object>>();
    for (int i = 0; i<cname.length; i++){
        Map<String, Object> listItem = new HashMap<>();
        listItem.put("cname", cname[i]);
        listItem.put("ctimes", ctimes[i]);
        listItem.put("img_book", img_book[i]);
        clists.add(listItem);
    }
    // 创建 SimpleAdapter 对象
    SimpleAdapter adapter = new SimpleAdapter(this, clists,
            R.layout.list_item1_layout,
            new String[]{"img_book", "cname", "ctimes"},
            new int[]{R.id.img_course, R.id.txtCourse, R.id.txtTimes});
    lvCourses.setAdapter(adapter);
    registerForContextMenu(lvCourses);
}
@Override
public void onCreateContextMenu(ContextMenu menu, View v,
                                ContextMenu.ContextMenuInfo menuInfo) {
    super.onCreateContextMenu(menu, v, menuInfo);
    MenuInflater inflater = getMenuInflater();
    inflater.inflate(R.menu.basemenu, menu);
}
@Override
public boolean onContextItemSelected(MenuItem item) {
    AdapterView.AdapterContextMenuInfo info = (AdapterView.AdapterContextMenuInfo) item.
    getMenuInfo();
    switch (item.getItemId()){
        case R.id.menu_agenda:
            Log.d(TAG, "onOptionsItemSelected: agenda");
            return true;
        case R.id.menu_email:
            Log.d(TAG, "onOptionsItemSelected: email");
            return true;
        case R.id.menu_manage:
            Log.d(TAG, "onOptionsItemSelected: manage");
            return true;
        case R.id.menu_help:
            Log.d(TAG, "onOptionsItemSelected: help");
```

```
                return true;
            default:
                Log.d(TAG, "onOptionsItemSelected: default");
                return super.onOptionsItemSelected(item);
        }
    }
}
```

### 3.4.3　弹出式菜单

默认情况下，弹出式菜单（PopupMenu）会在指定组件的上方或下方弹出。PopupMenu 可增加多个菜单项，并可为菜单项增加子菜单。

使用 PopupMenu 的步骤与前两种 Menu 不同，步骤如下：

1）调用 new PopupMenu(Context context, View anchor) 创建下拉菜单，anchor 代表要激发弹出菜单的组件。

2）调用 MenuInflater 的 inflate() 方法将菜单资源填充到 PopupMenu 中。

3）调用 PopupMenu 的 show() 方法显示弹出式菜单。

前两种菜单的创建非常相似，只有弹出式菜单的创建比较特殊。在实际开发中，这 3 种菜单会经常使用。

【示例 3.11】弹出式菜单的使用。

1）在 XML 中添加一个按钮，代码如下：

```xml
<?xml version = "1.0" encoding = "utf-8"?>
<LinearLayout xmlns:android = "http://schemas.android.com/apk/res/android"
    xmlns:app = "http://schemas.android.com/apk/res-auto"
    xmlns:tools = "http://schemas.android.com/tools"
    android:layout_width = "match_parent"
    android:layout_height = "match_parent"
    tools:context = ".MenuActivity">
    <Button
        android:id = "@+id/btnShowMenu"
        android:layout_width = "match_parent"
        android:layout_height = "wrap_content"
        android:textSize = "18sp"
        android:text = " 弹出式菜单 "
        android:onClick = "showPopup"/>
</LinearLayout>
```

2）在 Activity 中添加代码：

```java
public void showPopup(View v) {
    PopupMenu popup = new PopupMenu(this, v);
    MenuInflater inflater = popup.getMenuInflater();
    inflater.inflate(R.menu.basemenu, popup.getMenu());
    popup.show();
}
```

运行程序，效果如图 3-21 所示。

图 3-21　弹出式菜单效果

# 本章习题

## 1. 选择题

1）下列选项中，属于 RelativeLayout 中添加 view 控件方法的是（　　）。

A. addView()　　　B. setLayout()　　　C. addRule()　　　D. setContentView()

2）下列选项中，属于设置布局高度的属性是（　　）。

A. android:id　　　　　　　　　B. android:layout_weight

C. android:layout_height　　　　D. android:padding

3）下列选项中，属于线性布局的标签是（　　）。

A. <RelativeLayout>　　　　　　B. <LinearLayout>

C. <ConstraintLayout>　　　　　D. <FrameLayout>

4）下列选项中，属于 Chain 的样式是（　　）。

A. Spread Chain　　B. Packed Chain　　C. Weighted　　　D. Chain Spread Inside Chain

5）下列选项中，属于 ConstraintLayout 布局新特性的是（　　）。

A. 相对定位　　　　　　　　　　B. 居中定位和倾向

C. 列表显示　　　　　　　　　　D. Chain

6）下列选项中，属于 ListView 适配器的是（　　）。

A. BaseAdapter　　B. SimpleAdapter　　C. Adapter　　　D. ArrayAdapter

7）下列选项中，属于 RecyclerView 控件显示效果的是（　　）。

A. 竖向列表效果　　B. 瀑布流效果　　　C. GridView 效果　　D. 横向列表效果

8）下面关于 SimpleAdapter 的描述，正确的是（　　）。

A. SimpleAdapter 是抽象类

B. SimpleAdapter 是数据适配器

C. Listview 显示数据时不可以使用 simpleAdapter 来显示

D. SimpleAdapter 开发中用不到

9）下面关于 ListView 的描述，错误的是（　　）。

A. ListView 以列表的形式展示数据内容

B. ListView 的条目之间显示分隔线

C. ListView 能够根据列表的高度自适应屏幕显示

D. ListView 必须实现滚动条的显示，才能实现滑动功能

## 2. 简答与编程题

1）使用 XML 布局文件的方式，在 RelativeLayout 中居中显示 "I Love Android"。

2）简述相对布局中 android:layout_alignRight 与 android:layout_toRightOf 属性的区别。

3）编写一个程序实现两个 Button 水平显示，Button1 占屏幕的 2/3，Button2 占屏幕的 1/3。

4）简述优化 ListView 加载数据的方法。

5）简述 ListView 与 RecyclerView 的区别。

6）列举 Android 中常用的布局，并简述它们的特点。

# 第4章

# Activity 组件

**本章简介**

本章主要介绍了 Activity 的相关知识，包括了 Activity 的生命周期、Intent 和 IntentFilter、Activity 之间的跳转与数据传递、Activity 的启动模式以及 Fragment 的使用等。Android 程序中用到最多的就是 Activity、Activity 之间数据的传递，以及 Fragment 和 Activity 之间的通信方式，这些知识在手机或平板计算机开发中经常使用，需要开发者熟练掌握并应用到实际的项目当中。

**学习目标**

1）了解 Activity 的生命周期。

2）理解 Activity 的任务栈。

3）掌握 Activity 的启动模式。

4）掌握 Intent 的使用。

5）掌握 Fragment 的创建和使用。

6）理解 Fragment 的通信。

## 4.1 Activity 基础

### 4.1.1 认识 Activity

在应用程序中，Activity 就像一个界面管理员，用户在界面上的操作都是通过 Activity 来管理的。移动应用体验与桌面体验的不同之处在于，用户与应用的互动并不总是在同一位置开始，而是经常以不确定的方式开始。例如，如果从主屏幕打开电子邮件应用，可能会看到电子邮件列表；如果通过社交媒体应用启动电子邮件应用，则可能会直接进入邮件撰写界面。Activity 类的目的就是促进这种范式的实现。当一个应用调用另一个应用时，调用方应用会调用另一个应用中的 Activity，而不是整个应用。通过这种方式，Activity 充当了应用与用户互动的入口点。

　　Activity 用于提供可视化用户界面并与用户交互，它是最常用的组件。Activity 是应用程序的显示层，显示可视化的用户界面，并接收与用户交互所产生的界面事件。一个 Activity 展现一个可视化用户界面，如果需要多个可视化用户界面，该 Android 应用会包含多个 Activity。尽管多个 Activity 在一起工作，但每个 Activity 都是相对独立的，每个 Activity 都继承自 Activity 类。

　　Activity 的显示内容由 View（视图）组件的对象提供，View 组件定义在 res/layout 下的 XML 文件中。View 组件的对象包括文本框、复选框、单选按钮、按钮、菜单等。要通过 Activity 将指定的 View 显示出来，可调用 Activity 的 setContentView() 方法，即 setContentView(R.layout.activity_main) 方法。

## 4.1.2　创建和配置 Activity

　　Activity 直接或间接继承了 Context、ContextWrapper、ContextThemeWrapper 等基类，如图 4-1 所示。

图 4-1　Activity 类图

　　在使用 Activity 时，需要开发者继承 Activity 基类。在不同的应用场景下，可以选择继承 Activity 的不同子类。例如，若界面中只包括列表，则可以继承 ListActivity；若界面需要实现标签页效果，则要继承 TabActivity。

当一个 Activity 类被定义出来之后，这个 Activity 类何时被实例化，它所包含的方法何时被调用，都是由 Android 系统决定的。开发者只负责实现相应的方法创建出需要的 Activity。

### 1. 创建 Activity

创建一个 Activity 需要实现一个或多个方法，其中最基本的方法是 onCreate(Bundle status) 方法，它将会在 Activity 被创建时回调，然后通过 setContentView(View view) 方法显示要展示的布局文件。

创建一个 Activity 的具体步骤：

1）定义一个类继承自 android.app.Activity 或其子类，操作如图 4-2 所示。

图 4-2　创建类

2）在 res/layout 目录下创建一个 XML 文件，用于创建 Activity 的布局，如图 4-3 所示。

图 4-3　创建布局文件

创建布局文件后，添加如下代码：

```xml
<?xml version = "1.0" encoding = "utf-8"?>
<LinearLayout xmlns:android = "http://schemas.android.com/apk/res/android"
    android:layout_width = "match_parent"
    android:layout_height = "match_parent">
    <TextView
        android:layout_width = "match_parent"
        android:layout_height = "wrap_content"
        android:text = "MyActivity"/>
</LinearLayout>
```

3）在 app/manifests 目录下的 AndroidManifest.xml 清单文件中注册 MyActivity。在 AndroidManifest.xml 文件的 <application> </application> 标签中配置 Activity：

```xml
<application
    android:allowBackup = "true"
    android:icon = "@mipmap/ic_launcher"
    android:label = "@string/app_name"
    android:roundIcon = "@mipmap/ic_launcher_round"
    android:supportsRtl = "true"
    android:theme = "@style/AppTheme">
    <activity android:name = ".MainActivity">
        <intent-filter>
            <action android:name = "android.intent.action.MAIN" />
            <category android:name = "android.intent.category.LAUNCHER" />
        </intent-filter>
    </activity>
    <!-- 注册 Activity-->
    <activity android:name – ".MyActivity">

    </activity>
</application>
```

4）重写 Activity 的 onCreate() 方法，并在该方法中使用 setContentView() 加载指定的布局文件。

```java
public class MyActivity extends Activity {
    @Override
    protected void onCreate(@Nullable Bundle savedInstanceState) {
        super.onCreate(savedInstanceState);
        setContentView(R.layout.myactivity_layout);
    }
}
```

通过以上步骤，MyActivity 就创建完毕，但是运行后不会直接启动，目前默认启动 MainActivity 作为入口，这是因为 Android Studio 自动在 AndroidManifest.xml 文件中配置了启动 MainActivity。

### 2. 配置 Activity

所有的 Activity 必须在 AndroidManifest.xml 清单文件中配置才可以使用，而在 Android

Studio 中是自动配置完成的，但是有时自动配置完成的属性并不能满足需求。配置 Activity 时常用的属性如表 4-1 所示。

表 4-1　配置 Activity 时常用的属性

| 属性 | 说明 |
| --- | --- |
| name | 指定 Activity 的类名 |
| icon | 指定 Activity 对应的图标 |
| label | 指定 Activity 的标签 |
| exported | 指定该 Activity 是否允许被其他应用调用 |
| launchMode | 指定 Activity 的启动模式 |

除了上面几个属性之外，Activity 中还可以设置一个或多个 <intent-filter…/> 元素。该元素用于指定该 Activity 相应的 Intent。

### 3. Activity 的启动与关闭

在一个 Android 应用程序中通常会有多个 Activity，每个 Activity 都是可以被其他 Activity 启动的，但程序只有一个 Activity 作为入口，即程序启动时只会启动作为入口的 Activity，其他 Activity 会被已经启动的其他 Activity 启动。

Activity 被启动的方式有以下两种。

1）startActivity(Intent intent)：启动其他 Activity。

2）startActivityForResult(Intent intent, int requestCode)：以指定的请求码（requestCode）启动新 Activity，并且原来的 Activity 会获取新启动 Activity 返回的结果（需重写 onActivityResult() 方法）。

启动 Activity 有两种方式，关闭 Activity 也有两种方式。

1）finish()：关闭当前 Activity。

2）finishActivity(int requestCode)：结束以 startActivityForResult(Intent intent, int requestCode) 方法启动的 Activity。

【示例 4.1】开启和关闭 MyActivity。

1）在 MainActivity 布局文件中添加启动按钮。

```xml
<?xml version = "1.0" encoding = "utf-8"?>
<LinearLayout xmlns:android = "http://schemas.android.com/apk/res/android"
    xmlns:app = "http://schemas.android.com/apk/res-auto"
    xmlns:tools = "http://schemas.android.com/tools"
    android:layout_width = "match_parent"
    android:layout_height = "match_parent"
    tools:context = ".MainActivity">

    <Button
        android:id = "@+id/btnStart"
        android:layout_width = "match_parent"
        android:layout_height = "wrap_content"
        android:textSize = "18sp"
        android:text = " 启动 MyActivity"/>
```

```
</LinearLayout>
```

2）在 MyActivity 布局文件中添加关闭按钮。

```
<?xml version = "1.0" encoding = "utf-8"?>
<LinearLayout xmlns:android = "http://schemas.android.com/apk/res/android"
    android:layout_width = "match_parent"
    android:layout_height = "match_parent"
    android:orientation = "vertical">
    <TextView
        android:layout_width = "match_parent"
        android:layout_height = "wrap_content"
        android:textSize = "18sp"
        android:text = "MyActivity"/>
    <Button
        android:id = "@+id/btnClose"
        android:layout_width = "match_parent"
        android:layout_height = "wrap_content"
        android:textSize = "18sp"
        android:text = " 关闭 MyActivity"/>
</LinearLayout>
```

3）在 MainActivity 中添加按钮事件操作启动 MyActivity，代码中的 Intent 对象可以直接通过名称启动指定的目标组件，后面会详细讲解。

```
public class MainActivity extends AppCompatActivity implements View.OnClickListener {
@Override
protected void onCreate(Bundle savedInstanceState) {
    super.onCreate(savedInstanceState);
    setContentView(R.layout.activity_main);
    // 设置事件监听器
    findViewById(R.id.btnStart).setOnClickListener(this);
}

@Override
public void onClick(View v) {
// 创建 Intent
    Intent intent = new Intent(MainActivity.this, MyActivity.class);
    // 启动 MyActivity
startActivity(intent);
    }
}
```

4）在 MyActivity 中添加关闭操作代码。

```
public class MyActivity extends Activity implements View.OnClickListener {
    @Override
    protected void onCreate(@Nullable Bundle savedInstanceState) {
        super.onCreate(savedInstanceState);
```

```
        setContentView(R.layout.myactivity_layout);
        // 设置单击监听器
        findViewById(R.id.btnClose).setOnClickListener(this);
    }

    @Override
    public void onClick(View v) {
        finish(); // 关闭 Activity
    }
}
```

运行程序后进入 MyActivity 启动界面，如图 4-4 所示。

单击"启动 MyActivity"按钮，进入 MyActivity 关闭界面，如图 4-5 所示。

图 4-4　MyActivity 启动界面　　　　　图 4-5　MyActivity 关闭界面

单击"关闭 MyActivity"按钮后，该界面关闭。

## 4.2　Activity 的生命周期

### 4.2.1　Activity 的生命周期简介

当用户浏览、退出和返回应用程序时，应用程序中的 Activity 实例会在其生命周期的不同状态间转换。Activity 类还提供许多回调方法，这些回调会让 Activity 知晓某个状态已经更改，如系统正在创建、停止或恢复某个 Activity，或者正在销毁该 Activity 所在的进程。

当一个 Android 应用运行时，Android 系统以 Activity 栈的形式管理应用中的全部 Activity，随着不同应用的切换或者设备内存的变化，每个 Activity 都可能从活动状态变为非活动状态，也可能从非活动状态变为活动状态。这个变化过程就涉及 Activity 的部分甚至全部生命周期。

Activity 的生命周期分为 4 种状态，分别如下。

1）运行状态：当 Activity 在屏幕最前端的时候，它是有焦点的、可见的，用户可进行单击、长按等操作，这种状态称为运行状态。

2）暂停状态：在一些情况下，最上层的 Activity 没有完全覆盖屏幕，这时候被覆盖的 Activity 仍然对用户可见，并且存活。但当内存不足时，这个暂停状态的 Activity 可能会被销毁。

3）停止状态：当 Activity 完全不可见时，它就处于停止状态，但仍然保留着当前状态和成员信息，当系统内存不足时，这个 Activity 就很容易被销毁。

4）销毁状态：该 Activity 结束，被清理出内存或所在的进程结束。

为了让初学者更好地理解 Activity 的 4 种状态以及不同状态的使用方法，Google 公司提供了 Activity 生命周期模型，如图 4-6 所示。

图 4-6　Google 公司提供的 Activity 生命周期模型

从图 4-6 可以看出，Activity 的生命周期包含表 4-2 所示的方法。

表 4-2　Activity 生命周期所包含方法的说明

| 方法 | 作用 |
| --- | --- |
| onCreate() | 创建 Activity 时被回调，只会被回调一次 |
| onStart() | 启动 Activity 时被回调 |
| onRestart() | 重启 Activity 时被回调 |
| onResume() | 恢复 Activity 时被回调，onStart() 方法之后一定回调该方法 |
| onPause() | 暂停 Activity 时被回调 |
| onStop() | 停止 Activity 时被回调 |
| onDestroy() | 销毁 Activity 时被回调 |

在实际开发中使用 Activity 时并不是表 4-2 中的每个方法都要覆盖重写，根据实

际需要选择重写指定的方法即可。比如前面的很多实例中，一般情况下只需要重写 onCreate(Bundle savedStatus) 方法，该方法用于对 Activity 的初始化。

Activity 这些方法的执行流程如下：

第一次运行程序时调用的生命周期方法为 onCreate() → onStart() → onResume()。

退出程序时调用的生命周期方法为 onPause() → onStop() → onDestroy()。

当 Activity 执行到 onPause() 方法且 Activity 失去焦点时，重新回到前台会执行 onResume() 方法。如果此进程被销毁，Activity 重新执行时会先执行 onCreate() 方法。

当执行到 onStop() 方法且 Activity 不可见时，再次回到前台会执行 onRestart() 方法。如果此时进程被销毁，Activity 会重新执行 onCreate() 方法。

【示例 4.2】使用日志查看 Activity 的声明周期。

1）对示例 4.1 进行修改，在 MainActivity 中重写生命周期对应的回调方法，并加上日志输出，代码如下：

```java
public class MainActivity extends AppCompatActivity implements View.OnClickListener {
    private static final String TAG = "MainActivity";
    /**
     * 在 Activity 创建时调用
     * @param savedInstanceState
     */
    @Override
    protected void onCreate(Bundle savedInstanceState) {
        super.onCreate(savedInstanceState);
        setContentView(R.layout.activity_main);
        findViewById(R.id.btnStart).setOnClickListener(this);
        Log.i(TAG, "onCreate: ");
    }
    /**
     * 在 Activity 即将可见时调用
     */
    @Override
    protected void onStart() {
        super.onStart();
        Log.i(TAG, "onStart: ");
    }
    /**
     * 在 Activity 获取焦点开始与用户交互时调用
     */
    @Override
    protected void onResume() {
        super.onResume();
        Log.i(TAG, "onResume: ");
    }
    /**
     * 当前 Activity 被其他 Activity 覆盖或者锁屏时调用
     */
    @Override
```

```java
        protected void onPause() {
            super.onPause();
            Log.i(TAG, "onPause: ");
        }
        /**
         * Activity 对用户不可见时调用
         */
        @Override
        protected void onStop() {
            super.onStop();
            Log.i(TAG, "onStop: ");
        }
        /**
         * Activity 销毁时调用
         */
        @Override
        protected void onDestroy() {
            super.onDestroy();
            Log.i(TAG, "onDestroy: ");
        }
        /**
         * Activity 从停止状态再次启动时调用
         */
        @Override
        protected void onRestart() {
            super.onRestart();
            Log.i(TAG, "onRestart: ");
        }
        @Override
        public void onClick(View v) {
            Intent intent = new Intent(MainActivity.this, MyActivity.class);
            startActivity(intent);
        }
    }
```

2）对示例 4.1 进行修改，在 MyActivity 中重写生命周期对应的回调方法，并加上日志输出，代码如下：

```java
public class MyActivity extends Activity implements View.OnClickListener {
    private static final String TAG = "MyActivity";
    @Override
    protected void onCreate(@Nullable Bundle savedInstanceState) {
        super.onCreate(savedInstanceState);
        setContentView(R.layout.myactivity_layout);
        // 设置单击监听器
        findViewById(R.id.btnClose).setOnClickListener(this);
        Log.i(TAG, "onCreate: ");
    }
    /**
```

```java
 * 在 Activity 即将可见时调用
 */
@Override
protected void onStart() {
    super.onStart();
    Log.i(TAG, "onStart: ");
}
/**
 * 在 Activity 获取焦点开始与用户交互时调用
 */
@Override
protected void onResume() {
    super.onResume();
    Log.i(TAG, "onResume: ");
}
/**
 * 当前 Activity 被其他 Activity 覆盖或者锁屏时调用
 */
@Override
protected void onPause() {
    super.onPause();
    Log.i(TAG, "onPause: ");
}
/**
 * Activity 对用户不可见时调用
 */
@Override
protected void onStop() {
    super.onStop();
    Log.i(TAG, "onStop: ");
}
/**
 * Activity 销毁时调用
 */
@Override
protected void onDestroy() {
    super.onDestroy();
    Log.i(TAG, "onDestroy: ");
}
/**
 * Activity 从停止状态再次启动时调用
 */
@Override
protected void onRestart() {
    super.onRestart();
    Log.i(TAG, "onRestart: ");
}
@Override
```

```
public void onClick(View v) {
    finish(); // 关闭 Activity
    }
}
```

运行程序，启动 MainActiviy，从日志输出可以看出执行顺序为 onCreate() → onStart() → onResume()，如图 4-7 所示。

图 4-7　启动 MainActivity 的日志输出

单击返回键时，输出的日志中，方法执行顺序为 onPause() → onStop() → onDestroy()，如图 4-8 所示。

```
2020-03-05 12:30:58.646 11890-11890/com.qcxy.chapter4 I/MainActivity: onPause:
2020-03-05 12:30:59.322 11890-11890/com.qcxy.chapter4 I/MainActivity: onStop:
2020-03-05 12:30:59.323 11890-11890/com.qcxy.chapter4 I/MainActivity: onDestroy:
```

图 4-8　退出 MainActivity 的日志输出

当在 MainActivity 中启动 MyActivity 时，显示 MyActivity，输出日志显示先执行 MainActivity 的 onPause()，然后启动 MyActivity，执行 MyActivity 的 onCreate() → onStart() → onResume() 方法，最后执行 MainActivity 的 onStop() 方法，如图 4-9 所示。

```
2020-03-05 12:34:38.713 12187-12187/com.qcxy.chapter4 I/MainActivity: onPause:
2020-03-05 12:34:38.748 12187-12187/com.qcxy.chapter4 I/MyActivity: onCreate:
2020-03-05 12:34:38.749 12187-12187/com.qcxy.chapter4 I/MyActivity: onStart:
2020-03-05 12:34:38.752 12187-12187/com.qcxy.chapter4 I/MyActivity: onResume:
2020-03-05 12:34:39.421 12187-12187/com.qcxy.chapter4 I/MainActivity: onStop:
```

图 4-9　启动 MyActivity 的日志输出

从 MyActivity 单击返回键，回到 MainActivity 界面，日志输出显示先执行 MyActivity 的 onPause() 方法，然后执行 MianActivity 的 onRestart() → onStart() → onResume() 方法，接着执行 MyActivity 的 onStop() 和 onDestroy() 方法，如图 4-10 所示。

```
2020-03-05 12:37:43.285 12187-12187/com.qcxy.chapter4 I/MyActivity: onPause:
2020-03-05 12:37:43.297 12187-12187/com.qcxy.chapter4 I/MainActivity: onRestart:
2020-03-05 12:37:43.297 12187-12187/com.qcxy.chapter4 I/MainActivity: onStart:
2020-03-05 12:37:43.298 12187-12187/com.qcxy.chapter4 I/MainActivity: onResume:
2020-03-05 12:37:43.821 12187-12187/com.qcxy.chapter4 I/MyActivity: onStop:
2020-03-05 12:37:43.821 12187-12187/com.qcxy.chapter4 I/MyActivity: onDestroy:
```

图 4-10　从 MyActivity 返回 MainActivity 的日志输出

从 MainActivity 退出时，日志输出如图 4-11 所示。

```
2020-03-05 12:39:04.799 12187-12187/com.qcxy.chapter4 I/MainActivity: onPause:
2020-03-05 12:39:05.448 12187-12187/com.qcxy.chapter4 I/MainActivity: onStop:
2020-03-05 12:39:05.449 12187-12187/com.qcxy.chapter4 I/MainActivity: onDestroy:
```

图 4-11　退出 MainActivity 的日志输出

再次运行程序进入 MainActivity，日志输出如图 4-12 所示。

```
2020-03-05 12:41:38.887 12351-12351/com.qcxy.chapter4 I/MainActivity: onCreate:
2020-03-05 12:41:38.888 12351-12351/com.qcxy.chapter4 I/MainActivity: onStart:
2020-03-05 12:41:38.891 12351-12351/com.qcxy.chapter4 I/MainActivity: onResume:
```

图 4-12　重新进入程序的日志输出

触碰模拟器的横屏按钮，手机屏幕横屏显示，如图 4-13 所示。

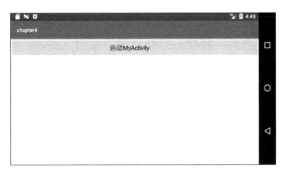

图 4-13　手机横屏界面

输出日志显示 MainActivity 会销毁后重建，如图 4-14 所示。

```
2020-03-05 12:42:42.867 12351-12351/com.qcxy.chapter4 I/MainActivity: onPause:
2020-03-05 12:42:42.985 12351-12351/com.qcxy.chapter4 I/MainActivity: onStop:
2020-03-05 12:42:42.986 12351-12351/com.qcxy.chapter4 I/MainActivity: onDestroy:
2020-03-05 12:42:43.026 12351-12351/com.qcxy.chapter4 I/MainActivity: onCreate:
2020-03-05 12:42:43.026 12351-12351/com.qcxy.chapter4 I/MainActivity: onStart:
2020-03-05 12:42:43.029 12351-12351/com.qcxy.chapter4 I/MainActivity: onResume:
```

图 4-14　横屏切换的日志输出

当手机横竖屏切换时，Activity 的生命周期可能会销毁重建。如果不希望横竖屏切换时生命周期销毁重建，可以设置对应 Activity 的 android:configChanges 属性，具体代码如下：

android:configChanges = "orientation|keyboardHidden|screenSize"

如果希望某个界面不随手机的晃动而切换横竖屏，可以参考如下设置：

android:screenOrientation = "portrait"// 竖屏
android:screenOrientation = "landscape"// 横屏

【补充说明】

横竖屏切换时的生命周期：

手机横竖屏切换时，系统会根据 AndroidManifest.xml 文件中 Activity 的 configChanges 属性值的不同而调用相应的生命周期方法。

没有设置 configChanges 属性的值时：

当由竖屏切换为横屏时，调用的方法依次是 onPause()、onStop()、onDestroy()、onCreate()、onStart() 和 onResume()。

设置 configChanges 属性：

```
<activity android:name = ".MainActivity"
            android:configChanges = "orientation|keyboardHidden">
```

打开程序时同样会调用 onCreate() → onStart() → onResume() 方法，但是当进行横竖屏切换时不会再执行其他的生命周期方法。

如果希望某一个界面一直处于竖屏或者横屏状态，不随手机的晃动而改变，可以在清单文件中通过设置 Activity 的 screenOrientation 属性完成。

竖屏：android:screenOrientation="portrait"。

横屏：android:screenOrientation="landscape"。

### 4.2.2 生命周期的回调方法

Activity 从一种状态变到另一种状态时会经过一系列 Activity 类的方法。各种状态对应的回调方法如下。

1）onCreate(Bundle savedInstanceState)：该方法在 Activity 的实例被 Android 系统创建后第一个被调用。

通常在该方法中设置显示屏幕的布局、初始化数据、设置控件被单击的事件响应代码。该方法在 Activity 的整个生命周期中只发生一次。

2）onStart()：在 Activity 可见时执行。当 Activity 进入"已开始"状态时，系统会调用此回调。onStart() 调用使 Activity 对用户可见，因为应用会为 Activity 进入前台并支持交互做准备。例如，应用通过此方法来初始化维护界面的代码。当 Activity 进入"已开始"状态时，与 Activity 生命周期相关联的所有具有生命周期感知能力的组件都将收到 ON_START 事件。onStart() 方法会非常快速地完成，并且与"已创建"状态一样，Activity 不会一直处于"已开始"状态。一旦此回调结束，Activity 便会进入"已恢复"状态，系统将调用 onResume() 方法。

3）onResume()：Activity 获取焦点时执行。Activity 会在进入"已恢复"状态时来到前台，然后系统调用 onResume() 回调。这是应用与用户交互的状态。应用会一直保持这种状态，直到某些事件发生，让焦点远离应用。此类事件包括接到来电、用户导航到另一个 Activity，或设备屏幕关闭。

当 Activity 进入"已恢复"状态时，与 Activity 生命周期相关联的所有具有生命周期感知能力的组件都将收到 ON_RESUME 事件。这时，生命周期组件可以启动任何需要在组件可见且位于前台时运行的功能，如启动摄像头预览。

当发生中断事件时，Activity 进入"已暂停"状态，系统调用 onPause() 回调。

如果 Activity 从"已暂停"状态返回"已恢复"状态，那么系统将再次调用 onResume() 方法。因此应实现 onResume()，以初始化在 onPause() 期间释放的组件，并执行每次 Activity 进入"已恢复"状态时必须完成的任何其他初始化操作。

4）onPause()：Activity 失去焦点时执行。系统将此方法视为用户正在离开 Activity 的第一个标志（尽管这并不总是意味着活动正在遭到销毁）。此方法表示 Activity 不再位于前台（尽管用户处于多窗口模式，Activity 仍然可见）。

5）onStop()：用户不可见进入后台时执行。如果 Activity 不再对用户可见，则说明其已进入"已停止"状态，因此系统将调用 onStop() 回调。举例而言，如果新启动的 Activity 覆盖整个屏幕，就可能会发生这种情况。如果系统已结束运行并即将终止，则系统还可以调用 onStop()。

6）onDestroy()：Activity 销毁时执行。销毁 Activity 之前，系统会先调用 onDestroy()。系统调用此回调的原因是 Activity 正在结束（由于用户彻底关闭 Activity 或由于系统为 Activity 调用 finish()），或者配置变更（如设备旋转或多窗口模式），系统暂时销毁 Activity。

当 Activity 进入已销毁状态时，与 Activity 生命周期相关联的所有具有生命周期感知能力的组件都将收到 ON_DESTROY 事件。此时，生命周期组件可以在 Activity 遭到销毁之前清理所需的任何数据。

7）onRestart()：回到最上边的界面，再次可见时执行。当一个 Activity 启动另一个 Activity 时，它们都会经历生命周期转换。第一个 Activity 停止运行并进入"已暂停"或"已停止"状态，同时创建另一个 Activity。如果这些 Activity 共享保存到磁盘或其他位置的数据，则必须明确，第一个 Activity 在创建第二个 Activity 之前并未完全停止。相反，启动第二个 Activity 的过程与停止第一个 Activity 的过程重叠。

生命周期回调的顺序已有明确定义，特别是当两个 Activity 在同一个进程（应用）中且其中一个要启动另一个时。以下是 Activity A 启动 Activity B 时的操作：

① Activity A 的 onPause() 方法执行。

② Activity B 的 onCreate()、onStart() 和 onResume() 方法依次执行。（Activity B 现在具有用户焦点。）

③ 如果 Activity A 在屏幕上不再可见，则其 onStop() 方法执行。

编写程序时可以利用这种可预测的生命周期回调顺序管理从一个 Activity 到另一个 Activity 的信息转换。

## 4.3　Intent 的使用

### 4.3.1　Intent

Intent 是一个消息传递对象，被称为意图，是程序中各组件进行交互的一种重要方式，它不仅可以指定当前组件要执行的动作，还可以在不同组件之间进行数据传递。尽管 Intent 可以通过多种方式促进组件之间的通信，但其基本作用主要包括以下 3 种。

1）启动 Activity。Activity 表示应用中的一个屏幕。通过将 Intent 传递给 startActivity()，用户可以启动新的 Activity 实例。Intent 用于描述要启动的 Activity，并携带任何必要的数据。如果希望在 Activity 完成后收到结果，可调用 startActivityForResult()。在 Activity 的 onActivityResult() 回调中，Activity 将结果作为单独的 Intent 对象接收。

2）启动服务。Service 是一个不使用用户界面而在后台执行操作的组件。使用 Android 5.0（API 级别 21）及更高版本时可以启动包含 JobScheduler 的服务。对于 Android 5.0（API 级别 21）之前的版本，可以使用 Service 类的方法来启动服务。通过将 Intent 传递给 startService()，可以启动服务执行一次性操作（如下载文件）。Intent 用于描述要启动的服务，并携带任何必要的数据。如果服务旨在使用客户端—服务器接口，则可以通过将 Intent 传递给 bindService() 从其他组件绑定到此服务。

3）传递广播。广播是任何应用均可接收的消息。系统将针对系统事件（如系统启动或设备开始充电时）传递各种广播。将 Intent 传递给 sendBroadcast() 或 sendOrderedBroadcast()，可以将广播传递给其他应用。

Android 中使用 Intent 的方式有两种，分别为显式 Intent 和隐式 Intent。

1）显式 Intent：通过提供目标应用的软件包名称或完全限定的组件类名来指定可处理 Intent 的应用。通常会在自己的应用中使用显式 Intent 来启动组件，这是因为已经知道要启动的 Activity 或服务的类名。代码如下：

```
Intent intent = new Intent(this, SecondActivity.class);
startActivity(intent);
```

以上代码创建一个 Intent 对象，其中第 1 个参数为 Context，表示当前的 Activity 对象，第 2 个参数表示要启动的目标 Activity。调用 Activity 的 startActivity() 方法启动目标组件。

2）隐式 Intent：不会指定特定的组件，而是声明要执行的常规操作，从而允许其他应用中的组件来处理。例如，如果需要在地图上向用户显示位置，则可以使用隐式 Intent 来请求另一个具有此功能的应用实现。

使用隐式 Intent 需要先设置 action 动作，当代码中的 action 与该 action 相匹配时启动该组件。

```
<activity android:name = "com.qcxy.Activity02">
    <intent-filter>
        <action android:name = "com.qcxy.START_ACTIVITY"/>
        <category android:name = "android.intent.category.DEFAULT"/>
    </intent-filter>
</activity>
```

在代码中设置 action 动作，当与清单文件中的 action 相匹配时启动目标组件。

```
Intent intent = new Intent();
intent.setAction("com.qcxy.START_ACTIVITY ");
startActivity(intent);
```

总之，使用显式 Intent 可以直接通过名称开启指定的目标组件，隐式 Intent 通过指定 action 和 category 等属性，系统根据这些信息进行分析后寻找目标 Activity。

## 4.3.2　IntentFilter

当收到隐式 Intent 以启动 Activity 时，系统会根据 action、data、category 匹配属性将该 Intent 与 Intent 过滤器进行比较，搜索该 Intent 的最佳 Activity，需要这 3 个属性都匹配成功才能唤起相应的组件。

1）action：操作。指要指定接收的 Intent 操作，Intent 过滤器既可以不声明任何 <action> 元素，也可以声明多个此类元素，如下所示：

```
<intent-filter>
<action android:name = "android.intent.action.EDIT" />
<action android:name = "android.intent.action.VIEW" />
...
</intent-filter>
```

只要 Intent 携带的 action 与其中一个 <intent-filter> 标签中 action 的声明相同，action 属性就匹配成功。一定要注意：在清单文件中为 Activity 添加 <intent-filter> 标签时，必须添加 action 属性，否则隐式 Intent 无法开启该 Activity。

2）data：数据（URI 和数据类型）。数据匹配会将 Intent 中的 URI 和 MIME 类型与 filter 中指定的 URI 和 MIME 类型进行比较。隐式 Intent 携带的 data 只要与 IntentFilter 中的任意一个 data 声明相同，data 属性就匹配成功。

```
<intent-filter>
<data android:mimeType = "video/mpeg" android:scheme = "http..."/>
    <data android:mimeType = "audio/mpeg" android:scheme = "http..."/>
    ...
</intent-filter>
```

3）category：类别。Intent 过滤器既可以不声明任何 <category> 元素，也可以声明多个此类元素，如下所示：

```
<intent-filter>
    <category android:name = "android.intent.category.DEFAULT" />
    <category android:name = "android.intent.category.BROWSABLE" />
    ...
</intent-filter>
```

IntentFilter 中罗列的 category 属性数量必须大于或者等于隐式 Intent 携带的 category 属性数量，category 属性才能匹配成功。如果一个隐式 Intent 没有设置 category 属性，那么可以通过任何一个 IntentFilter（过滤器）的 category 匹配。使用 category 时要注意：Android 会自动将 CATEGORY_DEFAULT 类别应用于传递给 startActivity() 和 startActivityForResult() 的所有隐式 Intent。如果需要 Activity 接收隐式 Intent，则必须将 " android.intent.category. DEFAULT" 的类别包括在其 Intent 过滤器中。

# 4.4　Activity 之间的数据传递

## 4.4.1　Activity 之间交换数据

在实际开发中，一个 Activity 启动另一个 Activity 时经常需要传输数据。在 Activity 之间交换数据很简单，使用 Intent 即可。在启动新的 Activity 时，可利用 Intent 提供的多种方法将数据传递过去。常用的方法如表 4-3 所示。

表 4-3　传递数据时常用的方法

| 方法 | 作用 |
| --- | --- |
| putExtras(Bundle data) | 向 Intent 中放入需要携带的数据包 |
| getExtras() | 取出 Intent 所携带的数据包 |
| putExtra(String name, Xxx value) | 向 Intent 中放入 key–value 形式的数据 |
| getXxxExtra(String name) | 按 key 取出 Intent 中指定类型的数据 |
| putXxx(String key, Xxx data) | 向 Bundle 中放入各种类型的数据 |
| getXxx(String key) | 从 Bundle 中取出各种类型的数据 |
| putSerializable(String key, Serializable data) | 向 Bundle 中放入一个可序列化的对象 |
| getSerializable(String key, Serializable data) | 从 Bundle 中取出一个可序列化的对象 |

Intent 主要通过 Bundle 对象来携带数据。

【示例 4.3】注册用户并在另一个 Activity 中显示注册信息。运行程序的效果如图 4-15 所示。

图 4-15　注册用户并显示信息的效果

1）创建注册 RegisterActivity 的布局文件和类。

RegisterActivity 的布局文件代码：

```xml
<?xml version = "1.0" encoding = "utf-8"?>
<LinearLayout xmlns:android = "http://schemas.android.com/apk/res/android"
    xmlns:app = "http://schemas.android.com/apk/res-auto"
    xmlns:tools = "http://schemas.android.com/tools"
    android:layout_width = "match_parent"
    android:layout_height = "match_parent"
    android:orientation = "vertical"
    tools:context = ".RegisterActivity">
    <RelativeLayout
        android:layout_width = "match_parent"
        android:layout_height = "wrap_content">
        <TextView
            android:id = "@+id/tv_nickname"
            android:layout_width = "wrap_content"
            android:layout_height = "wrap_content"
            android:layout_centerVertical = "true"
            android:text = " 昵称： "
            android:textSize = "18sp" />
        <EditText
            android:id = "@+id/et_nickname"
            android:layout_width = "match_parent"
            android:layout_height = "wrap_content"
            android:layout_marginLeft = "5dp"
            android:layout_toRightOf = "@id/tv_nickname"
            android:textSize = "18sp" />
    </RelativeLayout>
    <RelativeLayout
        android:layout_width = "match_parent"
        android:layout_height = "wrap_content">
```

```
        <TextView
            android:id = "@+id/tv_phone"
            android:layout_width = "wrap_content"
            android:layout_height = "wrap_content"
            android:layout_centerVertical = "true"
            android:text = " 电话： "
            android:textSize = "18sp" />
        <EditText
            android:id = "@+id/et_phone"
            android:layout_width = "match_parent"
            android:layout_height = "wrap_content"
            android:layout_marginLeft = "5dp"
            android:layout_toRightOf = "@id/tv_phone"
            android:textSize = "18sp" />
    </RelativeLayout>
    <Button
        android:id = "@+id/btnReg"
        android:layout_width = "match_parent"
        android:layout_height = "wrap_content"
        android:text = " 注册 "
        android:textSize = "18sp"/>
</LinearLayout>
```

从 RegisterActivity 类中获取注册信息，传递给显示用户信息的 Activity，代码如下：

```
public class RegisterActivity extends AppCompatActivity implements View.OnClickListener {
    @Override
    protected void onCreate(Bundle savedInstanceState) {
        super.onCreate(savedInstanceState);
        setContentView(R.layout.activity_register);
        findViewById(R.id.btnReg).setOnClickListener(this);
    }
    @Override
    public void onClick(View v) {
        switch (v.getId()){
            case R.id.btnReg:
                // 获取文本编辑框中的值
                EditText et_user = findViewById(R.id.et_nickname);
                String username = et_user.getText().toString().trim();
                EditText et_phone = findViewById(R.id.et_phone);
                String phone = et_phone.getText().toString().trim();
                // 创建 Bundle 对象
                Bundle bundle = new Bundle();
                bundle.putString("username", username);
                bundle.putString("phone", phone);
                // 创建 Intent（意图）
                Intent intent = new Intent(RegisterActivity.this, UserInfoActivity.class);
                // 存放 Bundle
                intent.putExtras(bundle);
```

```
                // 启动新的 Activity
                startActivity(intent);
                break;
        }
    }
}
```

2）创建 UserInfoActivity 的布局文件以获取注册信息并显示。
activity_user_info 布局文件的代码如下：

```
<?xml version = "1.0" encoding = "utf-8"?>
<androidx.constraintlayout.widget.ConstraintLayout
    xmlns:android = "http://schemas.android.com/apk/res/android"
    xmlns:app = "http://schemas.android.com/apk/res-auto"
    xmlns:tools = "http://schemas.android.com/tools"
    android:layout_width = "match_parent"
    android:layout_height = "match_parent"
    tools:context = ".UserInfoActivity">
    <TextView
        android:id = "@+id/txtUserInfo"
        android:layout_width = "wrap_content"
        android:layout_height = "wrap_content"
        android:layout_marginTop = "96dp"
        android:textSize = "18sp"
        android:gravity = "left"
        app:layout_constraintEnd_toEndOf = "parent"
        app:layout_constraintHorizontal_bias = "0.448"
        app:layout_constraintStart_toStartOf = "parent"
        app:layout_constraintTop_toTopOf = "parent" />
</androidx.constraintlayout.widget.ConstraintLayout>
```

UserInfoActivity 类的代码如下：

```
public class UserInfoActivity extends AppCompatActivity {
    @Override
    protected void onCreate(Bundle savedInstanceState) {
        super.onCreate(savedInstanceState);
        setContentView(R.layout.activity_user_info);
        Intent intent = getIntent();
        Bundle bundle = intent.getExtras();
        String username = bundle.getString("username");
        String phone = bundle.getString("phone");
        TextView txtUserInfo = findViewById(R.id.txtUserInfo);
        txtUserInfo.setText(" 昵称："+username+"\n 电话： "+phone);
    }
}
```

### 4.4.2　数据回传

启动另一个 Activity 不一定是单向操作。用户也可以启动另一个 Activity 并接收返回的结果。要接收结果，可调用 startActivityForResult()（而非 startActivity()）。例如，在应用程序中可启动相机应用并接收拍摄的照片作为结果。或者，App 可以启动"联系人"应用以便用户选择联系人，并且可以接收联系人的详细信息作为结果。当然，响应的 Activity 必须设计为返回结果。当它这样做时，它会作为另一个 Intent 对象发送结果。在开始的 Activity 中需要在 onActivityResult() 回调中接收它。

　　提示：当调用 startActivityForResult() 时，可以使用显式 Intent 或隐式 Intent。当启动自己的某个 Activity 以接收结果时，需要使用显式 Intent 以确保可收到预期结果。

　　【示例 4.4】打开联系人界面，获取选中的联系人电话。

　　1）创建打开联系人的界面，添加按钮，代码如下：

```xml
<?xml version = "1.0" encoding = "utf-8"?>
<LinearLayout xmlns:android = "http://schemas.android.com/apk/res/android"
    xmlns:app = "http://schemas.android.com/apk/res-auto"
    xmlns:tools = "http://schemas.android.com/tools"
    android:orientation = "vertical"
    android:layout_width = "match_parent"
    android:layout_height = "match_parent"
    tools:context = ".ResultActivity">
    <Button
        android:id = "@+id/btnResult"
        android:layout_width = "match_parent"
        android:layout_height = "wrap_content"
        android:text = " 打开联系人获取电话 "
        android:textSize = "18sp"/>
    <TextView
        android:id = "@+id/txtPhone"
        android:layout_width = "match_parent"
        android:layout_height = "wrap_content"
        android:textSize = "18sp"/>
</LinearLayout>
```

　　2）在 Activity 中打开联系人界面并获取回传数据。

```java
package com.qcxy.chapter4;
import androidx.appcompat.app.AppCompatActivity;
import android.content.Intent;
import android.database.Cursor;
public class ResultActivity extends AppCompatActivity implements View.OnClickListener {
    private static final String TAG = "ResultActivity";
    @Override
    protected void onCreate(Bundle savedInstanceState) {
        super.onCreate(savedInstanceState);
        setContentView(R.layout.activity_result);
        findViewById(R.id.btnResult).setOnClickListener(this);
    }
    @Override
    public void onClick(View v) {
        pickContact();
```

```
        }
        static final int PICK_CONTACT_REQUEST = 1;              // The request code
        private void pickContact() {
            Intent pickContactIntent = new Intent(Intent.ACTION_PICK, Uri.parse("content://contacts"));
pickContactIntent.setType(ContactsContract.CommonDataKinds.Phone.CONTENT_TYPE);
            startActivityForResult(pickContactIntent, PICK_CONTACT_REQUEST);
        }
        @Override
        protected void onActivityResult(int requestCode, int resultCode, Intent data) {
            if (requestCode == PICK_CONTACT_REQUEST) {
                if (resultCode == RESULT_OK) {
                    Uri contacturi = data.getData();
                    // 如果需要别的信息，就在这里添加参数
                    String[] projection = {ContactsContract.CommonDataKinds.Phone.NUMBER};
                    Cursor cursor = getContentResolver()
                            .query(contacturi, projection, null, null, null);
                    // 将游标移动到第一行
                    cursor.moveToFirst();
                    // 返回列名对应的列的索引值
                    int column = cursor.getColumnIndex(ContactsContract.CommonDataKinds.Phone.
                    NUMBER);
                    // 返回当前行指定列的值，这里就是电话
                    String number = cursor.getString(column);
                    TextView tv_phone = findViewById(R.id.txtPhone);
                    tv_phone.setText(number);
                    Log.d(TAG, "onActivityResult: "+number);
                }
            }
        }
    }
```

程序运行效果如图 4-16 所示。

单击"打开联系人获取电话"按钮，打开的选择联系人界面如图 4-17 所示。

图 4-16  示例 4.4 程序运行效果

图 4-17  选择联系人界面

通过双击选中添加过的联系人信息，该界面关闭，电话显示在开始界面上，联系人电话界面如图 4-18 所示。

# 4.5　Activity 的启动模式概述

## 4.5.1　Android 中的任务栈

　　任务是用户在执行某项工作时与之互动的一系列 Activity 的集合。这些 Activity 按照每个 Activity 打开的顺序排列在一个返回堆栈中。例如，对于电子邮件应用，可能用一个 Activity 来显示新邮件列表。当用户选择一封邮件时，系统会打开一个新的 Activity 来显示该邮件。这个新的 Activity 会添加到返回堆栈中。如果用户单击返回按钮，这个新的 Activity 即会完成并从堆栈中退出。

图 4-18　联系人电话界面

　　在当前 Activity 启动另一个 Activity 时，新的 Activity 将被推送到堆栈顶部并获得焦点。上一个 Activity 仍保留在堆栈中，但会停止。当 Activity 停止时，系统会保留其界面的当前状态。当用户单击返回按钮时，当前 Activity 会从堆栈顶部退出（该 Activity 销毁），上一个 Activity 会恢复（界面会恢复到上一个状态）。堆栈中的 Activity 永远不会重新排列，只会入栈和出栈，在当前 Activity 启动时被送入堆栈，在用户使用返回按钮离开时从堆栈中退出。因此，返回堆栈按照“后进先出”的数据结构运作。图 4-19 借助一个时间轴直观地显示了这种行为。该时间轴显示了 Activity 之间的进展以及每个时间点的当前返回堆栈。

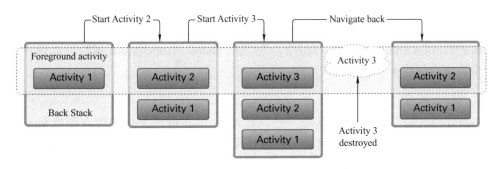

图 4-19　任务栈的时间轴

　　如果用户继续单击返回按钮，则堆栈中的 Activity 会逐个退出，以显示前一个 Activity，直到用户返回到主屏幕（或任务开始时运行的 Activity）。移除堆栈中的所有 Activity 后，该任务将不复存在。

　　Activity 和任务的默认行为总结如下：

　　1）当 Activity A 启动 Activity B 时，Activity A 会停止，但系统会保留其状态（如滚动位置和输入表单中的文本）。如果用户在 Activity B 中单击返回按钮，则系统会恢复 Activity A 及其状态。

　　2）当用户通过单击主屏幕按钮离开任务时，当前 Activity 会停止，其任务会转到后台。系统会保留任务中每个 Activity 的状态。如果用户稍后通过单击该任务的启动器图标来恢复该任务，则该任务会进入前台并恢复堆栈顶部的 Activity。

　　3）如果用户单击返回按钮，则当前 Activity 将从堆栈中退出并销毁。堆栈中的上一个 Activity 将恢复。Activity 被销毁后，系统不会保留该 Activity 的状态。

　　4）Activity 可以多次实例化，甚至是从其他任务对其进行实例化的。

### 4.5.2　Activity 的 4 种启动模式

在实际开发中，应根据需求来为每个 Activity 制定恰当的启动模式，通过启动模式定义 Activity 的新实例如何与当前任务关联。在清单文件中声明 Activity 时，可以使用 <activity> 元素的 launchMode 属性指定 Activity 应该如何与任务关联。launchMode 属性支持 4 种属性值，如表 4-4 所示。

表 4-4　launchMode 属性支持的 4 种属性值

| 属性值 | 作用 |
| --- | --- |
| standard | 标准模式，不配置时默认这种启动模式 |
| singleTop | 栈顶单例模式 |
| singleTask | 栈内单例模式 |
| singleInstance | 全局单例模式 |

前面介绍过，Android 系统采用任务栈（Task）的方式来管理 Activity 的实例。当启动一个应用时，Android 就会为之创建一个任务栈。先启动的 Activity 压在栈底，后启动的 Activity 放在栈顶，通过启动模式可以控制 Activity 在任务栈中的加载方式。

Android 系统中的任务栈类似于一个容器，用于管理所有的 Activity 实例。在存放 Activity 时，满足"先进后出（First-In/Last-Out）"的原则，如图 4-20 所示。

Activity 的启动模式可管理 Activity 的启动方式及已经实例化的 Activity，并控制 Activity 与 Task 之间的加载关系。

Activity 的启动模式有 4 种，分别是 standard、singleTop、singleTask 和 singleInstance。在 AndroidManifest.xml 中，通过 <activity> 标签的 android:launchMode 属性可以设置启动模式。下面详细介绍这 4 种启动模式。

#### 1. standard 模式

standard 模式是默认的启动模式。当一个 Activity 在清单文件中没有配置 launchMode 属性时，默认就是 standard 模式启动。在这种模式下，每次启动目标 Activity 时，Android 总会为目标 Activity 创建一个新的实例，并将该实例放入当前 Task 栈中（还是原来的 Task 栈，并没有启动新的 Task），如图 4-21 所示。

图 4-20　任务栈的结构　　　　　图 4-21　standard 模式

#### 2. singleTop 模式

这种模式与 standard 模式很相似，不同点是，当要启动的目标 Activity 已经位于栈顶时，系统不会重新创建新的目标 Activity 实例，而是直接复用栈顶已经创建好的 Activity。

不过要注意的是，如果要启动的目标 Activity 不位于栈顶，那么系统将会重新实例化
目标 Activity，并将其加入 Task 栈中，这时 singleTop 模式与 standard 模式完全一样，如
图 4-22 所示。

### 3. singleTask 模式

当一个 Activity 采用 singleTask 启动模式后，整个 Android 应用中只有一个该 Activity
实例。只是系统对它的处理方式稍显复杂，首先检查应用中是否有该 Activity 的实例存
在，如果没有，则新建一个目标 Activity 实例；如果已有目标 Activity 存在，则会把该目标
Activity 置于栈顶，其上面的 Activity 会全部出栈，如图 4-23 所示。

图 4-22　singleTop 模式　　　　　图 4-23　singleTask 模式

### 4. singleInstance 模式

在程序开发中，如果 Activity 在整个系统中只有一个实例，这时就需要用到
singleInstance 模式。不同于上述 3 种模式，指定为 singleInstance 模式的 Activity 会启动一
个新的任务栈来管理这个 Activity。

singleInstance 模式加载 Activity 时，无论从哪个任务栈中启动该 Activity，都只会创建
一个 Activity 实例，并且会使用一个全新的任务栈来装载该 Activity 实例。采用这种模式启
动 Activity 会分为以下两种情况，具体如下。

第一种：如果要启动的 Activity 不存在，那么系统会先创建一个新的任务栈，再创建该
Activity 的实例，并把该 Activity 加入栈顶。

第二种：如果要启动的 Activity 已经存在，那么无论位于哪个应用程序或者哪个任
务栈中，系统都会把该 Activity 所在的任务栈转到前台，从而使该 Activity 显示出来。
singleInstance 模式如图 4-24 所示。

图 4-24　singleInstance 模式

## 4.6 Fragment

屏幕大小差距过大可能会让同样的界面在视觉效果上有较大的差异，比如一些界面在手机上看起来非常美观，但在平板计算机上就可能会出现控件被过分拉长、元素之间空隙过大等的情况。在开发 Android 应用时，需要做到同时兼顾手机和平板计算机的开发。自从 Android 3.0 版本引入 Fragment 概念后，就可以让界面在平板计算机上更好地展示。

### 4.6.1 认识 Fragment

Fragment 翻译成中文就是"碎片"的意思，它是一种嵌入 Activity 中使用的 UI 片段。一个 Activity 可以包含一个或多个 Fragment，而且一个 Activity 可以同时展示多个 Fragment。使用它能够让程序更加合理地利用拥有大屏幕空间的移动设备，因此 Fragment 在平板计算机上的应用非常广泛。

Fragment 与 Activity 类似，拥有自己的布局与生命周期，但是它的生命周期会受到它所在 Activity 生命周期的控制。例如，当 Activity 暂停时，它所包含的 Fragment 也会暂停；当 Activity 被销毁时，该 Activity 内的 Fragment 也会被销毁；当该 Activity 处于活动状态时，开发者才可独立地操作 Fragment。

在一般的手机上或者平板计算机竖屏的情况下，Fragment A 需要嵌入 Activity A 中，Fragment B 需要嵌入 Activity B 中。如果在平板计算机横屏的情况下，则可以把两个 Fragment 同时嵌入 Activity A 中，这样布局上既节约了空间，也会更美观，如图 4-25 所示。

图 4-25  适应不同屏幕

Fragment 表示 Fragment Activity 中的行为或界面的一部分。程序可以在一个 Activity 中组合多个片段，从而构建多窗格界面，也可在多个 Activity 中重复使用某个片段。应用程序可以将片段视为 Activity 的模块化组成部分，它具有自己的生命周期，能接收自己的输入事件，并且还可以在 Activity 运行时添加或移除片段，这有点像可以在不同 Activity 中重复使用的"子 Activity"。Fragment 必须始终托管在 Activity 中，其生命周期直接受宿主 Activity 生命周期的影响。

Android 系统中提供了 3 个内置的 Fragment 供开发者使用：

1）DialogFragment。对话框式的 Fragment，显示浮动对话框。可以把 DialogFragment 加入 Activity 管理的 Fragment 返回栈中，使用户操作能返回到这个 DialogFragment。

2）ListFragment。显示一个列表控件，类似于 ListActivity，提供了很多管理列表的方法，如 onListItemClick() 方法和 setListAdapter() 方法等。

3）PreferenceFragment。显示一个由 Preference 对象组成的列表，类似于 PreferenceActivity，主要用来创建设置界面。

### 4.6.2　Fragment 的生命周期

Fragment 代表 Activity 的子模块，是 Activity 界面的一部分或一种行为。与 Activity 一样，Fragment 也有自己的生命周期，如图 4-26 所示。

图 4-26　Fragment 的生命周期

图 4-26 中展示了 Fragment 生命周期中被回调的所有方法。

● onCreate()：创建 Fragment 时被回调，该方法只会被回调一次。

● onCreateView()：每次创建、绘制该 Fragment 的 View 组件时回调该方法，Fragment 将会显示该方法返回的 View 组件。

● onActivityCreated()：Fragment 所在的 Activity 被启动完成后回调该方法。

● onStart()：启动 Fragment 时回调该方法。

● onResume()：恢复 Fragment 时被回调，在 onStart() 方法后一定会回调该方法。

● onPause()：暂停 Fragment 时被回调。

● onDestroyView()：销毁该 Fragment 所包含的 View 组件时被回调。

● onDestroy()：销毁该 Fragment 时被回调。

● onDetach()：将该 Fragment 从宿主 Activity 中删除、替换完成时回调该方法，在 onDestroy() 方法后一定会回调 onDetach() 方法，且只会被回调一次。

4.2 节介绍了 Activity 的生命周期。Fragment 与 Activity 非常相似，其生命周期也会经历运行状态、暂停状态和停止状态。

运行状态：当嵌入该 Fragment 的 Activity 是处于运行状态的，并且该 Fragment 是可见的，那么该 Fragment 是处于运行状态的。

暂停状态：当嵌入该 Fragment 的 Activity 处于暂停状态时，那么该 Fragment 也是处于暂停状态的。

停止状态：当嵌入该 Fragment 的 Activity 处于停止状态时，那么该 Fragment 也会进入停止状态。或者通过调用 FragmentTransation 的 remove()、replace() 方法将 Fragment 从 Activity 中移除。

Fragment 必须是依存于 Activity 而存在的，因此 Activity 的生命周期会直接影响 Fragment 的生命周期，它们的生命周期对比如图 4-27 所示。

图 4-27　Fragment 和 Activity 生命周期的对比

从图 4-27 可以看到，Fragment 比 Activity 多了几个额外的生命周期回调方法。

onAttach()：当 Fragment 与 Activity 发生关联时调用。

onCreateView()：创建该 Fragment 的视图（加载布局）时调用。

onActivityCreated()：当 Activity（与 Fragment 相关联）的 onCreate() 方法返回时调用。

onDestoryView()：与 onCreateView() 相对应，当与该 Fragment 关联的视图被移除时调用。

onDetach()：与 onAttach() 相对应，当 Fragment 与 Activity 的关联被取消时调用。

### 4.6.3　Fragment 的加载

Fragment 的创建与 Activity 的创建类似。要创建一个 Fragment，必须要创建一个类继承自 Fragment。Android 系统提供了两个 Fragment 类，分别是 android.app.Fragment 和 android.support.v4.app.Fragment。继承前者只能兼容 Android 4.0 以上的系统，继承后者可以兼容更低的版本。

动态添加碎片主要分为如下 5 步：

1）创建待添加的碎片实例。

2）获取到 FragmentManager，在活动中可以直接通过调用 getFragmentManager() 方法得到。

3）开启一个事务，通过调用 beginTransaction() 方法开启。

4）向容器内加入碎片，一般使用 replace() 方法实现，需要传入容器的 id 和待添加的碎片实例。

5）提交事务，调用 commit() 方法来完成。

#### 1. 创建 Fragment

与创建 Activity 类似，开发者实现的 Fragment 必须继承 Fragment 基类，接下来的实现 Fragment 与实现 Activity 非常相似，它们都需要实现回调方法，如 onCreate()、onCreateView()、onStart()、onResume()、onPause()、onStop() 等。

对于大部分 Fragment 而言，通常都会重写 onCreate()、onCreateView() 和 onPause() 这 3 个方法，实际开发中也可以根据需要重写 Fragment 的任意回调方法。

#### 2. Fragment 与 Activity

要在 Activity 中显示 Fragment，必须将 Fragment 添加到 Activity 中。将 Fragment 添加到 Activity 中有如下两种方式。

（1）第一种方式

在布局文件中使用 <fragment.../> 元素添加 Fragment，其中 <fragment.../> 的 android:name 属性必须指定 Fragment 的实现类。

【示例 4.5】静态加载 Fragment 的案例。

实现步骤如下。

1）创建 Fragment 的布局文件，代码如下：

```xml
<?xml version = "1.0" encoding = "utf-8"?>
<LinearLayout xmlns:android = "http://schemas.android.com/apk/res/android"
    android:background = "#FFFF00"
    android:layout_width = "match_parent"
    android:layout_height = "match_parent">

    <TextView
```

```
        android:id = "@+id/txt"
        android:layout_width = "match_parent"
        android:layout_height = "match_parent"
        android:text = "Static Fragment"
        android:gravity = "center_horizontal"
        android:textSize = "20sp"/>

</LinearLayout>
```

2）创建 StaticFragment 继承 Fragment 的代码如下：

```
public class StaticFragment extends Fragment {
    @Nullable
    @Override
    public View onCreateView(@NonNull LayoutInflater inflater, @Nullable ViewGroup container, @
    Nullable Bundle savedInstanceState) {
        View view = inflater.inflate(R.layout.static_fragment_layout, container, false);
        return view;
    }
}
```

3）创建 Activity 的布局文件，在布局文件中添加 Fragment 标签，其 name 指定 Fragment 类名，代码如下：

```
        <?xml version = "1.0" encoding = "utf-8"?>
<RelativeLayout xmlns:android = "http://schemas.android.com/apk/res/android"
    xmlns:app = "http://schemas.android.com/apk/res-auto"
    xmlns:tools = "http://schemas.android.com/tools"
    android:layout_width = "match_parent"
    android:layout_height = "match_parent"
    tools:context = ".StaticFragmentActivity">
    <fragment
        android:id = "@+id/static_frag"
        android:layout_width = "300dp"
        android:layout_height = "300dp"
        android:layout_centerInParent = "true"
        android:name = "com.qcxy.chapter4.StaticFragment"/>
</RelativeLayout>
```

4）创建 Activity 类，代码如下：

```
public class StaticFragmentActivity extends AppCompatActivity {
    @Override
    protected void onCreate(Bundle savedInstanceState) {
        super.onCreate(savedInstanceState);
        setContentView(R.layout.activity_static_fragment);
    }
}
```

程序运行效果如图 4-28 所示。

图 4-28　静态加载 Fragment 的运行效果

　　在 Java 代码中，通过 FragmentTransaction 对象的 relpace() 或 add() 方法来替换或添加 Fragment。

　　（2）在第二种方式

　　Activity 的 getFragmentManager() 方法返回 FragmentManager，通过调用 FragmentManager 的 beginTransaction() 方法获取 FragmentTransaction 对象。

　　【示例 4.6】动态添加 Fragment，单击 NEW CONTENT 按钮，在按钮下方添加一个 Fragment，效果如图 4-29 所示。

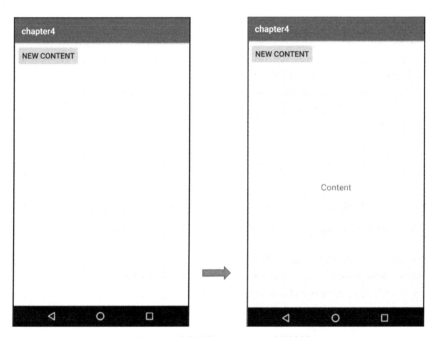

图 4-29　动态添加 Fragment 后的效果

实现步骤如下。

1）创建 Fragment 的布局文件，代码如下：

```xml
<?xml version = "1.0" encoding = "utf-8"?>
<RelativeLayout xmlns:android = "http://schemas.android.com/apk/res/android"
    android:layout_width = "match_parent"
    android:layout_height = "match_parent"
    android:background = "#FFFF00">
    <TextView
        android:id = "@+id/txtCnt"
        android:layout_width = "match_parent"
        android:layout_height = "match_parent"
        android:text = "Content"
        android:gravity = "center"
        android:textSize = "20sp"/>
</RelativeLayout>
```

2）创建 ContentFragment 继承 Fragment，代码如下：

```
package com.qcxy.chaptcr4
```

```
import android.os.Bundle;
import android.view.LayoutInflater;
import android.view.View;
import android.view.ViewGroup;
import android.widget.TextView;
import androidx.annotation.NonNull;
import androidx.annotation.Nullable;
import androidx.fragment.app.Fragment;
public class ContentFragment extends Fragment {
    @Nullable
    @Override
    public View onCreateView(@NonNull LayoutInflater inflater, @Nullable ViewGroup container, @
    Nullable Bundle savedInstanceState) {
        View view = inflater.inflate(R.layout.content_fragment_layout, container, false);
// TextView txtCnt = view.findViewById(R.id.txtCnt);
// txtCnt.setText("");
        return view;
    }
}
```

3）创建 ContentActivity，添加一个按钮，单击按钮，将 Fragment 添加到按钮下方区域。Activity 的布局文件 activity_content.xml 的代码如下：

```
<?xml version = "1.0" encoding = "utf-8"?>
<LinearLayout xmlns:android = "http://schemas.android.com/apk/res/android"
    xmlns:app = "http://schemas.android.com/apk/res-auto"
    xmlns:tools = "http://schemas.android.com/tools"
    android:layout_width = "match_parent"
    android:layout_height = "match_parent"
    android:orientation = "vertical"
    tools:context = ".ContentActivity">
    <LinearLayout
        android:id = "@+id/cntTop"
        android:layout_width = "match_parent"
        android:layout_height = "wrap_content"
        android:padding = "5dp"
        android:orientation = "horizontal">
        <Button
            android:id = "@+id/btn1"
            android:layout_width = "wrap_content"
            android:layout_height = "wrap_content"
            android:text = "New Content"
            android:textSize = "18sp"/>
    </LinearLayout>
    <LinearLayout
        android:id = "@+id/mainCnt"
        android:layout_width = "match_parent"
        android:layout_height = "match_parent"
        android:orientation = "horizontal">
```

```
        </LinearLayout>
    </LinearLayout>
```

4）ConentActivity 的代码如下：

```
package com.qcxy.chapter4;
import androidx.appcompat.app.AppCompatActivity;
import android.os.Bundle;
import android.view.View;
import android.widget.Button;
public class ContentActivity extends AppCompatActivity {
    @Override
    protected void onCreate(Bundle savedInstanceState) {
        super.onCreate(savedInstanceState);
        setContentView(R.layout.activity_content);
        Button btnNew = findViewById(R.id.btn1);
        btnNew.setOnClickListener(new View.OnClickListener() {
            @Override
            public void onClick(View v) {
                // 1.Container, 2.Fragment, 3.Fragment → Container
                ContentFragment contentFragment = new ContentFragment();
                getSupportFragmentManager()
                        .beginTransaction()
                        .add(R.id.mainCnt, contentFragment)
                        .commit();
            }
        });
    }
}
```

### 3. Fragment 管理与 Fragment 事务

前面介绍了 Activity 与 Fragment 交互相关的内容，其实 Activity 管理 Fragment 主要依靠 FragmentManager。

FragmentManager 的功能：

1）使用 findFragmentById() 或 findFragmentByTag() 方法来获取指定 Fragment。

2）调用 popBackStack() 方法将 Fragment 从后台找中并弹出（模拟用户按下 Back 键）。

3）调用 addOnBackStackChangeListener() 注册一个监听器，用于监听后台栈的变化。如果需要添加、删除、替换 Fragment，则需要借助 FragmentTransaction 对象，该对象代表 Activity 对 Fragment 执行的多个改变。

FragmentTransaction 也被翻译为 Fragment 事务。数据库事务代表了对底层数组的多个更新操作；而 Fragment 事务则代表了 Activity 对 Fragment 执行的多个改变操作。

每个 FragmentTransaction 都可以包含多个对 Fragment 的修改，比如包含调用多个 add()、replace() 和 remove() 操作，最后调用 commit() 提交事务即可。

按下 Back 键程序会直接退出，如果想模仿类似于返回栈的效果，按下 Back 键回到上一个 Fragment，这时在调用 commit() 之前，开发者也可调用 addToBackStack() 将事务添加到 Back 栈，该栈由 Activity 负责管理，这样允许用户按 Back 键返回到前一个 Fragment 状态。代码如下：

```
// 创建一个新的 Fragment 并打开事务
Fragment newFragment = new ExampleFragment();
FragmentTransaction transaction =
getFragmentManager().beginTransaction();
// 替换该界面中 fragment_container 容器内的 Fragment
transaction.replace(R.id.fragment_container, newFragment);
// 将事务添加到 Back 栈，允许用户按 Back 键返回到替换 Fragment 之前的状态
transaction.addToBackStack(null);
// 提交事务
transaction.commit();
```

在上面的示例代码中，newFragment 替换了当前界面布局中 ID 为 fragment_container 的容器内的 Fragment，由于程序调用了 addToBackStack() 将该 replace 操作添加到了 Back 栈中，因此用户可以通过按下 Back 键返回替换之前的状态。

## 4.7 Fragment 传值

Fragment 与 Activity 都是各自存在于一个独立的类中，它们之间并没有明显的方式进行直接通信。在实际的开发过程当中，经常需要在 Activity 中获取 Fragment 实例或者在 Fragment 中获取 Activity 实例。

为了实现 Fragment 和 Activity 之间的通信，FragmentManager 提供了一个 findFragmentById() 的方法，专门用于从布局文件中获取 Fragment 的实例。该方法有一个参数，它代表 Fragment 在 Activty 布局中的 id。

例如，在布局文件中指定 SecondFragment 的 id 为 R.id.second_fragment，这时就可以使用 getFragmentManager().findFragmentById(R.id.second_fragment) 方法得到 SecondFragment 的实例。代码如下：

```
SecondFragment secondFragment = getFragmentManager().findFragmentById(R.id.second_fragment);
```

可以通过在 Fragment 中调用 getActivity() 方法来获取到与当前 Fragment 相关联的 Activity 实例对象。

例如在 MainActivity 中添加了 SecondFragment，那么就可以通过在 Fragment 中调用 getActivity() 获取 MainActivity 实例对象。代码如下：

```
MainActivity activity = (MainActivity) getActivity();
```

获取到 Activity 中的实例以后，就可以调用该 Activity 中的方法了。而且当 Fragment 需要使用 Context 对象时，也可以使用该方法。

考虑到有 Activity 与 Fragment 互相传递数据的情况，可以按照以下 3 种方式进行。

1）Activity 向 Fragment 传递数据：在 Activity 中创建 Bundle 数据包，并调用 Fragment 的 setArguments(Bundle bundle) 方法即可将 Bundle 数据包传给 Fragment。

2）Fragment 向 Activity 传递数据或 Activity 需要在 Fragment 运行中进行实时通信：在 Fragment 中定义一个内部回调接口，再让包含该 Fragment 的 Activity 实现该回调接口，这样 Fragment 可调用该回调方法将数据传给 Activity。

3）通过广播的方式。

【**示例 4.7**】Activity 向 Fragment 传递数据，创建多个 Button，单击不同的 Button 将不同的数据传递给 Fragment，显示在 Fragment 中，效果如图 4-30 所示。

图 4-30　单击不同的按钮传递数据给 Fragment 的效果

修改 ContentActivity，代码如下：

```
package com.qcxy.chapter4;
import androidx.appcompat.app.AppCompatActivity;
import androidx.fragment.app.Fragment;
import androidx.fragment.app.FragmentTransaction;
import android.os.Bundle;
import android.view.View;
import android.widget.Button;
import java.util.ArrayList;
import java.util.List;

public class ContentActivity extends AppCompatActivity implements View.OnClickListener{
    // 创建数组以存储不同的内容
    String [] contents = {" 内容 1", " 内容 2"};
    // 声明 Fragment
    ContentFragment contentFragment = null;
    @Override
    protected void onCreate(Bundle savedInstanceState) {
        super.onCreate(savedInstanceState);
        setContentView(R.layout.activity_content);
        Button btnNew1 = findViewById(R.id.btn1);
        Button btnNew2 = findViewById(R.id.btn2);
        btnNew1.setOnClickListener(this);
        btnNew2.setOnClickListener(this);
    }
}
```

```
@Override
public void onClick(View v) {
    Bundle bundle = new Bundle();
    FragmentTransaction transaction;
    transaction = getSupportFragmentManager().beginTransaction();
    if(contentFragment! = null) {
        transaction.remove(contentFragment);
    }
    bundle.remove("cnt");
    switch (v.getId()){
        case R.id.btn1:
            bundle.putString("cnt", contents[0]);
            break;
        case R.id.btn2:
            bundle.putString("cnt", contents[1]);
            break;
    }
    contentFragment = new ContentFragment();
    contentFragment.setArguments(bundle);
    transaction.add(R.id.mainCnt, contentFragment).commit();
    }
}
```

修改 ContentFragment，代码如下：

```
package com.qcxy.chapter4;
import android.os.Bundle;
import android.vicw.LayoutInflater;
import android.view.View;
import android.view.ViewGroup;
import android.widget.TextView;
import androidx.annotation.NonNull;
import androidx.annotation.Nullable;
import androidx.fragment.app.Fragment;
public class ContentFragment extends Fragment {
    @Nullable
    @Override
    public View onCreateView(@NonNull LayoutInflater inflater, @Nullable ViewGroup container, @
    Nullable Bundle savedInstanceState) {
        View view = inflater.inflate(R.layout.content_fragment_layout, container, false);
        TextView txtCnt = view.findViewById(R.id.txtCnt);
        Bundle bundle = getArguments();
        txtCnt.setText(bundle.getString("cnt"));
        return view;
    }
}
```

在 ContentActivity 中特意增加了如何移除 Fragment 和添加 Fragment 的代码，如果只为传递不同的值给 Fragment，就可以不需要移除和重新创建，这样代码更简洁。

## 4.8　学生信息查询

【需求说明】

使用 Fragment 的传值实现查询学生详情的功能, 如图 4-31 所示。

要求如下:

1) 界面左侧的 1/3 部分显示学生姓名。

2) 界面右侧的 2/3 部分显示对应列表的学生详情 (姓名和电话等)。

3) 单击左侧的列表中的学生姓名, 右侧显示对应学生的详情。

【实现思路】

1) 打开 Android Studio 开发工具, 创建 Android 项目。

2) 在工程中添加 StudentActivity。

3) 创建右侧的 Fragment 布局文件 fragment_student.xml, 添加两个 TextView 控件用于显示学生姓名和学生信息。参考代码如下:

图 4-31　使用 Fragment 的传值实现查询学生详情

```xml
<?xml version = "1.0" encoding = "utf-8"?>
<LinearLayout xmlns:android = "http://schemas.android.com/apk/res/android"
    xmlns:tools = "http://schemas.android.com/tools"
    android:layout_width = "match_parent"
    android:layout_height = "match_parent"
    android:orientation = "vertical"
    tools:context = ".StudentFragment">
    <TextView
        android:id = "@+id/name"
        android:layout_width = "match_parent"
        android:layout_height = "wrap_content"
        android:textSize = "18sp"
        android:layout_margin = "5dp"/>
    <TextView
        android:id = "@+id/phone_number"
        android:layout_width = "match_parent"
        android:layout_height = "wrap_content"
        android:textSize = "18sp"
        android:layout_margin = "5dp"/>
</LinearLayout>
```

4) 创建一个 StudentFragment 类, 继承自 Fragment。重写 Fragment 的 onCreateView() 方法, 在方法中加载布局文件, 并获取学生姓名和学生信息的 TextView 控件, 设置显示文本的方法。参考代码如下:

```java
package com.qcxy.chapter4;
import android.app.Activity;
import android.os.Bundle;
```

```java
import android.view.LayoutInflater;
import android.view.View;
import android.view.ViewGroup;
import android.widget.TextView;
import androidx.fragment.app.Fragment;
public class StudentFragment extends Fragment {
    private TextView name;
    private TextView phoneNumber;
    @Override
    public View onCreateView(LayoutInflater inflater, ViewGroup container, Bundle savedInstanceState) {
        View view = inflater.inflate(R.layout.fragment_student, container, false);
        name = view.findViewById(R.id.name);
        phoneNumber = view.findViewById(R.id.phone_number);
        return view;
    }
    public void setPhoneNumber(String phoneNumber) {
        this.phoneNumber.setText(phoneNumber);
    }
    public void setName(String name) {
        this.name.setText(name);
    }
}
```

5）修改 StudentActivity 的布局文件 activity_student.xml。在布局文件中添加 ListView 控件和 Fragment，Fragment 指向 StudentFragment，ListView 和 Fragment 的宽度比为 1:2。参考代码如下：

```xml
<?xml version = "1.0" encoding = "utf-8"?>
<LinearLayout xmlns:android = "http://schemas.android.com/apk/res/android"
    xmlns:app = "http://schemas.android.com/apk/res-auto"
    xmlns:tools = "http://schemas.android.com/tools"
    android:layout_width = "match_parent"
    android:layout_height = "match_parent"
    android:orientation = "horizontal"
    tools:context = ".StudentActivity">
    <ListView
        android:id = "@+id/list"
        android:layout_width = "0dp"
        android:layout_height = "match_parent"
        android:layout_weight = "1"/>
    <fragment
        android:id = "@+id/stuinfo"
        android:layout_width = "0dp"
        android:layout_height = "match_parent"
        android:layout_weight = "2"
        android:name = "com.qcxy.chapter4.StudentFragment"/>
</LinearLayout>
```

6）修改 StudentActivity，在 MainActivity 中设置 ListView 控件的 Item 项单击事

件，单击 Item 项后获取学生信息，并获取 StudentFragment 对象，将联系人信息设置到 StudentFragment 中的 TextView 控件上。参考代码如下：

```java
package com.qcxy.chapter4;
import androidx.appcompat.app.AppCompatActivity;
import android.os.Bundle;
import android.view.View;
import android.widget.AdapterView;
import android.widget.ArrayAdapter;
import android.widget.ListView;
import java.util.HashMap;
import java.util.Map;
public class StudentActivity extends AppCompatActivity {
    private Map maps = new HashMap();
    @Override
    protected void onCreate(Bundle savedInstanceState) {
        super.onCreate(savedInstanceState);
        setContentView(R.layout.activity_student);
        ListView listView = findViewById(R.id.list);
        initData();
        ArrayAdapter adapter = new
                ArrayAdapter(this, android.R.layout.simple_list_item_1, maps.keySet().toArray());
        listView.setAdapter(adapter);
        listView.setOnItemClickListener(new AdapterView.OnItemClickListener() {
            @Override
            public void onItemClick(AdapterView<?> parent, View view, int position, long id) {
                String name = (String) maps.keySet().toArray()[position];
                String phoneNumber = (String) maps.get(name);
                StudentFragment fragment = (StudentFragment) getSupportFragmentManager().
                        findFragmentById(R.id.stuinfo);
                fragment.setName(name);
                fragment.setPhoneNumber(phoneNumber);
            }
        });
    }
    private void initData() {
        maps.put(" 艾边城 ", " 电话 139****8888\n 湖北省武汉市洪山区 1 号 ");
        maps.put(" 艾承旭 ", " 电话 139****2222\n 湖北省武汉市洪山区 2 号 ");
        maps.put(" 马小云 ", " 电话 139****3333\n 湖北省武汉市洪山区 3 号 ");
        maps.put(" 王小强 ", " 电话 139****6666\n 湖北省武汉市洪山区 4 号 ");
    }
}
```

## 本章习题

1. 选择题

1）下面关于 Intent 的描述，正确的是（　　　）。

A. Intent 用于启动 Activity、Service 以及发送广播

B. Activity 不能使用 Intent 传递数据

C. 显示 Intent 可以根据 Action 激活相应的组件

D. Intent 可以使用 addAction() 方法设置 Action 动作。

2）下面关于 Fragment 的描述，正确的是（　　　）。

A. 使用 Fragment，能使程序更加合理和充分地利用屏幕的空间

B. Android 4.0 版本开始提供 Fragment 类

C. Fragment 可以代替 Activity 使用

D. Fragment 不能嵌入 Activity 中

3）下列选项中，属于当前 Activity 被其他 Activity 覆盖时调用的方法的是（　　　）。

A. onCreate()　　　　B. onResume()　　　　C. onPause()　　　　D. onDestroy()

4）下列选项中，属于开启 Activity 方法的是（　　　）。

A. goToActivity()　B. goActivity()　　　C. startActivity()　　D. 以上方法都对

5）下列选项中，不属于 onActivityResult() 方法中参数的是（　　　）。

A. requestCode　　　B. resultCode　　　C. data　　　　　　D. result

6）下面关于任务栈的描述，正确的是（　　　）。

A. 任务栈有压栈和出栈的操作

B. 当打开 Activity 时，该 Activity 就被压入栈底

C. 当 Activity 被销毁时，该 Activity 的实例从栈底弹出

D. 任务栈的规则是先进先出

7）下列选项中，属于没有明确指定组件名的 Intent 类型的是（　　　）。

A. IntentFilter　　　B. 显式 Intent　　　C. 隐式 Intent　　　D. Intent

8）startActivityForResult() 方法提供了两个参数，用于标识请求来源的参数是（　　　）。

A. 意图　　　　　　B. 请求码　　　　　C. 返回码　　　　　D. 以上选项都不正确

9）下列关于 Fragment 的描述，正确的是（　　　）。

A. Fragment 不需要添加到 Activity 中也可以单独显示界面

B. 只能在布局中添加 Fragment

C. 只能在 Java 代码中添加 Fragment

D. 可以通过 getFragmentManager() 方法获取 FragmentManager 实例

10）下列选项中，属于隐式 Intent 匹配过滤器中属性的是（　　　）。

A. action　　　　　B. category　　　　C. data　　　　　　D. activity

## 2. 简答与编程题

1）简述显式 Intent 和隐式 Intent 的区别。

2）简述 Activity 的 4 种启动模式及其特点。

3）简述生命周期有哪几种状态及特点。

4）简述 Fragment 的生命周期有哪些方法以及这些方法什么时候被调用。

5）请编写在 MainActivity 的 onCreate() 方法中跳转到 SecondActivity 界面的逻辑代码。

6）简述在 Activity 中动态加载 Fragment 的步骤。

# 第5章

# Android 数据存储

**本章简介**

本章主要讲解 Android 中的数据存储，首先介绍 Android 中常见的数据存储方式，然后详细地讲解文件存储、SharedPreferences 存储以及 SQLite 数据库存储。数据存储是 Android 开发中非常重要的内容，在应用程序中会经常涉及数据存储的知识，目前 Android 开发中也出现了很多 ORM 框架帮助开发者简化 App 开发。本章 5.5 节介绍使用 Room 操作数据库，推荐在项目中多运用此项技术。

**学习目标**

1）了解数据持久化常用方式。

2）理解文件存储。

3）掌握 SharedPreferences 存储。

4）掌握 SQLite 数据库的操作。

## 5.1 数据存储方式概述

数据存储操作也称为数据持久化，是指将内存中的瞬时数据保存到存储设备中，保证即使在手机或计算机关机的情况下，这些数据也不会丢失。保存在内存中的数据处于瞬时状态，具有易失性，而保存在存储设备中的数据是处于持久状态的。Android 提供多种数据保存方式。编写程序时根据特定需求来选择存储方案，例如数据需要多少存储空间、需储存哪种类型的数据，以及数据应该是应用的私有数据还是可供其他应用和用户访问的数据，通过需求选择不同的存储方式。

持久化技术被广泛地应用于各种程序的设计领域中，Android 系统中主要提供了 5 种方式来实现数据的持久化功能，即文件存储、SharedPreferences 存储、SQLite 数据库存储、ContentProvider 存储和网络存储。下面介绍如下。

1）文件存储：把要存储的文件（如音乐、图片等）以 I/O 流的形式存储在手机内存或者 SD 卡中。

2）SharedPreferences 存储：它和 XML 文件存储的类型相似，都以键值对的形式存储数据，常用这种方式存储用户登录时的用户名和密码等信息。

3）SQLite 数据库存储：SQLite 是一个轻量级、跨平台的数据库，通常用于存储用户的信息等。

4）ContentProvider 存储：ContentProvider（内容提供者）是 Android 中的四大组件之一。主要用于对外共享数据，即通过 ContentProvider 把应用中的数据共享给其他应用访问，其他应用可以通过 ContentProvider 对指定应用中的数据进行操作。

5）网络存储：把数据存储到服务器中，需要时从网络获取服务器中的数据，这需要服务器程序来进行读取操作，然后返回给手机客户端。

## 5.2　文件存储

文件存储是 Android 中最基本的一种数据存储方式，它不对存储的内容进行任何的格式化处理，所有的数据都原封不动地保存在文件中，所以它比较适合存储一些简单的文本数据或二进制数据。

如果想使用文本存储的方式来保存一些较为复杂的文本数据，就需要定义一套自己的格式规范，这样可以方便以后将数据从文件中重新解析出来。

Android 中的文件存储与 Java 中的文件存储类似，都是以 I/O 流的形式把数据存储到文件中的。而不同点在于，Android 中的文件存储分为外部存储和内部存储两种。

### 5.2.1　外部存储

外部存储就是指把文件存储到一些外部设备上，如 SD 卡、设备内的存储卡等，属于永久性存储方式。使用这种类型存储的文件可以共享给其他的应用程序使用，也可以被删除、修改、查看等，不是一种安全的存储方式。考虑到受限于手机内置的存储空间，应用程序中的大文件数据一般是在 SD 卡上完成读写操作的。在 SD 卡上读写文件的步骤如下：

1）调用 Environment 的 getExternalStorageState() 方法判断手机是否插入 SD 卡，以及该应用程序是否具有读写 SD 卡的权限。很多时候使用如下代码进行判断：

Environment.getExternalStorageState().equals(Environment.MEDIA_MOUNTED);

2）调用 Environment 的 getExternalStorageDirectory() 方法获取 SD 卡的文件目录。

3）使用 FileInputStream、FileOutputStream、FileReader 或 FileWriter 读写 SD 卡里的文件。

需要注意的是，读写 SD 卡上的数据时必须在程序的清单文件 AndroidManifest.xml 中添加读写 SD 卡的权限，具体代码如下：

&lt;!-- 向 SD 卡写入数据权限 --&gt;

```
<uses-permission
android:name = "android.permission.WRITE_EXTERNAL_STORAGE"/>
```

**【示例 5.1】**读写外部文件。程序运行后，效果如图 5-1 所示。

图 5-1　外部文件的读写效果

单击"外部存储"按钮，进入读写内容界面，输入内容后单击"保存"按钮，数据存储到外部文件中，位置为 /storage/emulated/0/testfile.txt，如图 5-2 所示。选择 View → Tools Windows → Device File Explorer 命令，可打开文件浏览器。

图 5-2　文件所在位置

1）布局文件的代码如下：

```
<?xml version = "1.0" encoding = "utf-8"?>
<RelativeLayout xmlns:android = "http://schemas.android.com/apk/res/android"
```

```xml
        xmlns:app = "http://schemas.android.com/apk/res-auto"
        xmlns:tools = "http://schemas.android.com/tools"
        android:layout_width = "match_parent"
        android:layout_height = "match_parent"
        tools:context = ".StorageActivity">

        <EditText
            android:gravity = "top"
            android:id = "@+id/etCnt"
            android:layout_width = "match_parent"
            android:layout_height = "300dp"
            android:lines = "8"
            android:lineHeight = "20dp"
            android:textSize = "18sp"/>

        <LinearLayout
            android:id = "@+id/ll_btn"
            android:layout_below = "@id/etCnt"
            android:orientation = "horizontal"
            android:layout_width = "match_parent"
            android:layout_height = "wrap_content">
            <Button
                android:id = "@+id/btnSave"
                android:layout_width = "wrap_content"
                android:layout_height = "wrap_content"
                android:text = " 保存 "
                android:layout_weight = "1"
                android:textSize = "18sp"
                android:onClick = "operate"/>

            <Button
                android:id = "@+id/btnLoad"
                android:layout_width = "wrap_content"
                android:layout_height = "wrap_content"
                android:text = " 读取 "
                android:textSize = "18sp"
                android:layout_weight = "1"
                android:onClick = "operate"/>
        </LinearLayout>
        <TextView
            android:gravity = "top"
            android:layout_below = "@id/ll_btn"
            android:id = "@+id/txtShowCnt"
            android:layout_width = "match_parent"
            android:layout_height = "300dp"
            android:textSize = "16sp"/>

    </RelativeLayout>
```

2）实现文件读写操作的代码如下：

```java
public class StorageActivity extends AppCompatActivity {

    private static final String TAG = "StorageActivity";
    Button btnSave;
    Button btnLoad;
    EditText etCnt;
    TextView tvCnt;
    @Override
    protected void onCreate(Bundle savedInstanceState) {
        super.onCreate(savedInstanceState);
        setContentView(R.layout.activity_storage);

        btnLoad = findViewById(R.id.btnLoad);
        btnSave = findViewById(R.id.btnSave);
        etCnt = findViewById(R.id.etCnt);
        etCnt.setText("");
        tvCnt = findViewById(R.id.txtShowCnt);

        int permisson = ContextCompat.checkSelfPermission(this, Manifest.permission.WRITE_
        EXTERNAL_STORAGE);
        if(permisson! = PackageManager.PERMISSION_GRANTED) {
            ActivityCompat.requestPermissions(this, new String[]{Manifest.permission.WRITE_
            EXTERNAL_STORAGE}, 1);
        }
    }


    @Override
    public void onRequestPermissionsResult(int requestCode, @NonNull String[] permissions, @NonNull
    int[] grantResults) {
        super.onRequestPermissionsResult(requestCode, permissions, grantResults);
        if (1 == requestCode){
        }
    }

    public void operate(View view) {
        // String path = Environment
        String environment = Environment.getExternalStorageState();
        switch (view.getId()){
            case R.id.btnSave:
                if(Environment.MEDIA_MOUNTED.equals(environment)) {
                    // 外部设备可以进行读写操作
                    File sd_path = Environment.getExternalStorageDirectory();
                    //if (!sd_path.exists())  {return;}
                    File file = new File(sd_path, "testfile.txt");
                    Log.d(TAG, "operate: "+file.getAbsolutePath());
                    String str = etCnt.getText().toString();
```

```
                FileOutputStream fos;
                try{
                    // 写入数据
                    fos = new FileOutputStream(file);
                    OutputStreamWriter osw = new OutputStreamWriter(fos);
                    osw.write(str);
                    osw.flush();
                    osw.close();
                    fos.close();
                }
                catch(Exception exception){
                    exception.printStackTrace();
                }
            }
            Toast.makeText(this, " 保存成功 !", Toast.LENGTH_LONG).show();
            break;
        case R.id.btnLoad:
            if(Environment.MEDIA_MOUNTED.equals(environment)) {
                // 外部设备可以进行读写操作
                File sd_path = Environment.getExternalStorageDirectory();
                //if (!sd_path.exists()) {return; }
                File file = new File(sd_path, "testfile.txt");
                FileInputStream fis;
                try{
                    // 读取文件
                    fis = new FileInputStream(file);
                    InputStreamReader isr = new InputStreamReader(fis, "UTF-8");
                    char[] input = new char[fis.available()];
                    isr.read(input);
                    String cnt = new String(input);
                    Log.d(TAG, "operate: "+cnt);
                    tvCnt.setText(cnt);
                    isr.close();
                    fis.close();
                }
                catch(Exception exception){
                    exception.printStackTrace();
                }
            }
            Toast.makeText(this, " 读取成功!   ", Toast.LENGTH_LONG).show();

            break;
        }
    }
}
```

Android 6.0（API 23）之前应用的权限在安装时全部授予，运行时不需要询问用户。在 Android 6.0 或更高的版本中进行了分类，需要动态授予权限，代码如下：

```
int permisson = ContextCompat.checkSelfPermission(this, Manifest.permission.WRITE_EXTERNAL_
STORAGE);
if(permisson! = PackageManager.PERMISSION_GRANTED) {
    ActivityCompat.requestPermissions(this, new String[]{Manifest.permission.WRITE_EXTERNAL_
    STORAGE}, 1);
}
```

### 5.2.2　内部存储

内部存储是指将应用程序的数据以文件的形式存储在应用程序的目录下（data/data/<packagename/files/ 目录下 >），这个文件属于该应用程序私有，如果其他应用程序想要操作本应用程序的文件，就需要设置权限。内部存储的文件随着应用程序的卸载而删除，随着应用程序的生成而创建。

获取内部存储的目录方法：

Context.getFileDir() 用于获取 /data/data/ 包名 /files。

Context.getCacheDir() 用于获取 /data/data/ 包名 /cache。

内部存储方式使用的是 Context 提供的 openFileOutput() 方法和 openFileInput() 方法，通过这两个方法获取 FileOutputStream 对象和 FileInputStream 对象。方法签名如下：

```
FileOutputStream openFileOutput(String name, int mode);
FileInputStream openFileInput(String name);
```

方法说明：

openFileOutput() 方法用于打开输出流，将数据存储到文件中。

openFileInput() 方法用于打开输入流以读取文件。

参数 name 代表文件名，mode 表示文件的操作权限，它有以下几种取值。

● MODE_PRIVATE：默认的操作权限，只能被当前应用程序所读写。

● MODE_APPEND：可以添加文件的内容。

● MODE_WORLD_READABLE：可以被其他程序所读取，安全性较低。

● MODE_WORLD_WRITEABLE：可以被其他的程序所写入，安全性低。

提示：MODE_WORLD_READABLE 和 MODE_WORLD_WRITEABLE 这两种模式表示允许其他的应用程序对程序中的文件进行读写操作。由于这两种模式过于危险，容易引起应用的安全性漏洞，因此已经在 Android 4.2 版本中被废弃。

【示例 5.2】读写内部文件，实现图 5-3 所示的效果。

进入读写内容界面，输入内容，单击"保存"按钮，数据存储成功后，在设备文件浏览器中（Device File Explorer）中显示，位置如图 5-4 所示。

图 5-3　读写内部文件的效果

图 5-4　内部文件位置

读写文件的代码如下：

```
package com.qcxy.chapter5;
import androidx.appcompat.app.AppCompatActivity;
import android.os.Bundle;
import android.view.View;
import android.widget.Button;
import android.widget.EditText;
import android.widget.TextView;
import java.io.File;
import java.io.FileInputStream;
import java.io.FileNotFoundException;
import java.io.FileOutputStream;
public class Storage2Activity extends AppCompatActivity {
    private static final String TAG = "Storage2Activity";
    Button btnSave;
    Button btnLoad;
    EditText etCnt;
    TextView tvCnt;
    @Override
    protected void onCreate(Bundle savedInstanceState) {
        super.onCreate(savedInstanceState);
        setContentView(R.layout.activity_storage);
        btnLoad = findViewById(R.id.btnLoad);
        btnSave = findViewById(R.id.btnSave);
        etCnt = findViewById(R.id.etCnt);
        etCnt.setText("");
        tvCnt = findViewById(R.id.txtShowCnt);
    }
    public void operate(View view) {
        File file = new File(getFilesDir(), "myfile.txt");
        switch (view.getId()) {
            case R.id.btnSave:
                try {
                    if(!file.exists()){
```

```
                        file.createNewFile();
                    }
                    FileOutputStream fos = new FileOutputStream(file);
                    fos.write(etCnt.getText().toString().getBytes());
                    fos.close();
                }catch (Exception ex){
                    ex.printStackTrace();
                }
                break;
            case R.id.btnLoad:
                try {
                    FileInputStream fis = new FileInputStream(file);
                    byte[] b = new byte[1024];
                    int len = fis.read(b);
                    String cnt = new String(b, 0, len);
                    tvCnt.setText(cnt);
                }catch (Exception ex){
                    ex.printStackTrace();
                }
                break;
        }
    }
}
```

### 5.2.3　XML 文件操作

XML 即可扩展标记语言（eXtensible Markup Language），标记是指计算机所能理解的信息符号。通过此类标记，计算机之间可以处理包含各种信息的文件。XML 易于在任何应用程序中读写数据，这使其很快成为数据交换的唯一公共语言。除此之外，在程序开发中，通常使用 XML 做各种框架的配置文件。Android 中的布局文件与配置文件都使用 XML 文件来描述。下面是一个简单的 XML 文件：

```
<?xml version = "1.0" encoding = "utf-8"?>
<note>
    <to>Jack</to>
    <from>Tom</from>
    <heading>Hello</heading>
    <body>Hello Jack!</body>
</note>
```

XML 文件主要的组成部分如下：

1）文档声明。在编写 XML 文档时，需要首先使用文档声明，声明 XML 文档的类型，如 <?xml version="1.0" encoding="utf-8" standalone="no" ?>。

其中，version 表示版本。encoding 属性说明文档的字符编码，常见的字符编码有 gbk、gb2312、utf-8，人们大多使用 utf-8，全世界通用，不会出现乱码的现象。用 standalone 属性说明文档是否独立。standalone 有两个属性，即 yes 和 no。如果是 yes，则表示这个 XML 文档是独立的，不能引用外部的 DTD 规范文件；如果是 no，则该 XML 文档不是独立的，表示可以用外部的 DTD 规范文档。

2）标签元素。XML 元素指的是 XML 文件中出现的标签，一个标签分为开始标签和结束标签，一个标签中也可以嵌套其他的若干个子标签。

【注意】元素的命名规范。

① 区分大小写，例如，<P> 和 <p> 是不一样的。

② 不能以数字或下画线 "_" 开头。

③ 不能以 xml（或 XML、Xml）开头。

④ 不能包含空格。

⑤ 名称中间不能包含冒号 ":"。

在 Android 的开发中，XML 是非常常用的一种封装数据的形式，从服务器中获取数据经常采用 XML 格式，掌握如何生成 XML 文件和对 XML 文件进行解析是非常重要的。

### 1. XML 序列化

XML 序列化就是将对象类型的数据保存在 XML 文件中。

要将数据序列化，首先要创建与该 XML 相对应的 XML 文件生成器，然后将要存入对象类型的数据转换为 XML 文件。

XmlSerializer 是针对 XML 进行序列化的类库，XML 文件序列化的基本方法如下：

1）创建一个 XML 文件的序列化器，返回一个 XML 的 Serializer 对象。

```
XmlSerializer serializer = Xml.newSerializer();
```

2）设置序列化器的输出路径和编码方式。

```
FileOutputStream = new FileOutputStream(new File(Environment.getExternalStorageDirectory(), " 文件名 .xml"));
serializer.setOutput(FileOutputStream, " 编码 ");
```

3）声明 XML 文件头（写入 XML 文件中的声明头）。

```
serializer.startDocument("XML 声明的编码 ", 文档是否独立 );
```

4）声明子结点。

```
serializer.startTag(nameSpace, String " 结点名 ");
```

5）声明结点属性。

```
serializer.attribute( 命名空间 , 属性名 , 属性值 );
```

6）声明结点中的 TextNode。

```
serializer.txt( 文本值 );
```

7）设置结点尾标签。

```
serializer.endTag( 命名空间 , " 结点名 ");
```

8）写 XML 文件尾表示 XML 文件结束。

```
serializer.endDocument();
```

9）关闭资源。

FileOutputStream.close();

首先通过 XmlSerializer 对象设置 XML 文件的编码格式，然后向文件写入 XML 文件的开始标志 "<?xml version="1.0" encoding="utf-8"?>" 代码，最后通过设置开始结点、开始标签、添加的内容、结束标签、结束结点完成 XML 文件的生成。

## 2. XML 文件解析方式

在使用 XML 文档中的数据时，首先需要解析 XML 文档。通常解析 XML 文档有 3 种方式，分别是 DOM 解析、SAX 解析、PULL 解析。接下来将详细地介绍这 3 种方式。

1）DOM 解析。DOM 是 Document Object Model（文档对象模型）的简称。在应用程序中，基于 DOM 的 XML 分析器将一个 XML 文档转换成一个对象模型的集合（通常称 DOM 树），应用程序通过对这个对象模型操作来实现对 XML 文档数据的操作。

通过 DOM 接口，应用程序可以在任何时候访问 XML 文档中的任何一部分数据，因此，这种利用 DOM 接口的机制也被称作随机访问机制。

由于 DOM 分析器把整个 XML 文档转换成 DOM 树放在了内存中，因此，当文档比较大或结构比较复杂时，对内存的需求就比较高。所以较小的 XML 文档可以采用这种方式解析，但较大的文档不建议采用这种方式来解析。

2）SAX 解析。SAX 是以事件驱动型的 XML 解析方式操作 XML 文件。这种方式顺序读取 XML 文件，不需要一次全部装载整个文件。当遇到文档开头、文档结束或者标签开头与标签结束时，会触发一个事件，用户通过在其回调事件中写入处理代码来处理 XML 文件，适合对 XML 的顺序访问，且是只读的。由于移动设备的内存资源有限，因此 SAX 的顺序读取方式更适合移动开发。

3）PULL 解析。PULL 是 Android 内置的 XML 解析器。PULL 解析器的运行方式与 SAX 解析器相似，它提供了类似的事件，如开始元素和结束元素事件，使用 parser.next() 可以进入下一个元素并触发相应事件。事件将作为数值代码被发送，因此可以使用一个 switch 对感兴趣的事件进行处理。当元素开始解析时，调用 parser.nextText() 方法可以获取下一个 Text 类型结点的值。

## 3. XML 文件解析应用

使用 PULL 解析 XML 文档，首先要创建 XmlPullParser 解析器，通过该解析器提供的属性可以解析出 XML 文档中各个结点的内容。常用属性如下。

XmlPullParser.START_DOCUMENT：XML 文档的开始，如 <?xml version="1.0" encoding="utf-8"?>。

XmlPullParser.END_DOCUMENT：XML 文档的结束。

XmlPullParser.START_TAG：XML 文档开始结点，如 <..> 这种类型的。

XmlPullParser.END_TAG：XML 文档的结束结点，如 <../> 这种类型的。

PULL 解析器的具体使用步骤如下：

1）调用 Xml.newPullParser() 得到一个 XmlPullParser 对象。

2）通过 parser.getEventType() 获取当前的事件类型。

3）通过 while 循环判断当前的事件类型是否为文档结束。

4）通过 while 循环中使用的 switch 判断是否为开始标签，如果是就获得标签的内容。

【示例 5.3】将学生信息保存到 XML 文件中，并读取 XML 文件中的数据，如图 5-5 所示。

运行程序后进入保存学生信息的界面，输入学生的姓名和电话，单击"保存"按钮保存到 XML 文件中，位置如图 5-6 所示。

图 5-5　读取 XML 文件中的数据　　　　图 5-6　XML 文件的位置

单击"读取"按钮后，数据加载到下方的文本框中。

1）布局文件的代码如下：

```
<?xml version = "1.0" encoding = "utf-8"?>
<RelativeLayout xmlns:android = "http://schemas.android.com/apk/res/android"
    xmlns:app = "http://schemas.android.com/apk/res-auto"
    xmlns:tools = "http://schemas.android.com/tools"
    android:layout_width = "match_parent"
    android:layout_height = "match_parent"
    tools:context = ".XMLStorageActivity">


    <EditText
        android:gravity = "top"
        android:id = "@+id/etName"
        android:layout_width = "match_parent"
        android:layout_height = "wrap_content"
        android:lineHeight = "20dp"
        android:hint = " 输入姓名 "
        android:textSize = "18sp"/>
    <EditText
        android:gravity = "top"
        android:id = "@+id/etPhone"
        android:layout_below = "@id/etName"
        android:layout_width = "match_parent"
```

```
            android:layout_height = "wrap_content"
            android:lineHeight = "20dp"
            android:hint = " 输入电话 "
            android:textSize = "18sp"/>

    <LinearLayout
        android:id = "@+id/ll_btn"
        android:layout_below = "@id/etPhone"
        android:orientation = "horizontal"
        android:layout_width = "match_parent"
        android:layout_height = "wrap_content">
        <Button
            android:id = "@+id/btnSave"
            android:layout_width = "wrap_content"
            android:layout_height = "wrap_content"
            android:text = " 保存 "
            android:layout_weight = "1"
            android:textSize = "18sp"
            android:onClick = "operate"/>

        <Button
            android:id = "@+id/btnLoad"
            android:layout_width = "wrap_content"
            android:layout_height = "wrap_content"
            android:text = " 读取 "
            android:textSize = "18sp"
            android:layout_weight = "1"
            android:onClick = "operate"/>
    </LinearLayout>

    <TextView
        android:gravity = "top"
        android:layout_below = "@id/ll_btn"
        android:id = "@+id/txtShowCnt"
        android:layout_width = "match_parent"
        android:layout_height = "300dp"
        android:textSize = "16sp"/>

</RelativeLayout>
```

2）读取 XML 文件的代码如下：

```
package com.qcxy.chapter5;
import androidx.appcompat.app.AppCompatActivity;
import android.os.Bundle;
import android.os.Environment;
import android.util.Log;
import android.util.Xml;
import android.view.View;
```

```java
import android.widget.Button;
import android.widget.EditText;
import android.widget.TextView;
import android.widget.Toast;
import com.qcxy.chapter5.entity.Student;
import org.xmlpull.v1.XmlPullParser;
import org.xmlpull.v1.XmlSerializer;
import java.io.File;
import java.io.FileInputStream;
import java.io.FileOutputStream;
import java.io.InputStream;
import java.util.ArrayList;
import java.util.List;
public class XMLStorageActivity extends AppCompatActivity {
    private static final String TAG = "XMLStorageActivity";
    Button btnSave;
    Button btnLoad;
    EditText etName;
    EditText etPhone;
    TextView tvCnt;
    // 初始化控件
    private void inital(){
        btnSave = findViewById(R.id.btnSave);
        btnLoad = findViewById(R.id.btnLoad);
        etName = findViewById(R.id.etName);
        etPhone = findViewById(R.id.etPhone);
        tvCnt = findViewById(R.id.txtShowCnt);
        tvCnt.setText("");
    }
    @Override
    protected void onCreate(Bundle savedInstanceState) {
        super.onCreate(savedInstanceState);
        setContentView(R.layout.activity_xmlstorage);
        inital();// 初始化控件
    }
    // 将学生信息保存到 XML 文件中
    private void savetoXml(Student student) throws Exception{
        //XML 文件生成器
        XmlSerializer serializer = Xml.newSerializer();
        File file =
                new File(Environment.getExternalStorageDirectory(),
                        "stu_info.xml");
        FileOutputStream fi_out = new FileOutputStream(file);
        serializer.setOutput(fi_out, "UTF-8");
        serializer.startDocument("UTF-8", true);
        serializer.startTag(null, "students");
        serializer.startTag(null, "student");
        // 将 Person 对象的用户名属性写入
```

```
            serializer.startTag(null, "name");
            serializer.text(student.getUsername());
            serializer.endTag(null, "name");
            // 将 Person 对象的密码写入
            serializer.startTag(null, "phone");
            serializer.text(student.getPhone());
            serializer.endTag(null, "phone");
            // 结束标签
            serializer.endTag(null, "student");
            serializer.endTag(null, "students");
            serializer.endDocument();
            serializer.flush();
            fi_out.close();
}
// 加载 XML 文件中的内容
private List<Student> loadFromXml(File file) {
        List<Student> students = null;
        Student student = null;
        XmlPullParser pullParser = Xml.newPullParser();
        try {
            FileInputStream fis = new FileInputStream(file);
            // 为 PULL 解析器设置要解析的 XML 数据
            pullParser.setInput(fis, "UTF-8");
            int event = pullParser.getEventType();
            while(event! = XmlPullParser.END_DOCUMENT){
                switch (event) {
                    case XmlPullParser.START_DOCUMENT:
                        students = new ArrayList<Student>();
                        break;
                    case XmlPullParser.START_TAG:
                        if("name".equals(pullParser.getName())){
                            String name = pullParser.nextText();
                            student = new Student();
                            student.setUsername(name);
                        }
                        if("phone".equals(pullParser.getName())){
                            String phone = pullParser.nextText();
                            student.setPhone(phone);
                        }
                        break;
                    case XmlPullParser.END_TAG:
                        if("student".equals(pullParser.getName())){
                            students.add(student);
                            student = null;    }
                        break;
                }
                event = pullParser.next();
            }
```

```
        }catch(Exception ex){
                ex.printStackTrace();
        }
        return students;
    }
    // 单击事件的操作
    public void operate(View view) {
        switch (view.getId()){
            case R.id.btnSave:
                String name = etName.getText().toString();
                String phone = etPhone.getText().toString();
                Student student = new Student(name, phone);
                try {
                    savetoXml(student);
                } catch (Exception e) {
                    e.printStackTrace();
                }
                Toast.makeText(this, " 保存成功！ ", Toast.LENGTH_LONG).show();
                break;
            case R.id.btnLoad:
                File file =
                            new File(Environment.getExternalStorageDirectory(),
                                    "stu_info.xml");
                List<Student> students = loadFromXml(file);
                for(Student stu : students){
                    tvCnt.setText(tvCnt.getText().toString()+stu.toString());
                }
                Toast.makeText(this, " 加载成功！ ", Toast.LENGTH_LONG).show();
                break;
        }
    }
}
```

## 5.3 SharedPreferences 存储

SharedPreferences 是一个轻量级的存储类，特别适合用于保存软件配置参数。保存一个相对较小的键值对集合，则应使用 SharedPreferences API。SharedPreferences 对象指向包含键值对的文件，并提供读写这些键值对的简单方法。每个 SharedPreferences 文件都由框架管理，可以是私有文件，也可以是共享文件。

SharedPreferences 使用 XML 文件存放数据，文件存放在 /data/data/<package name>/shared_prefs 目录下。

SharedPreferences 还支持多种不同的数据类型存储。如果存储的数据类型是整型，那么读取出来的数据也是整型；如果存储的是一个字符串，那么读取出来的数据仍然是字符串。

### 5.3.1 SharedPreferences 存储数据

要想使用 SharedPreferences 来存储数据，首先要获取到 SharedPreferences 对象，

Android 中主要提供了 3 种方法用于得到 SharedPreferences 对象。

### 1. Context 类的 getSharedPreferences() 方法

此方法接收两个参数。第一个参数用于指定 SharedPreferences 文件的名称，如果指定的文件不存在则创建该文件，SharedPreferences 文件存放在 /data/data/<package name>/shared_prefs/ 目录下；第二个参数用于指定操作模式，目前只有 MODE_PRIVATE 一种模式可选，它是默认的操作模式，与直接传入 0 的效果相同，表示只有当前的应用程序可以对这个 SharedPreferences 文件进行读写。其他几种操作模式均已被废弃，MODE_WORLD_READABLE 和 MODE_WORLD_WRITEABLE 两 种 模 式 在 Android 4.2 版 本 中 被 废 弃，MODE_MULTIPROCESS 模式在 Android 6.0 版本中被废弃。

### 2. Activity 类的 getPreferences() 方法

该方法和 Context 类的 getSharedPreferences() 方法相似，不过它只接收操作模式这一个参数，因为使用这个方法时会自动将当前 Activity 的类名作为 SharedPreferences 的文件名。

### 3. PreferenceManager 类的 getDefaultSharedPreferences() 方法

这是一个静态方法，它接收一个 Context 参数，并自动使用当前应用程序的包名作为前缀来命名 SharedPreferences 文件。

得到 SharedPreferences 对象后，可以向 SharedPreferences 文件中存储数据，实现步骤如下：

1）调用 SharedPreferences 对象的 edit() 方法获取一个 SharedPreferences.Editor 对象。

2）向 SharedPreferences.Editor 对象中添加数据。例如，添加一个布尔类型的数据使用 putBoolean() 方法，添加一个字符串则使用 putString() 方法，以此类推。

3）调用 Editor 对象的 commit() 方法将添加的数据提交，从而完成数据存储操作。

## 5.3.2　SharedPreferences 读取数据

在 5.3.1 小节使用 SharedPreferences 对象对数据进行了存储操作，本小节主要实现数据读取。使用 SharedPreferences 读取数据时，代码写起来相对较少，只需要创建 SharedPreferences 对象，然后使用该对象从对应的 key 取值即可，例如以下代码：

```
SharedPreferences sharedPreferences = context.getSharedPreferences();   // 获取实例对象
String name = sharedPreferences.getString("name");                      // 获取名字
String history = sharedPreferences.getString("address ");               // 获取地址
```

SharedPreferences 对象中提供了一系列的 get 方法，用于对存储的数据进行读取，每种 get 方法都对应了 SharedPreferences.Editor 中的一种 put 方法。例如，读取一个布尔型数据使用 getBoolean() 方法，读取一个字符串使用 getString() 方法。这些 get 方法都接收两个参数：第一个参数是键，传入存储数据时使用的键就可以获取相应的值；第二个参数是默认值，表示当传入的键找不到对应的值时返回的默认值。

使用 SharedPreferences 删除数据时，首先需要获取到 Editor 对象，然后调用该对象的 remove() 方法或者 clear() 方法删除数据，最后提交。代码如下：

```
SharedPreferences sharedPreferences = context.getSharedPreferences();   // 获取实例对象
Editor editor = sharedPreferences.edit();                               // 获取编辑器
```

```
editor.remove("name");                                      // 删除一条数据
editor.clear();                                             // 删除所有数据
editor.commit();                                            // 提交修改
```

【示例 5.4】使用 SharedPreferences 存储实现记住密码功能，效果如图 5-7 所示。

图 5-7　使用 SharedPreferences 记住登录密码的效果

进入 App 主界面，单击"登录界面"按钮进入登录界面，输入账号和密码，选中"记住密码"复选框，单击"登录"按钮登录系统，账号和密码保存到文件中，文件位置如图 5-8 所示。

图 5-8　SharedPreferences 文件的位置

登录后回到 App 主界面，再单击"登录界面"按钮进入登录界面，此时账号和密码被读取，显示在界面上。

1）MainActivity 布局文件的代码如下：

```xml
<?xml version = "1.0" encoding = "utf-8"?>
<LinearLayout xmlns:android = "http://schemas.android.com/apk/res/android"
    xmlns:app = "http://schemas.android.com/apk/res-auto"
    xmlns:tools = "http://schemas.android.com/tools"
    android:layout_width = "match_parent"
    android:layout_height = "match_parent"
    android:orientation = "vertical"
```

```
        tools:context = ".MainActivity">
        <Button
            android:id = "@+id/btnExter"
            android:layout_width = "match_parent"
            android:layout_height = "wrap_content"
            android:textSize = "20sp"
            android:text = " 外部存储 "/>
        <Button
            android:id = "@+id/btnInter"
            android:layout_width = "match_parent"
            android:layout_height = "wrap_content"
            android:textSize = "20sp"
            android:text = " 内部存储 "/>
        <Button
            android:id = "@+id/btnXml"
            android:layout_width = "match_parent"
            android:layout_height = "wrap_content"
            android:textSize = "20sp"
            android:text = "XML 存储 "/>
        <Button
            android:id = "@+id/btnLogin"
            android:layout_width = "match_parent"
            android:layout_height = "wrap_content"
            android:textSize = "20sp"
            android:text = " 登录界面 "/>
</LinearLayout>
```

2）MainActivity 的代码如下：

```
    package com.qcxy.chapter5;
import androidx.appcompat.app.AppCompatActivity;
import android.content.Intent;
import android.os.Bundle;
import android.view.View;
import android.widget.Button;
public class MainActivity extends AppCompatActivity implements View.OnClickListener {
    Button btnStorage1;
    Button btnStorage2;
    Button btnXml;
    Button btnLogin;
    @Override
    protected void onCreate(Bundle savedInstanceState) {
        super.onCreate(savedInstanceState);
        setContentView(R.layout.activity_main);
        btnStorage1 = findViewById(R.id.btnExter);
        btnStorage1.setOnClickListener(this);
        btnStorage2 = findViewById(R.id.btnInter);
        btnStorage2.setOnClickListener(this);
        btnXml = findViewById(R.id.btnXml);
```

```
            btnXml.setOnClickListener(this);
            btnLogin = findViewById(R.id.btnLogin);
            btnLogin.setOnClickListener(this);
        }
        @Override
        public void onClick(View v) {
            switch (v.getId()){
                case R.id.btnExter:
                    Intent intent = new Intent(this, StorageActivity.class);
                    startActivity(intent);
                    break;
                case R.id.btnInter:
                    Intent intent2 = new Intent(this, Storage2Activity.class);
                    startActivity(intent2);
                    break;
                case R.id.btnXml:
                    Intent intent3 = new Intent(this, XMLStorageActivity.class);
                    startActivity(intent3);
                    break;
                case R.id.btnLogin:
                    Intent intent4 = new Intent(this, LoginActivity.class);
                    startActivity(intent4);
                    break;
            }
        }
    }
```

3）登录界面的布局文件代码如下：

```
    <?xml version = "1.0" encoding = "utf-8"?>
<LinearLayout xmlns:android = "http://schemas.android.com/apk/res/android"
    xmlns:app = "http://schemas.android.com/apk/res-auto"
    xmlns:tools = "http://schemas.android.com/tools"
    android:layout_width = "match_parent"
    android:layout_height = "match_parent"
    android:orientation = "vertical"
    tools:context = ".LoginActivity">
    <LinearLayout
        android:layout_width = "match_parent"
        android:layout_height = "wrap_content">
        <TextView
            android:layout_width = "wrap_content"
            android:layout_height = "wrap_content"
            android:text = " 账号： "/>
        <EditText
            android:id = "@+id/account"
            android:layout_width = "match_parent"
            android:layout_height = "wrap_content" />
    </LinearLayout>
```

```xml
<LinearLayout
    android:layout_width = "match_parent"
    android:layout_height = "wrap_content">
    <TextView
        android:layout_width = "wrap_content"
        android:layout_height = "wrap_content"
        android:text = " 密码： "/>
    <EditText
        android:id = "@+id/password"
        android:inputType = "textPassword"
        android:layout_width = "match_parent"
        android:layout_height = "wrap_content" />
</LinearLayout>
<LinearLayout
    android:layout_width = "match_parent"
    android:layout_height = "wrap_content">
    <CheckBox
        android:id = "@+id/checkbox"
        android:layout_width = "wrap_content"
        android:layout_height = "wrap_content" />
    <TextView
        android:layout_width = "wrap_content"
        android:layout_height = "wrap_content"
        android:text = " 记住密码 "/>
</LinearLayout>
<Button
    android:id = "@+id/login"
    android:layout_width = "match_parent"
    android:layout_height = "wrap_content"
    android:text = " 登录 "/>
</LinearLayout>
```

4）SharedPreferences 存储文件的代码功能如下：

```java
package com.qcxy.chapter5;
import androidx.appcompat.app.AppCompatActivity;
import android.content.Intent;
import android.content.SharedPreferences;
import android.os.Bundle;
import android.preference.PreferenceManager;
import android.view.View;
import android.widget.Button;
import android.widget.CheckBox;
import android.widget.EditText;
import android.widget.Toast;
public class LoginActivity extends AppCompatActivity {
    private SharedPreferences preferences;
    private EditText account;
    private EditText password;
```

```java
    private CheckBox checkBox;
    private Button login;
    private void initview() {
        account = (EditText) findViewById(R.id.account);
        password = (EditText) findViewById(R.id.password);
        checkBox = (CheckBox) findViewById(R.id.checkbox);
        login = (Button) findViewById(R.id.login);
        login.setOnClickListener(new View.OnClickListener() {
            @Override
            public void onClick(View view) {
                String accountText = account.getText().toString();
                String passwordText = password.getText().toString();
                if(accountText.equals("admin") && passwordText.equals("123456")) {
                    if(checkBox.isChecked()) {
                        preferences.edit().putString("account", accountText).
                                putString("password", passwordText).
                                putBoolean("remember", true).commit();
                    } else {
                        preferences.edit().clear().commit();
                    }
                    Intent intent = new Intent(LoginActivity.this, MainActivity.class);
                    startActivity(intent);
                    finish();
                } else {
                    Toast.makeText(LoginActivity.this, " 用户名或密码错误 ",
                            Toast.LENGTH_SHORT).show();
                }
            }
        });
    }
    @Override
    protected void onCreate(Bundle savedInstanceState) {
        super.onCreate(savedInstanceState);
        setContentView(R.layout.activity_login);
        preferences = PreferenceManager.getDefaultSharedPreferences(this);
        initview();
        boolean checked = preferences.getBoolean("remember", false);
        if(checked) {
            account.setText(preferences.getString("account", ""));
            password.setText(preferences.getString("password", ""));
            checkBox.setChecked(true);
        }
    }
}
```

## 5.4　SQLite 数据库存储

SQLite 是一种轻量级、零配置、可嵌入的程序驱动型的二进制文件，同时也是一种关系型数据库。鉴于 SQLite 数据库的这些特点，现在流行的操作系统 Android 和 iOS 都选择使用 SQLite 作为数据存储的主要方式。

## 5.4.1　SQLiteDatabase 简介

Android 系统集成了一个轻量级的数据库——SQLite，该数据库只是一个嵌入式的数据库引擎，适合在资源有限的设备上进行适量数据的存取。SQLite 允许开发者使用 SQL 语句操作数据库中的数据，但是它并不需要安装，SQLite 数据库只是一个文件。

SQLiteDatabase 代表一个数据库（其实底层是一个数据库文件）。当应用程序获取指定数据库的 SQLiteDatabase 对象后，就可以通过 SQLiteDatabase 对象管理和操作数据库。SQLiteDatabase 提供了几个静态方法用于打开一个文件对应的数据库，如表 5-1 所示。

表 5-1　打开数据库的方法

| 方法 | 说明 |
| --- | --- |
| openDatabase(String path, SQLiteDatabase.CursorFactory factory, int flags) | 打开 path 文件代表的 SQLite 数据库 |
| openOrCreateDatabase(File file, SQLiteDatabase.CursorFactory factory) | 打开或创建 file 文件代表的 SQLite 数据库 |
| openOrCreateDatabase(String path, SQLiteDatabase.CursorFactory factory) | 打开或创建 path 文件代表的 SQLite 数据库 |

获取 SQLiteDatabase 对象后就可调用 SQLiteDatabase 的方法来操作数据库，如表 5-2 所示。

表 5-2　操作数据库的方法

| 方法 | 说明 |
| --- | --- |
| execSQL(String sql, Object[] bindArgs) | 执行带占位符的 SQL 语句 |
| execSQL(String sql) | 执行 SQL 语句 |
| insert(String table, String nullColumnHack, ContentValues values) | 向指定表中插入数据 |
| update(String table, ContentValues values, String whereClause, String[] whereArgs) | 更新指定表中的特定数据 |
| delete(String table, String whereClause, String[] whereArgs) | 删除指定表中的数据 |
| query(String table, String[] columns, String whereClause, String[] whereArgs, String groupBy, String having, String orderBy) | 对指定数据表执行查询 |
| query(String table, String[] columns, String whereClause, String[] whereArgs, String groupBy, String having, String orderBy, String limit) | 对指定的数据表执行查询，limit 参数控制最多查询几条记录 |
| query (boolean distinct, String table, String[] columns, String whereClause, String[] whereArgs, String groupBy, String having, String orderBy, String limit) | 对指定数据表执行查询，其中第一个参数控制是否去掉重复值 |
| rawQuery(String sql, String[] selectionArgs) | 执行带占位符的 SQL 查询 |
| beginTransaction() | 开始事物 |
| endTransaction() | 结束事物 |

表 5-2 中的 insert()、update()、delete()、query() 等方法完全可以通过执行 SQL 语句来完成，适用于对 SQL 语句不熟悉的开发者调用。

需要注意的是，表 5-2 中的 query() 方法返回了一个 Cursor 对象，Cursor 提供了表 5-3 所示的方法移动查询结果的记录指针。

表 5-3　Cursor 移动指针的方法

| 方法 | 说明 |
| --- | --- |
| move(int offset) | 将记录指针向上或向下移动指定的行数，offset 为正数就是向下移动，为负数就是向上移动 |
| moveToFirst() | 将记录指针移动到第一行，如果移动成功则返回 true |
| moveToLast() | 将记录指针移动到最后一行，如果移动成功则返回 true |
| moveToNext() | 将记录指针移动到下一行，如果移动成功则返回 true |
| moveToPosition(int position) | 将记录指针移动到指定行，如果移动成功则返回 true |
| moveToPrevious() | 将记录指针移动到上一行，如果移动成功则返回 true |

一旦将记录指针移动到指定行后，就可通过调用 Cursor 的 getXxx() 方法获取该行指定列的数据。

## 5.4.2　创建数据库和表

前面已经讲到，使用 SQLiteDatabase 的静态方法即可打开或创建数据库，例如如下代码：

```
String path = Environment.getExternalStorageDirectory() + "/stu.db";
SQLiteDatabase sqLiteDatabase = SQLiteDatabase.openOrCreateDatabase(path, null);
```

上面的代码就用于打开或创建一个 SQLite 数据库，如果 Environment.getExternalStorage Directory() 目录下的 stu.db 文件（该文件就是一个数据库）存在，那么程序就是打开该数据库；如果该文件不存在，则上面的代码将会在该目录下创建 stu.db 文件（即对应于数据库）。

上面的代码中没有指定 SQLiteDatabase.CursorFactory 参数，该参数是一个用于返回 Cursor 的工厂。如果指定该参数为 null，则意味着使用默认的工厂。

上面的代码返回一个 SQLiteDatabase 对象，该对象的 execSQL() 可执行任意的 SQL 语句。通过如下代码在程序中创建数据表：

```
// 定义建表语句
String sql = "create table tb_stuinfo (_id integer primary key autoincrement, " +"name varhcar(20), " +
"age integer)";
// 执行 SQL 语句
db.execSQL(sql);
```

在程序中执行上面的代码即可在数据库中创建一个数据表。

SQLiteDatabase 的 execSQL() 方法可执行任意 SQL 语句，包括带占位符的 SQL 语句。但由于该方法没有返回值，因此一般用于执行 DDL（Data Definition Language）语句或 DML（Data Manipulation Language）语句；如果需要执行查询语句，则可调用 SQLiteDatabase 的 rawQuery(String sql, String[] selectionArgs) 方法。

提示：使用 db.execSQL(sql) 创建表时不能重复创建，否则会出现异常。在开发中一般使用 SQLiteOpenHelper 来管理数据库。

SQLiteOpenHelper 是 SQLiteDatabse 的一个帮助类，用来管理数据的创建和版本更新。一般的用法是，定义一个类继承 SQLiteOpenHelper，并实现两个回调方法，即使用 OnCreate(SQLiteDatabase db) 和 onUpgrade(SQLiteDatabase, int oldVersion, int newVersion) 来创

建和更新数据库。

1）onCreate() 方法在初次生成数据库时才会被调用。在 onCreate() 方法里可以生成数据库表结构及添加一些应用使用到的初始化数据。

2）onUpgrade() 方法在数据库的版本发生变化时会被调用，一般在软件升级时才需改变版本号，而数据库的版本是由程序员控制的。

Android 系统在使用 SQLite 数据库时，一般使用 SQLiteOpenHelper 的子类创建 SQLite 数据库，因此需要创建一个类继承自 SQLiteOpenHelper，然后重写 onCreate() 方法。

使用 SQLiteOpenHelper 创建数据库的代码如下：

```
package com.qcxy.chapter5;
import android.content.Context;
import android.database.sqlite.SQLiteDatabase;
import android.database.sqlite.SQLiteOpenHelper;
import androidx.annotation.Nullable;
public class MyHelper extends SQLiteOpenHelper {
    public MyHelper(@Nullable Context context) {
        super(context, "studb.db", null, 1);
    }
    // 数据库第一次创建时调用该方法
    @Override
    public void onCreate(SQLiteDatabase db) {
        // 定义建表语句
        String sql = "create table tb_stuinfo (_id integer primary key autoincrement, " +
                "name varhcar(20), " +
                "age integer)";
        // 执行 SQL 语句
        db.execSQL(sql);
    }
// 数据库版本号更新时调用
    @Override
    public void onUpgrade(SQLiteDatabase db, int oldVersion, int newVersion) {
    }
}
```

在 Activity 的 onCreate() 方法中添加如下代码：

```
protected void onCreate(Bundle savedInstanceState) {
super.onCreate(savedInstanceState);
setContentView(R.layout.activity_create_database);
MyHelper myHelper = new MyHelper(this);
SQLiteDatabase sqLiteDatabase = myHelper.getWritableDatabase();
}
```

运行程序后，在 Device File Explorer 中找到了创建好的数据库文件，如图 5-9 所示。

SQLite 数据库可以通过 SQLite Expert Personal 软件来查看。它是一款可视化 SQLite 数据库管理工具，选择 studb.db 文件后存储到本地系统中，使用 SQLite Expert Personal 软件打开该文件，如图 5-10 所示。

图 5-9　创建的数据库文件

图 5-10　使用 SQLite Expert Personal 软件打开该文件

开发者可以通过 SQLite Expert Personal 软件来对数据库进行操作，将操作好的数据重新导入 Android 系统中，但是在开发中一般使用程序来操作 SQLite 数据库。

### 5.4.3　数据操作方法

考虑到可能有开发者对 SQL 语法不熟悉，SQLiteDatabase 提供了 insert()、update()、delete() 以及 query() 方法来操作数据库。

#### 1. 使用 insert() 方法插入记录

SQLiteDatabase 中的 insert() 方法包括 3 个参数，具体方法为 insert(String table, String nullColumnHack, ContentValues values)。其中，table 为插入数据的表名；nullColumnHack 是指强行插入 null 值的数据列的列名，当 values 参数为 null 时该参数有效；values 代表插入一行记录的数据。

insert() 方法中的第三个参数 values 的参数类型为 ContentValues，ContentValues 类似于 Map，提供了 put(String key, Xxx values) 方法用于存入数据，getAsXxx(String key) 方法用于取出数据。具体示例代码片段如下：

```
ContentValues values = new ContentValues();
values.put("name", "Jack");
values.put("address", "Wuhan");
long rowid = db.insert("stuinfo", null, values);
```

不管 values 参数是否包含数据，执行 insert() 方法总会添加一条记录，如果 values 为空，则会添加一条除主键之外其他字段值都为 null 的记录。

另外，还需要注意的是 insert() 方法的返回类型为 long。

### 2. 使用 update() 方法更新记录

SQLiteDatabase 中的 update() 方法包含 4 个参数，具体方法为 update(String table, ContentValues values, String whereClause, String[] whereArgs)。其中，table 为更新数据的表名，values 为要更新的数据，whereClause 是指更新数据的条件，whereArgs 为 whereClause 子句传入参数。update() 方法返回 int 型数据，表示修改数据的条数。

修改 person_inf 表中所有主键大于 15 的人的姓名和地址，示例代码如下：

```
ContentValues values = new ContentValues();
values.put("name", "Jack");
values.put("address", " 北京 ");
int results = db.update("stuinfo", values, "_id>?", new Integer[]{15});
```

通过上面的示例代码可更直观地看出，第四个参数 whereArgs 用于向第三个参数 whereClause 传入参数。

### 3. 使用 delete() 方法删除记录

SQLiteDatabase 中的 delete() 方法包含 3 个参数，具体方法为 delete(String table, String whereClause, String[] whereArgs)。其中，table 是要删除数据的表名，whereClause 是删除数据时要满足的条件，whereArgs 用于为 whereClause 传入参数。

删除 person_inf 表中所有姓名以“小”开头的记录，示例代码如下：

```
int result = db.delete("stuinfo", "name like ?",
new String[]{"J_"});
```

### 4. 使用 query() 方法查询记录

SQLiteDatabase 中 的 query() 方 法 包 含 9 个 参 数，具 体 方 法 为 query(boolean distinct, String table, String[] columns, String whereClause, String[] selectionArgs, String groupBy, String having, String orderBy, String limit)，参数说明如下。

- distinct：指定是否去除重复记录。
- table：执行查询数据的表名。
- columns：要查询出来的列名，相当于 select 语句 select 关键字后面的部分。
- whereClause：查询条件子句，相当于 select 语句中 where 关键字后面的部分，在条件子句中允许使用占位符“?”。
- selectionArgs：用于为 whereClause 子句中的占位符传入参数值，值在数组中的位置必须与占位符在语句中的位置一致，否则会出现异常。
- groupBy：用于控制分组，相当于 select 语句 group by 关键字后面的部分。
- having：用于对分组进行过滤，相当于 select 语句 having 关键字后面的部分。
- orderBy：用于对记录进行排序，相当于 select 语句 order by 关键字后面的部分。
- limit：用于进行分页。

该方法中的参数较多，使用时如果不清楚各个参数的意义，可根据 API 查询。下面通过示例代码片段展示 query() 方法的使用，查询 person_inf 表中人名以"小"开头的记录。

```
Cursor cursor = db.query("stuinfo", new String[]{"_id, name, age"},
"name like ?", new String[]{" 小 %"}, null, null, "_id desc", "5, 10");
cursor.close();
```

query() 方法返回的是 Cursor 类型对象。

（1）事务操作

事务是并发控制的基本单元，SQLiteDatabase 中包含如下两个方法来控制事务。

● beginTransaction()：开始事务。

● endTransaction()：结束事务。

SQLiteDatabase 还提供了如下方法判断当前上下文是否处于事务环境中。

● inTransaction()：如果当前上下文处于事务环境中则返回 true，否则返回 false。

● 当程序执行 endTransaction() 方法后有两种选择，一种是提交事务，另一种是回滚事务。具体选择哪一种取决于 SQLiteDatabase 是否调用了 setTransactionSuccessful() 方法设置事务标志，如果设置了该方法则提交事务，否则回滚事务。

示例代码如下：

```
db.beginTransaction();
try{
    // 执行 DML 语句
    ...
    // 调用该方法设置事务成功；否则 endTransaction() 方法将回滚事务
    db.setTransactionSuccessful();
}
finally{
    // 由事务的标志决定是提交事务还是回滚事务
    db.endTransaction();
}
```

（2）SQLiteOpenHelper 类

SQLiteOpenHelper 是 Android 提供的一个管理数据库的工具类，可用于管理数据库的创建和版本更新。

前面介绍了使用 SQLiteDatabase 中的方法打开数据库，但是在实际开发中最常用的是 SQLiteOpenHelper，通过继承 SQLiteOpenHelper 开发子类，并通过子类的 getReadableDatabase()、getWritableDatabase() 方法打开数据库。

SQLiteOpenHelper 类的常用方法如表 5-4 所示。

表 5-4　SQLiteOpenHelper 类的常用方法

| 方法 | 说明 |
| --- | --- |
| getReadableDatabase() | 以读的方式打开数据库对应的 SQLiteDatabase 对象 |
| getWritableDatabase() | 以写的方式打开数据库对应的 SQLiteDatabase 对象 |
| onCreate(SQLiteDatabase db) | 第一次创建数据库时回调该方法 |
| onUpgrade(SQLiteDatabase db, int oldVersion, int newVersion) | 当数据库版本更新时回调该方法 |
| close() | 关闭所有打开的 SQLiteDatabase 对象 |

【**示例** 5.5】在程序中初始化学生信息，然后显示在列表中，效果如图 5-11 所示。

1）添加布局文件，布局文件的代码如下：

```xml
<?xml version = "1.0" encoding = "utf-8"?>
<LinearLayout
    xmlns:android = "http://schemas.android.com/apk/res/
    android"
    xmlns:tools = "http://schemas.android.com/tools"
    android:layout_width = "match_parent"
    android:layout_height = "match_parent"
    android:orientation = "vertical"
    tools:context = "com.qcxy.android.MainActivity">
    <ListView
        android:id = "@+id/mylist"
        android:layout_width = "match_parent"
        android:layout_height = "wrap_content"/>
</LinearLayout>
```

图 5-11　学生信息列表效果

2）在 MyDatabaseHelper 类中初始化 Student 表中的数据，参考代码如下：

```java
public class MyDatabaseHelper extends SQLiteOpenHelper {
    …
    @Override
    public void onCreate(SQLiteDatabase sqLiteDatabase) {
        …
        initData(sqLiteDatabase);
    }
    // 初始化数据
    public void initData(SQLiteDatabase db) {
        ContentValues values = new ContentValues();
        values.put("name", " 张三 ");
        db.insert("Student", null, values);
        values.put("name", " 李四 ");
        db.insert("Student", null, values);
        values.put("name", " 王五 ");
        db.insert("Student", null, values);
        values.put("name", " 赵六 ");
        db.insert("Student", null, values);
    }
}
```

3）查询 Student 表中的数据，并显示在 ListView 上，参考代码如下：

```java
protected void onCreate(Bundle savedInstanceState) {
    …
    // 查询 Book 表中所有的数据
    List<String> students = new ArrayList< >();
    Cursor cursor = db.query("Student", null, null, null, null, null, null);
```

```
if(cursor.moveToFirst()) {
    do {
        // 遍历 Cursor 对象,取出数据并打印
        String name = cursor.getString(cursor.getColumnIndexOrThrow("name"));
        students.add(name);
    } while (cursor.moveToNext());
}
cursor.close();
ArrayAdapter<String> adapter = new ArrayAdapter<String>(
    this, android.R.layout.simple_list_item_1, students);
ListView listview = (ListView) findViewById(R.id.mylist);
listview.setAdapter(adapter);
}
```

# 5.5 使用 Room 操作数据库

Room 在 SQLite 上提供了一个抽象层,以便在充分利用 SQLite 强大功能的同时能够流畅地访问数据库。

在应用中处理大量结构化数据时,可通过本地存储进行优化。最常见的用例是缓存相关数据。这样,当设备无法访问网络时,用户仍可在离线状态下浏览相应内容。设备重新连接到网络后,用户发起的所有内容更改都会同步到服务器。Room 能够很方便地为程序处理这些问题,因此强烈建议使用 Room 来操作数据存储。

使用 Room 需要在应用中添加 Room 的依赖,在应用的 build.gradle 文件中声明,代码如下:

```
depcndeucies {
    def room_version = "2.2.3"
    implementation "androidx.room:room-runtime:$room_version"
    annotationProcessor "androidx.room:room-compiler:$room_version"
    testImplementation "androidx.room:room-testing:$room_version"
}
```

Room 包含以下 3 个主要组件。

1)数据库:包含数据库持有者,并作为应用已保留的持久关系型数据的底层连接的主要接入点。使用 @Database 注释的类应满足以下条件:

● 是扩展 RoomDatabase 的抽象类。

● 在注释中添加与数据库关联的实体列表。

● 包含具有 0 个参数且返回使用 @Dao 注释的类的抽象方法。

● 在运行时,可以通过调用 Room.databaseBuilder() 或 Room.inMemoryDatabaseBuilder() 获取 Database 的实例。

2)Entity:表示数据库中的表。参考代码如下:

```
@Entity
public class User {
    @PrimaryKey
    public int uid;
```

```
    @ColumnInfo(name = "first_name")
    public String firstName;
    @ColumnInfo(name = "last_name")
    public String lastName;
}
```

3）DAO：包含用于访问数据库的方法。参考代码如下：

```
@Dao
public interface UserDao {
    @Query("SELECT * FROM user")
    List<User> getAll();
    @Query("SELECT * FROM user WHERE uid IN (:userIds)")
    List<User> loadAllByIds(int[] userIds);
    @Query("SELECT * FROM user WHERE first_name LIKE :first AND " +
            "last_name LIKE :last LIMIT 1")
    User findByName(String first, String last);
    @Insert
    void insertAll(User... users);
    @Delete
    void delete(User user);
}
```

定义 BaseDao，使用 @DataBase 注解。里面需要配置用户要操作的 entry 类，可以配置一个或者多个，version 表明是哪个版本，如果升级，需要修改的就是这里。例如定义 AppDatabase 的代码如下：

```
    @Database(entities = {User.class}, version = 1)
public abstract class AppDatabase extends
RoomDatabase {
    public abstract UserDao userDao();
}
```

应用程序使用 Room 数据库来获取与该数据库关联的数据访问对象（DAO）。应用使用每个 DAO 从数据库中获取实体，然后将对这些实体的所有更改保存回数据库中。最后，应用使用实体来获取和设置与数据库中的表列相对应的值。Room 组件之间的关系如图 5-12 所示。

图 5-12　Room 组件关系图

在程序中可以使用如下代码获取已创建的数据库的实例：

```
AppDatabase db = Room.databaseBuilder(getApplicationContext(),
        AppDatabase.class, "database-name").build();
```

提示：如果应用程序在单个进程中运行，则在实例化 AppDatabase 对象时应遵循单例设计模式。每个 RoomDatabase 实例的成本都相当高，使用时几乎不需要在单个进程中访问多个实例。如果应用程序在多个进程中运行，则在数据库构建器调用中包含 enableMultiInstanceInvalidation()。如果这样的话，则在每个进程中都有一个 AppDatabase 实例，就可以在一个进程中使共享数据库文件失效，并且这种失效会自动传播到其他进程中的 AppDatabase 实例。

## 5.6　实现学生信息管理

【需求分析】在主界面中添加学生姓名、年龄输入框，性别单选按钮，编号输入框，以及添加、查询、删除、修改 4 个按钮，完成效果如图 5-13 所示。

1）布局文件代码如下：

图 5-13　学生信息管理界面效果

```xml
<?xml version = "1.0" encoding = "utf-8"?>
<LinearLayout
    xmlns:android = "http://schemas.android.com/apk/res/android"
    xmlns:tools = "http://schemas.android.com/tools"
    android:id = "@+id/activity_main"
    android:layout_width = "match_parent"
    android:layout_height = "match_parent"
    tools:context = ".StudentManagerActivity"
    android:orientation = "vertical"
    android:padding = "10dp">
    <EditText
        android:id = "@+id/name_edt"
        android:layout_width = "match_parent"
        android:layout_height = "wrap_content"
        android:hint = " 姓名："
        />
    <EditText
        android:id = "@+id/age_edt"
        android:layout_width = "match_parent"
        android:layout_height = "wrap_content"
        android:hint = " 年龄："
        android:numeric = "integer"/>
    <RadioGroup
        android:id = "@+id/gender_gp"
        android:layout_width = "match_parent"
        android:layout_height = "wrap_content"
        android:orientation = "horizontal">
        <TextView
            android:layout_width = "wrap_content"
            android:layout_height = "wrap_content"
            android:text = " 性别："
            android:layout_marginLeft = "5dp"/>
        <RadioButton
            android:id = "@+id/male"
            android:layout_width = "wrap_content"
```

```
            android:layout_height = "wrap_content"
            android:text = " 男 "
            android:checked = "true"
            android:layout_marginLeft = "15dp"/>
        <RadioButton
            android:id = "@+id/female"
            android:layout_width = "wrap_content"
            android:layout_height = "wrap_content"
            android:text = " 女 "
            android:layout_marginLeft = "15dp"/>
    </RadioGroup>
    <EditText
        android:id = "@+id/id_edt"
        android:layout_width = "match_parent"
        android:layout_height = "wrap_content"
        android:hint = " 编号 "/>
    <LinearLayout
        android:layout_width = "match_parent"
        android:layout_height = "wrap_content"
        android:orientation = "horizontal">
        <Button
            android:id = "@+id/insert_btn"
            android:layout_width = "match_parent"
            android:layout_height = "wrap_content"
            android:layout_weight = "1"
            android:text = " 添加 "
            android:onClick = "operate"/>
        <Button
            android:id = "@+id/select_btn"
            android:layout_width = "match_parent"
            android:layout_height = "wrap_content"
            android:layout_weight = "1"
            android:text = " 查询 "
            android:onClick = "operate"/>
        <Button
            android:id = "@+id/delete_btn"
            android:layout_width = "match_parent"
            android:layout_height = "wrap_content"
            android:layout_weight = "1"
            android:text = " 删除 "
            android:onClick = "operate"/>
        <Button
            android:id = "@+id/update_btn"
            android:layout_width = "match_parent"
            android:layout_height = "wrap_content"
            android:layout_weight = "1"
            android:text = " 修改 "
            android:onClick = "operate"/>
```

```
        </LinearLayout>
        <ListView
            android:layout_width = "match_parent"
            android:layout_height = "match_parent"
            android:id = "@+id/stu_list"> </ListView>
    </LinearLayout>
```

2）item 的布局文件代码如下：

```
        <?xml version = "1.0" encoding = "utf-8"?>
    <LinearLayout xmlns:android = "http://schemas.android.com/apk/res/android"
        android:orientation = "horizontal" android:layout_width = "match_parent"
        android:layout_hcight = "match_parent">
        <TextView
            android:layout_width = "match_parent"
            android:layout_height = "wrap_content"
            android:layout_weight = "1"
            android:id = "@+id/id_item"/>
        <TextView
            android:layout_width = "match_parent"
            android:layout_height = "wrap_content"
            android:layout_weight = "1"
            android:id = "@+id/name_item"/>
        <TextView
            android:layout_width = "match_parent"
            android:layout_height = "wrap_content"
            android:layout_weight = "1"
            android:id = "@+id/age_item"/>
        <TextView
            android:layout_width = "match_parent"
            android:layout_height = "wrap_content"
            android:layout_weight = "1"
            android:id = "@+id/gender_item"/>
    </LinearLayout>
```

输入姓名、年龄，选择性别后，单击"添加"按钮添加学生信息，输入编号后单击"查询"按钮可以查询学生信息。另外还可以删除、修改学生信息。修改学生信息需要重新输入姓名、年龄，选择性别。如果没有输入编号查询，则查询所有学生信息。

1）创建 Student 实体类，代码如下：

```
        package com.qcxy.chapter5;
    public class Student{
        // 私有属性
        private int id;
        private String name;
        private int age;
        private String gender;
        // 无参构造
        public Student(){
```

```
        }
        public Student(String name, int age, String gender) {
            this.name = name;
            this.age = age;
            this.gender = gender;
        }
        // 有参构造
        public Student(int id, String name, int age, String gender) {
            super();
            this.id = id;
            this.name = name;
            this.age = age;
            this.gender = gender;
        }
        public int getId() {
            return id;
        }
        public void setId(int id) {
            this.id = id;
        }
        public String getName() {
            return name;
        }
        public void setName(String name) {
            this.name = name;
        }
        public int getAge() {
            return age;
        }
        public void setAge(int age) {
            this.age = age;
        }
        public String getGender() {
            return gender;
        }
        public void setGender(String gender) {
            this.gender = gender;
        }
}
```

2）创建 StudentDao，通过数据访问对象操作数据库，代码如下：

```
    package com.qcxy.chapter5;
import android.content.Context;
import android.database.Cursor;
import android.database.sqlite.SQLiteDatabase;
import android.database.sqlite.SQLiteOpenHelper;
import android.os.Environment;
import java.util.ArrayList;
```

```java
public class StudentDao {
    private SQLiteDatabase db;
    public StudentDao(Context context){
        String path = Environment.getExternalStorageDirectory() + "/stu.db";
        SQLiteOpenHelper helper = new SQLiteOpenHelper(context, path, null, 2) {
            @Override
            public void onCreate(SQLiteDatabase sqLiteDatabase) {
                // 定义建表语句
                String sql = "create table info_tb (_id integer primary key autoincrement, " +
                        "name varhcar(20), " +
                        "age integer, " +
                        "gender varchar(2))";
                // 执行 SQL 语句
                sqLiteDatabase.execSQL(sql);
            }
            @Override
            public void onUpgrade(SQLiteDatabase sqLiteDatabase, int i, int i1) {
            }
        };
        db = helper.getReadableDatabase();
    }
    public void addStudent(Student stu){
        String sql = "insert into info_tb (name, age, gender) values(?, ?, ?)";
        db.execSQL(sql, new Object[]{stu.getName(), stu.getAge()+"", stu.getGender()});
    }
    public Cursor getStudent(String... strs){
        // 1. 查询所有 ( 没有参数 )
        String sql = "select * from info_tb ";
        // 2. 含条件查询（姓名 / 年龄 / 编号）（参数形式：第一个参数指明条件，第二个参数指明条件值）
        if(strs.length != 0){
            sql += " where " + strs[0] + " = '" + strs[1] + "'";
        }
        Cursor c = db.rawQuery(sql, null);
        return c;
    }
    public ArrayList<Student> getStudentInList(String... strs){
        ArrayList<Student> list = new ArrayList<>();
        Cursor c = getStudent(strs);
        while (c.moveToNext()){
            int id = c.getInt(0);
            String name = c.getString(1);
            int age = c.getInt(2);
            String gender = c.getString(3);
            Student s = new Student(id, name, age, gender);
            list.add(s);
        }
        return list;
```

```
    }
    public void deleteStudent(String... strs){
        String sql = "delete from info_tb where " + strs[0] + " = '" + strs[1] + "'";
        db.execSQL(sql);
    }
    public void updateStudent(Student stu){
        String sql = "update info_tb set name = ?, age = ?, gender = ? where _id = ?";
        db.execSQL(sql, new Object[]{stu.getName(), stu.getAgc(), stu.getGender(), stu.getId()});
    }
}
```

3）在 Activity 中实现单击事件操作，代码如下：

```
    package com.qcxy.chapter5;
import androidx.appcompat.app.AppCompatActivity;
import android.database.Cursor;
import android.os.Bundle;
import android.view.View;
import android.widget.EditText;
import android.widget.ListView;
import android.widget.RadioButton;
import android.widget.RadioGroup;
import android.widget.SimpleCursorAdapter;
import android.widget.Toast;
public class StudentManagerActivity extends AppCompatActivity {
    private EditText nameEdt , ageEdt , idEdt;
    private RadioGroup genderGp;
    private ListView stuList;
    private RadioButton malerb;
    private String genderStr = " 男 ";
    private StudentDao dao;
    @Override
    protected void onCreate(Bundle savedInstanceState) {
        super.onCreate(savedInstanceState);
        setContentView(R.layout.activity_student_manager);
        dao = new StudentDao(this);
        nameEdt = (EditText) findViewById(R.id.name_edt);
        ageEdt = (EditText) findViewById(R.id.age_edt);
        idEdt = (EditText) findViewById(R.id.id_edt);
        malerb = (RadioButton) findViewById(R.id.male);
        genderGp = (RadioGroup) findViewById(R.id.gender_gp);
        genderGp.setOnCheckedChangeListener(new RadioGroup.OnCheckedChangeListener() {
            @Override
            public void onCheckedChanged(RadioGroup radioGroup, int i) {
                if(i == R.id.male){
                    //" 男 "
                    genderStr = " 男 ";
                }else{
                    //" 女 "
```

```
                            genderStr = " 女 ";
                        }
                    }
                });
            stuList = (ListView) findViewById(R.id.stu_list);
        }
        public void operate(View v){
            String nameStr = nameEdt.getText().toString();
            String ageStr = ageEdt.getText().toString();
            String idStr = idEdt.getText().toString();
            switch (v.getId()){
                case R.id.insert_btn:
                    Student stu = new Student(nameStr, Integer.parseInt(ageStr), genderStr);
                    dao.addStudent(stu);
                    Toast.makeText(this, " 添加成功 ", Toast.LENGTH_SHORT).show();
                    break;
                case R.id.select_btn:
                    String key = "", value = "";
                    if(!nameStr.equals("")){
                        value = nameStr;
                        key = "name";
                    }else if(!ageStr.equals("")){
                        value = ageStr;
                        key = "age";
                    }else if(!idStr.equals("")){
                        value = idStr;
                        key = "_id";
                    }
                    Cursor c;
                    if(key.equals("")){
                        c = dao.getStudent();
                    }else {
                        c = dao.getStudent(key, value);
                    }
                    SimpleCursorAdapter adapter = new SimpleCursorAdapter(
                            this, R.layout.item, c,
                            new String[]{"_id", "name", "age", "gender"},
                            new int[]{R.id.id_item, R.id.name_item, R.id.age_item, R.id.gender_item});
                    stuList.setAdapter(adapter); /**/
                    break;
                case R.id.delete_btn:
                    String[] params = getParams(nameStr, ageStr, idStr);
                    dao.deleteStudent(params[0], params[1]);
                    Toast.makeText(this, " 删除成功 ", Toast.LENGTH_SHORT).show();
                    break;
                case R.id.update_btn:
                    Student stu2 = new Student(Integer.parseInt(idStr), nameStr, Integer.parseInt(ageStr),
                    genderStr);
```

```
                dao.updateStudent(stu2);
                Toast.makeText(this, " 修改成功 ", Toast.LENGTH_SHORT).show();
                break;
            }
            nameEdt.setText("");
            ageEdt.setText("");
            idEdt.setText("");
            malerb.setChecked(true);
        }
        public String[] getParams(String nameStr, String ageStr, String idStr){
            String[] params = new String[2];
            if(!nameStr.equals("")){
                params[1] = nameStr;
                params[0] = "name";
            }else if(!ageStr.equals("")){
                params[1] = ageStr;
                params[0] = "age";
            }else if(!idStr.equals("")){
                params[1] = idStr;
                params[0] = "_id";
            }
            return params;
        }
    }
}
```

# 本章习题

1. 选择题

1）下列选项中，属于获取 SharedPreferences 的实例对象方法的是（　　）。

A. SharedPreferences.Editor　　　　　B. getPreferences()

C. getSharedPreferences()　　　　　　D. 以上方法都不对

2）下列选项中，属于 SharedPreferences 中获得 String 类型参数方法的是（　　）。

A. getString()　　　　　　　　　　　B. getStringExtra()

C. getStringValue()　　　　　　　　　D. getValue()

3）下面关于 SQLite 数据库的描述，错误的是（　　）。

A. SQLiteOpenHelper 类有创建数据库和更新数据库版本的功能

B. 当数据库版本发生变化时，会调用 SQLiteOpenHelper 的 onUpgrade() 方法更新数据库

C. 每次调用 SQLiteDatabase 的 getWritableDatabase() 方法时，都会执行 SQLiteOpenHelper 的 onCreate() 方法

D. 可以调用 SQLiteDatabase 类的 insert() 方法在数据库中插入数据

4）下列选项中，属于 Environment 类中获得 SD 根目录方法的是（　　）。

A. getDataDirectory()　　　　　　　　B. getExternalStorageDirectory()

C. getExternalStorageState()　　　　　D. getDownloadCacheDirectory()

5）下列选项中，属于清除 SharedPreferences 文件中保存数据方法的是（　　　）。

A. move()　　　　　B. clear()　　　　　C. remove()　　　　　D. delete()

6）（　　　）类的对象能够读取内部存储文件中的数据。

A. FileInputStream　　　　　　　　B. InputStream

C. FileOutputStream　　　　　　　 D. OutputStream

7）下面关于数据存储方式的描述，正确的是（　　　）。

A. SharedPreferences 是四大组件之一

B. ContentProvider 可以通过 openFileInput() 和 openFileOutput() 方法来读取设备上的文件

C. SQLite 是 Android 自带的一个轻量级的数据库

D. SQLite 数据库的运算速度比较慢，占用资源较多

8）下面关于文件存储的描述，正确的是（　　　）。

A. 内部存储的存储路径通常为 mnt/sdcard 目录

B. 内部存储可以将数据存储到 SD 卡上

C. 外部存储文件是不安全的

D. 外部存储的文件可以被其他应用程序所共享

9）下列选项中，属于 SQLiteDatabase 中开启数据库事务方法的是（　　　）。

A. beginTransaction()　　　　　　 B. startTransaction()

C. getTransaction()　　　　　　　 D. setTransactionSuccessful()

10）下列选项中，属于数据库版本号增加时调用方法的是（　　　）。

A. onCreate()　　　B. update()　　　C. onUpgrade()　　　D. 方法都不对

2. 简答与编程题

1）简述 Android 中的存储方式及特点。

2）简述如何使用 SharedPreferences 存储数据。

3）编程实现在 SQLite 中使用 MyHelper 的帮助类获取数据库表 information 中的 account 和 password 两个字段的数据。

4）编写在输入框中输入一段字符串并存储到 data.txt 文件中的逻辑代码。

# Chapter
## 第6章

# ContentProvider 的使用

**本章简介**

本章详细地讲解了 ContentProvider（内容提供者）的相关知识，首先简单地介绍了 ContentProvider，然后讲解了如何创建 ContentProvider 以及如何使用 ContentProvider 访问其他程序暴露的数据，最后讲解 ContentObserver（内容观察者），通过 ContentObserver 观察数据的变化。本章所讲的 ContentProvider 是 Android 四大组件之一，在程序之间需要共享数据时，会经常用到该组件。

**学习目标**

1）理解内容提供者的工作原理。
2）会使用内容提供者共享数据。
3）掌握内容解析者的使用。
4）掌握内容监控者的使用。

## 6.1　ContentProvider 介绍

ContentProvider（内容提供者）主要用于在不同的应用程序之间实现数据共享的功能，它提供了一套完整的机制，允许一个程序访问另一个程序中的数据，同时还能保证被访问数据的安全性。使用 ContentProvider 是 Android 目前实现跨程序共享数据的标准方式。

不同于文件存储和 SharedPreferences 存储中的两种全局可读性操作模式，ContentProvider 可以选择只对哪一部分数据进行共享，从而保证程序中的隐私数据不被泄露。

在 Android 中，每一个应用程序的数据都是采用私有的形式进行操作的，不管这些数据是文件保存还是数据库保存，都不能被外部应用程序所访问。但是在很多情况下，用户需要在不同的应用程序之间进行数据的交换。所以为了解决这样的问题，Android 专门提供了一个 ContentProvider 类，此类的主要功能是将不同应用程序的数据操作标准统一起来，并且将各个应用程序的数据操作标准暴露给其他应用程序，这样，一个应用程序的数据就可以按照 ContentProvider 所制定的标准被外部所操作。

图 6-1 所示为 A 应用程序与 B 应用程序之间的数据共享。

图 6-1　ContentProvider 数据共享原理

A 应用程序通过 ContentProvider 将数据暴露出来，供其他应用程序操作。B 应用程序通过 ContentResolver 接口操作暴露的数据，A 应用程序将数据返回到 CotentResolver，然后 CotentResolver 再把数据返回到 B 应用程序。

## 6.1.1　ContentProvider 中的方法

ContentProvider（内容提供者）作为 Android 四大组件之一，其作用是在不同的应用程序之间实现数据共享的功能。

ContentProvider 可以理解为一个 Android 应用对外开放的数据接口，只要符合其定义的 URI 格式的请求，均可以正常访问其暴露出来的数据并执行操作。其他的 Android 应用可以使用 ContentResolver 对象通过与 ContentProvider 同名的方法请求执行。ContentProvider 有很多对外可以访问的方法，并且在 ContentResolver 中均有同名的方法，它们是一一对应的，如图 6-2 所示。

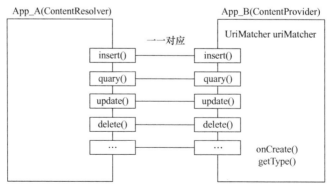

图 6-2　ContentProvider 与 ContentResolver 中的方法一一对应

具体使用 ContentProvider 的步骤如下：

1）定义自己的 ContentProvider 类，该类需要继承 Android 提供的 ContentProvider 基类。

2）在 AndroidManifest.xml 文件中注册这个 ContentProvider 类，与注册 Activity 方式类似，只是注册时需要为它指定 authorities 属性，并绑定一个 URI。

注册代码如下：

```
<!--authorities 属性指定为数据 URI 的授权列表，name 属性指定 ContentProvider 类 -->
<provider
    android:authorities = "com.qcxy.providers.demoprovider"
    android:name = ".DemoProvider"
    android:exported = "true"/>
```

上面的代码中，authorities 属性即指定 URI。结合图 6-2，在自定义 ContentProvider 类时，除了需要继承 ContentProvider 之外，还要重写一些方法才能实现暴露数据的功能，方法如表 6-1 所示。

表 6-1　ContentProvider 中的方法

| 方法 | 说明 |
| --- | --- |
| boolean onCreate() | 在 ContentProvider 被创建时调用 |
| Uri insert(Uri uri, ContentValues values) | 根据该 uri 插入 values 对应的数据 |
| int delete(Uri uri, String selection, String[] selectionsArgs) | 根据 uri 删除 selection 条件所匹配的全部记录 |
| int update(Uri uri, ContentValues values, String selection, String[] select) | 根据 uri 修改 selection 条件所匹配的全部记录 |
| Cursor query(Uri uri, String[] projection, String selection, String[] selectionArgs, String sortOrder) | 根据 uri 查询出 selection 条件所匹配的全部记录，其中 projection 是一个列名列表 |
| String getType(Uri uri) | 返回当前 uri 所代表的数据的 MIME 类型 |

## 6.1.2　URI 简介

在创建 ContentProvider 时，提到了一个参数 URI，它代表了数据的操作方法。URI 主要包含了两部分信息：

1）需要操作的 ContentProvider。

2）对 ContentProvider 中的什么数据进行操作。

而一个 URI 通常用以下形式展示：

content://com.qcxy.providers.myprovider/student/1

URI 由 scheme、authorities、path 这 3 部分组成，如图 6-3 所示。

scheme 部分：字符串 " content://" 始终显示，并且会将其标识为内容 URI。" content://" 是一个标准的前缀，表明了这个数据被内容提供者管理，不会被修改。

图 6-3　URI 的组成

authorities 部分：user_dictionary 字符串提供程序的授权，是在清单文件注册的 android:authorities 属性值，该值唯一，表明了当前的内容提供者。

path 部分：表示资源或数据，words 字符串是表的路径，当访问者操作不同的数据时，这个值是动态变化的。

许多程序允许将 id 值追加至 URI 末尾，从而访问表中的单个行。例如，如要从用户字

典中检索 id 为某个值的行，则

- 操作 student 表中 id 为 10 的记录，可以构建这样的路径：/student/10。
- 操作 student 表中 id 为 10 的记录的 name 字段，构建路径：student/10/name。
- 操作 student 表中的所有记录，构建路径：/student。
- 操作 xxx 表中的记录，可以构建这样的路径：/xxx。

当然要操作的数据不一定来自数据库，也可以是文件、XML 或网络等其他存储方式的，例如，操作 XML 文件中 student 结点下的 name 结点，需构建路径：/student/name。

如果要把一个字符串转换成 URI，可以使用 URI 类中的 parse() 方法，如下：

URI uri = Uri.parse("content://com.qcxy.providers.myprovider/student/name")

可以使用通配符的方式来分别匹配这两种格式的内容 URI，规则如下。

1）*：表示匹配任意长度的任意字符。

2）#：表示匹配任意长度的数字。

所以，一个能够匹配应用中任意表的内容 URI 可以写成如下格式：

content://com.qcxy.android.provider/*

而一个能够匹配 table1 表中任意一行数据的内容 URI 可以写成如下格式：

content://com.qcxy.android.provider/table1/#

为了更好地对传入内容的 URI 执行操作，Android 的 API 加入了更方便的类 UriMatcher，它会将内容 URI 模式映射为整型值。这样就可以在 switch 语句中使用这些整型值，为匹配特定模式的一个或多个内容 URI 选择所需操作。UriMatcher 用于对 ContentProvider 中的 URI 进行匹配，使用 UriMatcher 的步骤如下。

1）初始化 UriMatcher。

UriMatcher sURIMatcher = new UriMatcher(UriMatcher.NO_MATCH);

2）将 URI 注册到 UriMatcher 中。

sURIMatcher.addURI("com.qcxy.contentprovider", "people", PEOPLE);
sURIMatcher.addURI("com.qcxy.contentprovider", "person/#", PEOPLE_ID);

3）与已经注册的 URI 进行匹配。

```
Uri uri = Uri.parse("content://" + "com.qcxy.contentprovider" + "/people");
int match = matcher.match(uri);
switch (match) {
    case PEOPLE:
    // 匹配成功后做的相关操作
    case PEOPLE_ID:
    // 匹配成功后做的相关操作
     default:
     return null;
}
```

### 6.1.3　使用 ContentResolver 操作数据

　　ContentProvider 在程序的操作中所提供的是一个操作的标准，所以用户如果要想依靠此标准进行数据操作，则必须使用 android.content.ContentResolver 类完成，而这个类所给出的操作方法与 ContentProvider 是一一对应的，当用户调用了 ContentResolver 类的方法时实际上就相当于调用了 ContentProvider 类中的对应方法，如图 6-4 所示。

图 6-4　ContentResolver 操作数据

　　调用者通过 ContentResolver 来操作 ContentProvider 暴露出来的数据，从图 6-4 知道，ContentResolver 中的方法与 ContentProvidert 中的方法是一一对应的，不过与 ContentProvider 不同的是，获取 ContentResolver 对象是通过 Context 提供的 getContentResolver() 方法实现的。获取该对象之后，调用其包含的方法就可以操作数据。具体方法如表 6-2 所示。

表 6-2　ContentResolver 中的方法

| 方法 | 说明 |
| --- | --- |
| insert(URI uri, ContentValues values) | 向 URI 对应的 ContentProvider 中插入 values 对应的数据 |
| delete(URI uri, String where, String[] selectionsArgs) | 删除 URI 对应的 ContentProvider 中 where 提交匹配的数据 |
| update(URI uri, ContentValues values, String selection, String[] select) | 更新 URI 对应的 ContentProvider 中 where 提交匹配的数据 |
| query(URI uri, String[] projection, String selection, String[] selectionArgs, String sortOrder) | 查询 URI 对应的 ContentProvider 中 where 提交匹配的数据 |

　　需要注意的是，ContentProvider 一般是单例模式的，即当多个应用程序通过 ContentResolver 来操作 ContentProvider 提供的数据时，ContentResolver 调用的数据将会委托给同一个 ContentProvider 处理。由于 ContentResolver 是一个抽象类，所以要想取得 ContentResolver 类的实例化对象进行操作，则需要依靠 android.app.Activity 类中的 getContentResolver() 方法。

　　在 Android 系统中，应用程序通过 ContentProvider 来暴露自己的数据，然后其他的应用程序通过 ContentResolver 对应用程序暴露的数据进行操作。由于使用 ContentProvider 暴露数据时提供了相应操作的 URI，所以在使用 ContentResolver 获取数据的时候需要指定相应的的 URI。使用 ContentResolver 的步骤如下：

　　1）获取相应操作的 URI，Uri.parse() 方法是将字符串转化成 URI 对象。

　　Uri uri = Uri.parse("content://com.qcxy.myprovider/student");

2）获取 ContentResolver 对象。

ContentResolver resolver = context.getContentResolver();

3）通过 ContentResolver 对象查询数据。

```
Cursor cursor = resolver.query(Uri uri, String[] projection, String selection,
                               String[] selectionArgs, String sortOrder);
while (cursor.moveToNext()) {
        String name = cursor.getString(0);
        long date = cursor.getLong(1);
        int age = cursor.getInt(2);
}
cursor.close();
```

Android 系统应用一般会对外提供 ContentProvider 接口，如短信、图片及手机联系人信息等，以便实现应用程序之间的数据共享。应用程序之间的数据共享操作通过 ContentResolver 实现。

1）使用 ContentProvider 管理联系人。在 Android 手机系统自带的应用中都有"联系人"这一应用，用于存储联系人电话、E-mail 等信息。利用系统提供的 ContentProvider，就可以在开发的应用程序中用 ContentResolver 来管理联系人数据。

Android 系统用于管理联系人 ContentProvider 的几个 URI 如下。

- ContactsContract.Contacts.CONTENT_URI：管理联系人的 URI。
- ContactsContract.CommonDataKinds.Phone.CONTENT_URI：管理联系人电话的 URI。
- ContactsContract.CommonDataKinds.Email. CONTENT_URI：管理联系人 E-mail 的 URI。

注意，查询和读取联系人信息需要获取权限，可在 AndroidManifest.xml 文件中设置如下权限代码：

```
<uses-permission android:name = "android.permission.READ_CONTACTS"/>
```

从 Android 6.0 开始，除了需要在清单文件中设置权限外，还需要在代码中动态请求权限。

2）使用 ContentProvider 管理多媒体。Android 提供了 Camera 程序来支持拍照、拍摄视频，用户拍摄的照片、视频都将存放在固定的位置。在有些应用中，其他应用程序可能需要直接访问 Camera 所拍摄的照片、视频等，为了满足这些需求，Android 同样为这些多媒体内容提供了 ContentProvider。

Android 为多媒体提供的 ContentProvider 的 URI 如表 6-3 所示。

表 6-3　Android 为多媒体提供的 ContentProvider 的 URI

| URI | 说明 |
| --- | --- |
| MediaStore.Audio.Media.EXTERNAL_CONTENT_URI | 存储在手机外部存储器（SD 卡）上的音频文件内容的 ContentProvider 的 URI |
| MediaStore.Audio.Media.INTERNAL_CONTENT_URI | 存储在手机内部存储器上的音频文件内容的 ContentProvider 的 URI |

（续）

| URI | 说明 |
| --- | --- |
| MediaStore.Audio.Images.EXTERNAL_CONTENT_URI | 存储在手机外部存储器（SD 卡）上的图片文件内容的 ContentProvider 的 URI |
| MediaStore.Audio.Images.INTERNAL_CONTENT_URI | 存储在手机内部存储器上的图片文件内容的 ContentProvider 的 URI |
| MediaStore.Audio.Video.EXTERNAL_CONTENT_URI | 存储在手机外部存储器（SD 卡）上的视频文件内容的 ContentProvider 的 URI |
| MediaStore.Audio.Video.INTERNAL_CONTENT_URI | 存储在手机内部存储器上的视频文件内容的 ContentProvider 的 URI |

与读取联系人信息一样，本程序读取 SD 卡中的图片信息同样需要权限，需要在 AndroidManifest.xml 文件中编写如下代码：

```
<uses-permissionandroid:name = "android.permission.READ_EXTERNAL_STORAGE"/>
```

【示例 6.1】使用 ContentResolver 获取通信录信息。

在 Android 系统中添加联系人信息，界面如图 6-5 所示。

运行程序，显示加载联系人界面，如图 6-6 所示。

单击"加载联系人"按钮，加载系统中的联系人，显示在按钮下方的 ListView 中，如图 6-7 所示。

图 6-5　添加联系人信息的界面

图 6-6　加载联系人界面

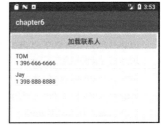

图 6-7　获取联系人的数据

程序要点分析：

1）调用运行时权限 READ_CONTACTS，在用户授权之后调用 readContacts() 方法读取联系人的信息。

2）修改 AndroidManifest.xml 中的代码，添加读取联系人的权限，代码如下：

```
<uses-permission android:name = "android.permission.READ_CONTACTS"/>
```

3）Android 的 API 提供了一个 Contacts 类用于管理联系人，而且还为联系人管理提供了 ContentProvider，这就允许其他程序以 ContentResolver 来管理联系人数据。

Android 对联系人管理 ContentProvider 的几个 URI 如下。

ContactsContract.Contacts.CONTENT_URI：管理联系人的 URI。

ContactsContract.CommonDataKinds.Phone.CONTENT_URI：管理联系人电话的 URI。

程序代码如下。

1）创建布局文件 activity_contact.xml，代码如下：

```xml
<?xml version = "1.0" encoding = "utf-8"?>
<LinearLayout xmlns:android = "http://schemas.android.com/apk/res/android"
    xmlns:app = "http://schemas.android.com/apk/res-auto"
    xmlns:tools = "http://schemas.android.com/tools"
    android:layout_width = "match_parent"
    android:layout_height = "match_parent"
    android:orientation = "vertical"
    tools:context = ".ContactActivity">
    <Button
        android:id = "@+id/btnLoadContact"
        android:layout_width = "match_parent"
        android:layout_height = "wrap_content"
        android:text = " 加载联系人 "
        android:textSize = "18sp"/>
    <ListView
        android:id = "@+id/lv_contact"
        android:layout_width = "match_parent"
        android:layout_height = "wrap_content"
        />
</LinearLayout>
```

2）创建 ContactActivity 类，添加如下代码：

```java
package com.qcxy.chapter6;
import androidx.appcompat.app.AppCompatActivity;
import androidx.core.app.ActivityCompat;
import androidx.core.content.ContextCompat;
import android.Manifest;
import android.content.pm.PackageManager;
import android.database.Cursor;
import android.os.Bundle;
import android.provider.ContactsContract;
import android.view.View;
import android.widget.ArrayAdapter;
import android.widget.Button;
import android.widget.ListView;
import android.widget.Toast;
import java.util.ArrayList;
import java.util.List;
public class ContactActivity extends AppCompatActivity implements View.OnClickListener {
```

```
private ArrayAdapter<String> adapter;
private List<String> contactsList;
Button btnLoadContact;
ListView lvContact;
@Override
protected void onCreate(Bundle savedInstanceState) {
    super.onCreate(savedInstanceState);
    setContentView(R.layout.activity_contact);
    // 获取按钮设置监听器处理单击事件
    btnLoadContact = findViewById(R.id.btnLoadContact);
    btnLoadContact.setOnClickListener(this);
    lvContact = findViewById(R.id.lv_contact);
}
private void readContacts() {
    Cursor cursor = null;
    try {
        cursor = getContentResolver().query(
ContactsContract.CommonDataKinds.Phone.CONTENT_URI, null, null, null, null);
        if(cursor ! = null) {
            while (cursor.moveToNext()) {
                // 获取联系人姓名
                String displayName = cursor.getString(cursor.getColumnIndexOrThrow(ContactsCon
                tract.CommonDataKinds.Phone.DISPLAY_NAME));
                // 获取联系人手机号
                String number = cursor.getString(cursor.getColumnIndexOrThrow(
                        ContactsContract.CommonDataKinds.Phone.NUMBER));
                contactsList.add(displayName+"\n"+number);
            }
            // 数据发生变化，提醒 adapter 更新
            adapter.notifyDataSetChanged();
        }
    } catch (Exception e) {
        e.printStackTrace();
    } finally {
        if(cursor ! = null) {
            cursor.close();
        }
    }
}
@Override
public void onClick(View v) {
    contactsList = new ArrayList<>();
    adapter = new ArrayAdapter<String>(this, android.R.layout.simple_list_item_1, contactsList);
    lvContact.setAdapter(adapter);
    if(ContextCompat.checkSelfPermission(this,
            Manifest.permission.READ_CONTACTS) ! = PackageManager.PERMISSION_
            GRANTED) {
        ActivityCompat.requestPermissions(this,
```

```
                        new String[]{Manifest.permission.READ_CONTACTS}, 1);
        }
        else {
            readContacts();
        }
    }
    @Override
    public void onRequestPermissionsResult(int requestCode, String[] permissions, int[] grantResults) {
        switch (requestCode) {
            case 1:
                if(grantResults.length > 0 && grantResults[0] ==
                        PackageManager.PERMISSION_GRANTED) {
                    readContacts();
                } else {
                    Toast.makeText(this, " 你拒绝了 "+permissions[0]+" 权限 ",
                        Toast.LENGTH_SHORT).show();
                }
                break;
            default:
                break;
        }
    }
}
```

## 6.2 使用 ContentProvider 共享数据

ContentProvider 与 ContentResolver 是 通 过 URI 进 行 数 据 交 换 的， 当 调 用 者 调用 ContentResolver 的 CRUD 方 法 进 行 数 据 的 增 删 改 查 操 作 时， 实 际 上 是 调 用 了 ContentProvider 中该 URI 对应的各个方法。使用 ContentProvider 共享数据分为两步：创建 ContentProvider 子类、使用 ContentResolver 调用方法。

### 6.2.1 创建 ContentProvider 子类

应用程序中的数据若想被其他应用访问并操作，就需要使用 ContentProvider 将其暴露出来。暴露方式就是创建 ContentProvider 子类，并重写需要的方法。创建步骤如下：

1）新 建 一 个 类 并 继 承 ContentProvider， 该 类 需 要 实 现 insert()、query()、delete() 和 update() 等方法。

2）将该类注册到 AndroidManifest.xml 文件中，并指定 android:authorities 属性。

配置的 ContentProvider 代码片段中经常使用表 6-4 所示的几个属性。

表 6-4　配置的 ContentProvider 代码片段中经常使用的属性

| 属性 | 说明 |
| --- | --- |
| name | 指定该 ContentProvider 的实现类的类名 |
| authorities | 指定该 ContentProvider 对应的 URI |
| android:exported | 指定该 ContentProvider 是否被其他应用程序调用 |

【示例 6.2】创建 ContentProvider。

1）创建新的 Android 项目，在项目中创建 ContentProvider，设置好 URI Authorities，如图 6-8 所示。

MyContentProvider 的代码如下：

图 6-8  创建 ContentProvider

```java
package com.qcxy.mycontentprovider;

import android.content.ContentProvider;
import android.content.ContentValues;
import android.content.UriMatcher;
import android.database.Cursor;
import android.net.Uri;
import android.util.Log;

public class MyContentProvider extends ContentProvider {
    private static final String TAG = "MyContentProvider";
    public static final int TABLE1_DIR = 0;
    public static final int TABLE1_ITEM = 1;
    public static final int TABLE2_DIR = 2;
    public static final int TABLE2_ITEM = 3;
    private static UriMatcher uriMatcher;
    static {
        uriMatcher = new UriMatcher(UriMatcher.NO_MATCH);
        uriMatcher.addURI("com.qcxy.provider", "table1", TABLE1_DIR);
        uriMatcher.addURI("com.qcxy.provider", "table1/#", TABLE1_ITEM);
        uriMatcher.addURI("com.qcxy.provider", "table2", TABLE2_DIR);
        uriMatcher.addURI("com.qcxy.provider", "table2/#", TABLE2_ITEM);
    }
    public MyContentProvider() {
    }
    @Override
    public int delete(Uri uri, String selection, String[] selectionArgs) {
        Log.d(TAG, "delete: "+uri);
        return 0;
    }
    @Override
    public String getType(Uri uri) {
        switch (uriMatcher.match(uri)) {
            case TABLE1_DIR:
                return "vnd.android.cursor.dir/vnd.com.qcxy.provider.table1";
            case TABLE1_ITEM:
                return "vnd.android.cursor.item/vnd.com.qcxy.provider.table1";
            case TABLE2_DIR:
                return "vnd.android.cursor.dir/vnd.com.qcxy.provider.table2";
            case TABLE2_ITEM:
                return "vnd.android.cursor.item/vnd.com.qcxy.provider.table2";
        }
```

```
            return null;
        }
        @Override
        public Uri insert(Uri uri, ContentValues values) {
            Log.d(TAG, "insert: "+uri);
            return uri;
        }
        @Override
        public boolean onCreate() {
            Log.d(TAG, "onCreate: ");
            return false;
        }
        @Override
        public Cursor query(Uri uri, String[] projection, String selection,
                            String[] selectionArgs, String sortOrder) {
            switch (uriMatcher.match(uri)) {
                case TABLE1_DIR:
                    // 查询 table1 表中所有的数据
                    Log.d(TAG, "query: "+" 查询 table1 表中所有的数据 ");
                    break;
                case TABLE1_ITEM:
                    // 查询 table1 表中的单条数据
                    Log.d(TAG, "query: "+" 查询 table1 表中的单条数据 ");
                    break;
                case TABLE2_DIR:
                    // 查询 table2 表中所有的数据
                    Log.d(TAG, "query: "+" 查询 table2 表中所有的数据 ");
                    break;
                case TABLE2_ITEM:
                    // 查询 table2 表中的单条数据
                    Log.d(TAG, "query: "+" 查询 table2 表中的单条数据 ");
                    break;
            }
            return null;
        }
        @Override
        public int update(Uri uri, ContentValues values, String selection,
                            String[] selectionArgs) {
            Log.d(TAG, "update: "+uri);
            return 0;
        }
    }
}
```

2）在 AndroidManifest.xml 中注册，代码如下：

```
<provider
android:name = ".MyContentProvider"
android:authorities = "com.qcxy.provider"
android:enabled = "true"
android:exported = "true" />
```

## 6.2.2　使用 ContentResolver 调用方法

前面已经提到,可通过 Context 提供的 getContentResolver() 方法获取 ContentResolver 对象,获取该对象之后就可以调用其 CRUD 方法。调用 ContentResolver 的 CRUD 方法,实际上是调用指定 URI 对应的 ContentProvider 的 CRUD 方法。

【示例 6.3】使用 ContentResolver 调用方法。

创建一个新的 Android 项目,界面如图 6-9 所示,调用 6.2.1 小节中定义的 MyContentProvider 中的方法。

图 6-9　Android 项目界面

单击 INSERT、DELETE、UPDATE、QUERY 按钮后会在 ContentProvider 所在应用程序的日志中输出相关操作的日志信息,如图 6-10 所示。

```
2020-03-17 15:21:02.438 25398-25414/com.qcxy.mycontentprovider D/MyContentProvider: insert: content://com.qcxy.provider
2020-03-17 15:21:06.350 25398-25415/com.qcxy.mycontentprovider D/MyContentProvider: delete: content://com.qcxy.provider
2020-03-17 15:21:07.728 25398-25414/com.qcxy.mycontentprovider D/MyContentProvider: update: content://com.qcxy.provider
2020-03-17 15:21:08.640 25398-25415/com.qcxy.mycontentprovider D/MyContentProvider: query: 查询table1表中所有的数据
```

图 6-10　ContentProvider 程序中输出的日志信息

实现的步骤如下。

1)布局文件的代码如下:

```
<?xml version = "1.0" encoding = "utf-8"?>
<LinearLayout xmlns:android = "http://schemas.android.com/apk/res/android"
    xmlns:app = "http://schemas.android.com/apk/res-auto"
    xmlns:tools = "http://schemas.android.com/tools"
    android:layout_width = "match_parent"
    android:layout_height = "match_parent"
    android:orientation = "vertical"
    tools:context = ".ResolverActivity">
    <Button
        android:id = "@+id/btnInsert"
        android:layout_width = "match_parent"
        android:layout_height = "wrap_content"
        android:textSize = "18sp"
        android:text = "INSERT"/>
    <Button
```

```
            android:id = "@+id/btnDelete"
            android:layout_width = "match_parent"
            android:layout_height = "wrap_content"
            android:textSize = "18sp"
            android:text = "DELETE"/>
        <Button
            android:id = "@+id/btnUpdate"
            android:layout_width = "match_parent"
            android:layout_height = "wrap_content"
            android:textSize = "18sp"
            android:text = "UPDATE"/>
        <Button
            android:id = "@+id/btnQuery"
            android:layout_width = "match_parent"
            android:layout_height = "wrap_content"
            android:textSize = "18sp"
            android:text = "QUERY"/>
</LinearLayout>
```

2）在 ResolverActivity 中调用 MyContentProvider 的方法，代码如下：

```java
    package com.qcxy.chapter6;
import androidx.appcompat.app.AppCompatActivity;
import android.content.ContentResolver;
import android.content.ContentValues;
import android.net.Uri;
import android.os.Bundle;
import android.view.View;
import android.widget.Button;
public class ResolverActivity extends AppCompatActivity implements View.OnClickListener {
    Button btnInsert, btnDelete, btnUpdate, btnQuery;
    ContentResolver contentResolver;
    @Override
    protected void onCreate(Bundle savedInstanceState) {
        super.onCreate(savedInstanceState);
        setContentView(R.layout.activity_resolver);
        contentResolver = getContentResolver();
        btnInsert = findViewById(R.id.btnInsert);
        btnDelete = findViewById(R.id.btnDelete);
        btnUpdate = findViewById(R.id.btnUpdate);
        btnQuery = findViewById(R.id.btnQuery);
        btnInsert.setOnClickListener(this);
        btnDelete.setOnClickListener(this);
        btnUpdate.setOnClickListener(this);
        btnQuery.setOnClickListener(this);
    }
    @Override
    public void onClick(View v) {
        switch (v.getId()){
```

```
        case R.id.btnInsert:
            contentResolver.insert(Uri.parse("content://com.qcxy.provider"), new ContentValues());
            break;
        case R.id.btnDelete:
            contentResolver.delete(Uri.parse("content://com.qcxy.provider"), null, null);
            break;
        case R.id.btnUpdate:
            contentResolver.update(Uri.parse("content://com.qcxy.provider"), new ContentValues(),
            null, null);
            break;
        case R.id.btnQuery:
            contentResolver.query(Uri.parse("content://com.qcxy.provider/table1"), null, null, null, null);
            break;
        }
    }
}
```

## 6.3　ContentObserver

### 6.3.1　ContentObserver 的工作原理

当 ContentProvider 将数据共享出来后，ContentResolver 会根据业务需要去主动查询 ContentProvider 所共享的数据。但有时应用程序需要实时监听 ContentProvider 所共享数据的改变，并随着 ContentProvider 数据的改变而提供响应，此时就需要使用 ContentObserver。

ContentObserver 称为内容观察者，其目的是观察或捕捉特定 URI 引起的数据库变化，继而做一些相应的处理，它类似于数据库技术中的触发器。当 ContentObserver 观察到指定 URI 代表的数据发生变化时，就会触发 onChange() 方法，此时在 onChange() 方法中使用 ContentResovler 就可以查询到变化的数据。其工作原理如图 6-11 所示。

图 6-11　ContentObserver 工作原理

从图中可以看出，A 应用程序通过 ContentProvider 暴露自己的数据，B 应用程序通过 ContentResolver 操作 A 应用程序的数据，当 A 应用程序的数据发生变化时，A 应用程序调用 notifyChange() 方法向消息中心发送消息，然后 C 应用程序观察到数据变化时，就会触发 ContentObserver 的 onChange() 方法。A 应用程序使用 ContentProvider 时，不管实现了 insert()、delete()、update() 或 query() 方法中的哪一个，只要该方法导致 ContentProvider 数据的改变，程序就会调用如下代码：

```
getContext().getContentResolver().notifyChange(uri, null);
```

这行代码可用于通知所有注册在该 URI 上的监听者，并告知该 ContentProvider 所共享的数据发生了改变。

## 6.3.2　ContentObserver 的使用

使用 ContentObserver 监听 ContentProvider 数据的改变，需要自定义内容观察者继承 ContentObserver 基类，并重写该基类所定义的 onChange(boolean selfChange) 方法。当 ContentProvider 共享的数据发生改变时，onChange() 方法就会被触发。ContentObserver 的几个常用方法介绍如下。

1）构造方法 public void ContentObserver(Handler handler)：所有 ContentObserver 的派生类都需要调用该构造方法，参数 handler 为 Handler 对象。可以是主线程 Handler（这时候可以更新 UI），也可以是任何 Handler 对象。

2）void onChange(boolean selfChange)：观察到的 URI 发生变化时，回调该方法去处理。所有 ContentObserver 的派生类都需要重载该方法去处理逻辑。

为了监听指定 ContentProvider 的数据变化，需要通过 ContentResolver 向指定的 URI 注册 ContentObserver，ContentResolver 提供了如下方法来注册内容观察者。

```
registerContentObserver(URI uri, Boolean notifyForDescendents, ContentObserver observer)
```

上面的注册内容观察者中，uri 表示该观察者监听的 ContentProvider 的 URI；notifyForDescendents 为 false 时表示精确匹配，即只匹配该 URI，为 true 时表示可以同时匹配其派生的 URI；observer 即为该观察者的实例。

【示例 6.4】创建学生内容提供者和内容观察者，使用观察者监听对学生数据库的操作。在内容提供者应用程序中创建图 6-12 所示的界面。

图 6-12　内容提供者应用程序界面

单击"添加""更新""删除""查询"按钮时，在内容观察者应用程序中输出"有人在操作数据库！"的信息，如图 6-13 所示。

图 6-13　内容观察者的输出

## （1）创建内容提供者的项目
定义 StudentDBOpenHelper 类：

```java
package com.qcxy.mycontentprovider.student;
import android.content.Context;
import android.database.sqlite.SQLiteDatabase;
import android.database.sqlite.SQLiteOpenHelper;
public class StudentDBOpenHelper extends SQLiteOpenHelper {
    // 构造方法，调用该方法创建一个 student.db 数据库
    public StudentDBOpenHelper(Context context) {
        super(context, "student.db", null, 1);
    }
    @Override
    public void onCreate(SQLiteDatabase db) {
        // 创建该数据库的同时新建一个 info 表，表中有 _id、name 两个字段
        db.execSQL("create table stuinfo (_id integer primary key autoincrement, name varchar(20))");
    }
    @Override
    public void onUpgrade(SQLiteDatabase db, int oldVersion, int newVersion) {
    }
}
```

StudentProvider 类：

```java
package com.qcxy.mycontentprovider.student;

import android.content.ContentProvider;
import android.content.ContentUris;
import android.content.ContentValues;
import android.content.UriMatcher;
import android.database.Cursor;
import android.database.sqlite.SQLiteDatabase;
import android.net.Uri;

public class StudentProvider extends ContentProvider {
    // 定义一个 URI 路径的匹配器，如果路径匹配不成功返回 -1
    private static UriMatcher mUriMatcher = new UriMatcher(-1);
    private static final int SUCCESS = 1;              // 匹配路径成功时的返回码
    private StudentDBOpenHelper helper;                // 数据库操作类的对象
    // 添加路径匹配器的规则
    static {
        mUriMatcher.addURI("com.qcxy.mycontentprovider.student", "stuinfo", SUCCESS);
    }
```

```java
@Override
public boolean onCreate() { // 当内容提供者被创建时调用
    helper = new StudentDBOpenHelper(getContext());
    return false;
}
/**
 * 查询数据操作
 */
@Override
public Cursor query(Uri uri, String[] projection, String selection,
                        String[] selectionArgs, String sortOrder) {
    // 匹配查询的 URI 路径
    int code = mUriMatcher.match(uri);
    if (code == SUCCESS) {
        SQLiteDatabase db = helper.getReadableDatabase();
        return db.query("stuinfo", projection, selection, selectionArgs,
                null, null, sortOrder);
    } else {
        throw new IllegalArgumentException(" 路径不正确，无法查询数据！ ");
    }
}
/**
 * 添加数据操作
 */
@Override
public Uri insert(Uri uri, ContentValues values) {
    int code = mUriMatcher.match(uri);
    if (code == SUCCESS) {
        SQLiteDatabase db = helper.getReadableDatabase();
        long rowId = db.insert("stuinfo", null, values);
        if (rowId > 0) {
            Uri insertedUri = ContentUris.withAppendedId(uri, rowId);
            // 提示数据库的内容变化了
            getContext().getContentResolver().notifyChange(insertedUri, null);
            return insertedUri;
        }
        db.close();
        return uri;
    } else {
        throw new IllegalArgumentException(" 路径不正确，无法插入数据！ ");
    }
}
/**
 * 删除数据操作
 */
@Override
public int delete(Uri uri, String selection, String[] selectionArgs) {
    int code = mUriMatcher.match(uri);
```

```java
        if (code == SUCCESS) {
            SQLiteDatabase db = helper.getWritableDatabase();
            int count = db.delete("stuinfo", selection, selectionArgs);
            // 提示数据库的内容变化了
            if (count > 0) {
                getContext().getContentResolver().notifyChange(uri, null);
            }
            db.close();
            return count;
        } else {
            throw new IllegalArgumentException(" 路径不正确，无法随便删除数据 !");
        }
    }
    /**
     * 更新数据操作
     */
    @Override
    public int update(Uri uri, ContentValues values, String selection,
                        String[] selectionArgs) {
        int code = mUriMatcher.match(uri);
        if (code == SUCCESS) {
            SQLiteDatabase db = helper.getWritableDatabase();
            int count = db.update("stuinfo", values, selection, selectionArgs);
            // 提示数据库的内容变化了
            if (count > 0) {
                getContext().getContentResolver().notifyChange(uri, null);
            }
            db.close();
            return count;
        } else {
            throw new IllegalArgumentException(" 路径不正确，无法更新数据！ ");
        }
    }
    @Override
    public String getType(Uri uri) {
        return null;
    }
}
```

StudentActivity 的布局文件：

```xml
    <?xml version = "1.0" encoding = "utf-8"?>
<LinearLayout xmlns:android = "http://schemas.android.com/apk/res/android"
    xmlns:app = "http://schemas.android.com/apk/res-auto"
    xmlns:tools = "http://schemas.android.com/tools"
    android:layout_width = "match_parent"
    android:layout_height = "match_parent"
    android:orientation = "vertical"
    tools:context = ".StudentActivity">
```

```xml
<EditText
    android:layout_marginTop = "10dp"
    android:id = "@+id/stu_name"
    android:layout_width = "match_parent"
    android:layout_height = "wrap_content"
    android:textSize = "18sp"
    android:hint = " 输入姓名 "
    />
<EditText
    android:layout_marginTop = "10dp"
    android:id = "@+id/stu_id"
    android:layout_width = "match_parent"
    android:layout_height = "wrap_content"
    android:textSize = "18sp"
    android:hint = " 输入要操作的编号 "
    />
<LinearLayout
    android:layout_marginTop = "20dp"
    android:layout_width = "match_parent"
    android:layout_height = "wrap_content"
    android:orientation = "horizontal">
    <Button
        android:id = "@+id/btn_insert"
        android:layout_width = "0dp"
        android:layout_weight = "1"
        android:layout_height = "wrap_content"
        android:text = " 添加 "
        android:textSize = "20dp" />
    <Button
        android:id = "@+id/btn_update"
        android:layout_width = "0dp"
        android:layout_weight = "1"
        android:layout_height = "wrap_content"
        android:text = " 更新 "
        android:textSize = "20dp" />
    <Button
        android:id = "@+id/btn_delete"
        android:layout_width = "0dp"
        android:layout_weight = "1"
        android:layout_height = "wrap_content"
        android:text = " 删除 "
        android:textSize = "20dp" />
    <Button
        android:id = "@+id/btn_select"
        android:layout_width = "0dp"
        android:layout_weight = "1"
        android:layout_height = "wrap_content"
        android:text = " 查询 "
```

```
                android:textSize = "20dp" />
        </LinearLayout>
</LinearLayout>
```

StudentActivity 类：

```java
        package com.qcxy.mycontentprovider;
import androidx.appcompat.app.AppCompatActivity;
import android.content.ContentResolver;
import android.content.ContentValues;
import android.database.Cursor;
import android.database.sqlite.SQLiteDatabase;
import android.net.Uri;
import android.os.Bundle;
import android.util.Log;
import android.view.View;
import android.widget.Button;
import android.widget.TextView;
import android.widget.Toast;
import com.qcxy.mycontentprovider.student.StudentDBOpenHelper;
import java.util.ArrayList;
import java.util.HashMap;
import java.util.List;
import java.util.Map;
import java.util.Random;
public class StudentActivity extends AppCompatActivity implements View.OnClickListener {
    private ContentResolver resolver;
    private Uri uri;
    private ContentValues values;
    private Button btnInsert;
    private Button btnUpdate;
    private Button btnDelete;
    private Button btnSelect;
    private TextView et_stuid, et_stuname;
    @Override
    protected void onCreate(Bundle savedInstanceState) {
        super.onCreate(savedInstanceState);
        setContentView(R.layout.activity_student);
        initView(); // 初始化界面
        createDB(); // 创建数据库
    }
    private void initView() {
        btnInsert = findViewById(R.id.btn_insert);
        btnUpdate = findViewById(R.id.btn_update);
        btnDelete = findViewById(R.id.btn_delete);
        btnSelect = findViewById(R.id.btn_select);
        btnInsert.setOnClickListener(this);
        btnUpdate.setOnClickListener(this);
        btnDelete.setOnClickListener(this);
```

```
        btnSelect.setOnClickListener(this);
        et_stuid = findViewById(R.id.stu_id);
        et_stuname = findViewById(R.id.stu_name);
    }
    private void createDB() {
        // 创建数据库并向 stuinfo 表中添加 3 条数据
        StudentDBOpenHelper helper = new StudentDBOpenHelper(this);
        SQLiteDatabase db = helper.getWritableDatabase();
        for (int i = 0; i < 3; i++) {
            ContentValues values = new ContentValues();
            values.put("name", "student" + i);
            db.insert("stuinfo", null, values);
        }
        db.close();
    }
    @Override
    public void onClick(View v) {
        // 得到一个内容提供者的解析对象
        resolver = getContentResolver();
        // 获取一个 URI 路径
        uri = Uri.parse("content://com.qcxy.mycontentprovider.student/stuinfo");
        // 新建一个 ContentValues 对象，该对象以 key-values 的形式添加数据到数据库表中
        values = new ContentValues();
        switch (v.getId()) {
            case R.id.btn_insert:

                values.put("name", et_stuname.getText().toString());
                Uri newuri = resolver.insert(uri, values);
                Toast.makeText(this, " 添加成功 ", Toast.LENGTH_SHORT).show();
                Log.i(" 数据库应用 ", " 添加 ");
                break;
            case R.id.btn_delete:
                // 返回删除数据的条目数
                int deleteCount = resolver.delete(uri, "_id = ?",
                        new String[]{et_stuid.getText().toString()});
                Toast.makeText(this, " 成功删除了 " + deleteCount + " 行 ",
                        Toast.LENGTH_SHORT).show();
                Log.i(" 数据库应用 ", " 删除 ");
                break;
            case R.id.btn_select:
                List<Map<String, String>> data = new ArrayList<Map<String, String>>();
                // 返回查询结果，是一个指向结果集的游标
                Cursor cursor = resolver.query(uri, new String[]{"_id", "name"},
                        null, null, null);
                // 遍历结果集中的数据，将每一条遍历的结果存储在一个 List 的集合中
                while (cursor.moveToNext()) {
                    Map<String, String> map = new HashMap<String, String>();
                    map.put("_id", cursor.getString(0));
```

```
                map.put("name", cursor.getString(1));
                data.add(map);
            }
            // 关闭游标，释放资源
            cursor.close();
            Log.i(" 数据库应用 ", " 查询结果： " + data.toString());
            break;
        case R.id.btn_update:
            // 将数据库 stuinfo 表中 name 为 itcast1 的这条记录更改 name 为 update_itcast
            values.put("name", et_stuname.getText().toString());
            int updateCount = resolver.update(uri, values, "_id = ?",
                    new String[]{et_stuid.getText().toString()});
            Toast.makeText(this, " 成功更新了 " + updateCount + " 行 ",
                    Toast.LENGTH_SHORT).show();
            Log.i(" 数据库应用 ", " 更新 ");
            break;
        }
    }
}
```

在 AndroidManifest.xml 文件中添加代码：

```
<provider
android:name = ".student.StudentProvider"
android:authorities = "com.qcxy.mycontentprovider.student"
android:enabled = "true"
android:exported = "true"/>
```

（2）创建内容观察者的项目

MonitorActivity 类：

```
    package com.qcxy.chapter6;

import androidx.appcompat.app.AppCompatActivity;
import android.database.ContentObserver;
import android.net.Uri;
import android.os.Bundle;
import android.os.Handler;
import android.util.Log;

public class MonitorActivity extends AppCompatActivity {

    @Override
    protected void onCreate(Bundle savedInstanceState) {
        super.onCreate(savedInstanceState);
        setContentView(R.layout.activity_monitor);
        // 该 URI 路径指向数据库应用中的数据库 info 表
        Uri uri = Uri.parse("content://com.qcxy.mycontentprovider.student/stuinfo");
        // 注册内容观察者，参数 uri 指向要监测的数据库 stuinfo 表
        // 参数 true 定义了监测的范围，最后一个参数是一个内容观察者对象
```

```
getContentResolver().registerContentObserver(uri, true,
        new MyObserver(new Handler()));
    }
    private class MyObserver extends ContentObserver {
        public MyObserver(Handler handler) {//handler 是一个消息处理器
            super(handler);
        }
        @Override
        // 当 info 表中的数据发生变化时则执行该方法
        public void onChange(boolean selfChange) {
            Log.i(" 监测数据变化 ", " 有人在操作数据库！ ");
            super.onChange(selfChange);
        }
    }
    @Override
    protected void onDestroy() {
        super.onDestroy();
        // 取消注册内容观察者
        getContentResolver().unregisterContentObserver(new MyObserver(
                new Handler()));
    }
}
```

# 6.4　Application 全局应用

## 6.4.1　Application 简介

    Application 是 Android 框架的一个系统组件。当 Android 程序启动时，系统会创建一个 Application 对象，是维护应用全局状态的基类，用来存储系统的一些信息。Application 对象全局可访问，且全程陪同应用进程，特别适合共享全局状态和初始化整个应用期间所需的服务。

    Android 系统会自动（默认的，不管有没有定义）为每个程序运行时创建一个 Application 类的对象，且该对象只创建一个，所以 Application 可以说是单例（Singleton）模式的一个类。例如下面的代码，清单文件 mainiftest 中的 application 就是整个基类。

```xml
<application
        android:allowBackup = "true"
        android:icon = "@mipmap/ic_launcher"
        android:label = "@string/app_name"
        android:roundIcon = "@mipmap/ic_launcher_round"
        android:supportsRtl = "true"
        android:theme = "@style/AppTheme">
        <activity android:name = ".MainActivity">
            <intent-filter>
                <action android:name = "android.intent.action.MAIN" />
                <category android:name = "android.intent.category.LAUNCHER" />
            </intent-filter>
```

```
        </activity>
    </application>
```

## 6.4.2　使用自定义 Application 类

进程默认启动之后都会创建一个 Application 对象，其他的组件可以通过全局上下文环境访问这个对象，因为 Application 是系统定义的，无法修改代码。但是可以在程序中扩展 Application 类，让 Android 系统使用自定义的 Application 类创建 Application 对象。自定义 Application 的步骤如下。

1）自定义类继承 Application 基类。

```
    package com.qcxy.chapter6;
import android.app.Application;
public class MyApplication extends Application {
}
```

2）在 mainiftest 文件中添加 name 属性。

```
<application
android:name = ".MyApplication"
android:allowBackup = "true"
android:icon = "@mipmap/ic_launcher"
android:label = "@string/app_name"
android:roundIcon = "@mipmap/ic_launcher_round"
android:supportsRtl = "true"
android:theme = "@style/AppTheme">
<activity android:name = ".MainActivity">
            <intent-filter>
                <action android:name = "android.intent.action.MAIN" />
                <category android:name = "android.intent.category.LAUNCHER" />
            </intent-filter>
        </activity>
    </application>
```

3）在程序中通过 getApplication( ) 获取 Application 对象。Application 对象的生命周期是整个程序中最长的，它的生命周期就等于这个程序的生命周期。程序中不同的 Activity 可以互相切换，但是 Application 对象是同一个，它诞生于其他任何组件对象之前，并且一直存活，直到应用进程结束。

Application 对象由 Android 系统管理，它的回调函数都运行于 UI 线程（主线程），其回调函数的代码如下：

```
public class MyApplication extends Application {
    public static  final String TAG = " MyApplication-app";
    // 初始回调方法
    @Override
    public void onCreate() {
        super.onCreate();
        Log.d(TAG, "onCreate: "+Thread.currentThread());
    }
```

```
// 系统配置发生变更的时候，onConfigurationChanged() 会被调用
// newConfig 是指新的配置信息
@Override
public void onConfigurationChanged(@NonNull Configuration newConfig) {
    super.onConfigurationChanged(newConfig);
    Log.d(TAG, "onConfigurationChanged: "+"newConfig"+newConfig);
}

//App 内存不足的时候回调
@Override
public void onLowMemory() {
    super.onLowMemory();
}
}
```

Application 与静态单例一样，其对象在程序中只有一个，例如创建一个单例类，代码如下：

```
public class App {
    private static App singleton = new App();
    private String res;
    public static App getInstance(){
        return singleton;
    }
    public String getRes() {
        return res;
    }
    public void setRes(String res) {
        this.res = res;
    }
}
```

在 Android 应用程序中也可以通过这个单例类进行数据共享，与 Application 相比较，静态单例模块化更好。Application 相当于一个 Context，所以具有访问资源的能力，但是单例也可以通过接收 Context 参数进行资源访问，Application 的回调和生命周期完全由 Android 系统控制，无法人为干预，但是使用单例就更加灵活，推荐使用单例。

## 6.5　读取系统短信

【需求分析】使用 ContentResolver 实现读取系统收信箱、发信箱、草稿箱中的短信，将读取的短信以列表的形示展现在界面上。

【实现步骤】

1）添加读取短信的权限，在程序中也需要动态获取权限。

2）创建 Activity 和布局文件，添加按钮等控件。

3）实现读取短信内容的功能。

【参考代码】

```
findViewById(R.id.sms_btn).setOnClickListener(new View.OnClickListener() {
@Override
public void onClick(View view) {
    // 获取内容处理者
    ContentResolver resolver = getContentResolver();
    // 查询方法
    Uri uri = Uri.parse("content://sms/sent");
    Cursor c = resolver.query(uri, null, null, null, null);
    // 解析并遍历 Cursor
    while(c.moveToNext()){
        String msg = "";
        String address = c.getString(c.getColumnIndex("address"));
        String body = c.getString(c.getColumnIndex("body"));
        msg = address + ":" + body;
        Log.d("TAG", msg);
    }
}
});
```

　　监控发送的短信，系统发送短信时，在内容监控者程序中显示短信收到，并显示其内容。通过监听 URI 为 content://sms 的数据改变即可监听到用户信息的数据改变，并且使用监听器的 onChange(Boolean selfChange) 方法查询 URI 为 content://sms/inbox 的数据，获取用户收到的短信。

## 6.6　添加联系人

　　【需求说明】完成一个添加联系人信息的功能，通过 ContentResolver 向系统中添加联系人信息。

　　【实现步骤】

　　1）添加动态读写联系人的权限。

　　2）创建 Activity 和布局文件，添加输入框和按钮等控件。

　　3）完成添加联系人的功能。

　　【参考代码】

```
findViewById(R.id.add_contact_btn).setOnClickListener(new View.OnClickListener() {
            @Override
            public void onClick(View view) {
                ContentResolver resolver = getContentResolver();

                // 向一个 ContentProvider 中插入一条空数据，获取新生成的 id
                // 利用刚刚生成的 id 分别组合姓名和电话号码，向另一个 ContentProvider 中插入
                // 数据
                ContentValues values = new ContentValues();
                Uri uri = resolver.insert(ContactsContract.RawContacts.CONTENT_URI, values);
                long id = ContentUris.parseId(uri);
                // 插入姓名
                // 指定姓名列的内容
```

```
values.put(ContactsContract.CommonDataKinds.StructuredName.GIVEN_NAME, etName.
getText().toString());
        // 指定和姓名关联的编号列的内容
        values.put(ContactsContract.Data.RAW_CONTACT_ID, id);
        // 指定该行数据的类型
        values.put(ContactsContract.Data.MIMETYPE,
ContactsContract.CommonDataKinds.StructuredName.CONTENT_ITEM_TYPE);
        resolver.insert(ContactsContract.Data.CONTENT_URI, values);
        // 插入电话号码
        // 清空 ContentValues 对象
        values.clear();
        // 指定电话号码列的内容
        values.put(ContactsContract.CommonDataKinds.Phone.NUMBER, etNumber.getText().
toString());
        // 指定和电话号码关联的编号列的内容
        values.put(ContactsContract.Data.RAW_CONTACT_ID, id);
        // 指定该行数据的类型
        values.put(ContactsContract.Data.MIMETYPE,
ContactsContract.CommonDataKinds.Phone.CONTENT_ITEM_TYPE);
        // 指定联系方式的类型
        values.put(ContactsContract.CommonDataKinds.Phone.TYPE,
                ContactsContract.CommonDataKinds.Phone.TYPE_MOBILE);

        resolver.insert(ContactsContract.Data.CONTENT_URI, values);
    }
});
```

# 本章习题

1. 选择题

1）下列选项中，属于在清单文件中注册内容提供者标签的是（　　　）。

A. <provider/>                    B.

C.                     D. 以上都不对

2）下面关于 ContentProvider 的 URI Authorities 描述，正确的是（　　　）。

A. 类名          B. 唯一标识          C. URI 名称          D. 包名

3）下列选项中，属于获取 ContentResolver 实例对象的是（　　　）。

A. new ContentResolver()

B. ContentProvider.newInstance()

C. ContentProvider.getContentResolver()

D. getContentResolver()

4）下列选项中，属于 Android 中能观察到系统短信数据库变化的类是（　　　）。

A. ContentProvider              B. SQLiteDatabase

C. ContentObserver              D. ContentResolver

5）下列选项中，属于在清单文件中注册内容提供者时能被其他应用程序使用的属性是
（　　　）。

A. android:enabled="true"　　　　　B. android:exported="true"

C. android:authorities="true"　　　　D. 以上都不正确

6）下列选项中，属于自定义内容观察者继承的类是（　　　）。

A. BaseObserver　　　　　　　　　B. ContentObserver

C. BasicObserver　　　　　　　　　D. DefaultObserver

7）下列选项中，属于内容提供者的是（　　　）。

A. Activity　　　　　　　　　　　B. ContentProvider

C. ContentResolver　　　　　　　　D. ContentObserver

8）下列选项中，属于操作 Android 系统短信数据库中数据的类是（　　　）。

A. ContentProvider　　　　　　　　B. ContentResolver

C. ContentObserver　　　　　　　　D. SQLiteDatabase

9）下列选项中，属于 ContentProvider 类中方法的是（　　　）。

A. onCreate()　　　　B. getType()　　　　C. insert()　　　　D. query()

2. 简答与编程题

1）简述使用 ContentProvider 实现数据共享的步骤。

2）简述 ContentObserver 的工作原理。

3）编写一个程序，实现监测短信数据变化的功能。

# 第 7 章

# Android 网络编程

**本章简介**

本章详细地讲解了 Android 中的网络编程与异步任务处理。包括网络通信协议与 Socket 技术、HTTP、使用 HttpURLConnection 访问网络、提交数据的方式、使用 WebView 控件浏览网页、WebView 控件执行 HTML 代码、WebView 控件支持 JavaScript 代码、解析 JSON 数据。在实际开发中，大多数应用程序都需使用网络服务与数据解析功能，使用基于多线程技术与异步任务的处理方式能够很好地提升应用的体验感。熟练掌握本章内容，能更有效率地进行客户端与服务端的通信。

**学习目标**

1）理解 Socket 通信。

2）掌握 HTTP。

3）理解 HttpURLConnection 的使用。

4）掌握 JSON 数据的解析。

5）掌握多线程与异步任务处理。

## 7.1 网络编程基础

### 7.1.1 网络通信协议

TCP/IP 即传输控制 / 网络协议，是指能够在多个不同网络间实现信息传输的协议族。它是网络使用中最基本的通信协议。TCP/IP 对互联网中各部分进行通信的标准和方法进行了规定。并且，TCP/IP 是保证网络数据信息及时、完整传输的两个重要的协议。TCP/IP 严格来说是一个 4 层的体系结构，包括应用层、传输层、网络层和链路层。计算机网络体系结构如图 7-1 所示。

图 7-1　计算机网络体系结构

手机能够使用网络功能是因为手机底层实现了 TCP/IP，可以使手机终端通过无线网络建立 TCP 连接。TCP 可以对上层网络提供接口，使上层网络数据的传输建立在"无差别"的网络之上。建立起一个 TCP 连接需要经过"三次握手"，如图 7-2 所示。

图 7-2　三次握手

第一次握手：客户端发送 SYN 包（SYN=j）到服务器，并进入 SYN_SEND 状态，等待服务器确认。

第二次握手：服务器收到 SYN 包，必须确认客户的 SYN（ACK=j+1），同时自己也发送一个 SYN 包（SYN=k），即 SYN+ACK 包，此时服务器进入 SYN_RECV 状态。

第三次握手：客户端收到服务器的 SYN+ACK 包，向服务器发送确认包 ACK(ACK=k+1)，此包发送完毕，客户端和服务器进入 ESTABLISHED 状态，完成三次握手。

握手过程中传送的包里不包含数据，三次握手完毕后，客户端与服务器才正式开始传送数据。理想状态下，TCP 连接一旦建立，在通信双方中的任何一方主动关闭连接之前，

TCP 连接都将被一直保持下去。断开连接时，服务器和客户端均可以主动发起断开 TCP 连接的请求。

## 7.1.2　使用 Socket 进行通信

应用层通过传输层进行数据通信时，传输层中的 TCP 可能会同时为多个应用程序进程提供并发服务。多个 TCP 连接或多个应用程序进程可能需要通过同一个 TCP 端口传输数据。为了区别不同的应用程序进程和连接，许多计算机操作系统为应用程序与 TCP / IP 交互提供了套接字（Socket）接口。应用层可以和传输层通过 Socket 接口区分来自不同应用程序进程或网络连接的通信，实现数据传输的并发服务。

Socket 是一种抽象层，应用程序通过它来发送和接收数据。使用 Socket 可以将应用程序添加到网络中，与处于同一网络中的其他应用程序进行通信。Socket 的实现是多样化的，最为典型的就是 TCP 和 UDP，分别对应的 Socket 类型为流套接字（Stream Socket）和数据报套接字（Datagram Socket）。流套接字将 TCP 作为其端对端协议，提供了一个可信赖的字节流服务；数据报套接字使用 UDP，提供数据打包发送服务。本小节只介绍基于 TCP 的 Socket 通信机制，不涉及 UDP，为了在 Android 网络开发时更好地理解基于 TCP 的 Socket 通信机制，需要先简单介绍 Socket 通信模型。

Socket 的本质是编程接口，是对 TCP/IP 的封装。Socket 通常称为"套接字"，用于描述 IP 地址和端口。建立 Socket 连接至少需要一对套接字，其中一个运行于客户端，称为 ClientSocket，另一个运行于服务器端，称为 ServerSocket，如图 7-3 所示。

图 7-3　Socket 通信

在 Android 中，通常使用 Socket 的构造方法连接到指定服务器，有关构造方法的使用说明如下。

1）Socket(InetAddress/String remoteAddress, int port)：创建连接到指定远程主机、远程端口的 Socket。该构造方法没有指定本地地址、本地端口，默认使用本地主机的默认 IP 地址，默认使用系统动态分配的端口。

2）Socket(InetAddress/String remoteAddress, int port, InetAddress localAddr, int localPort)：创建连接到指定远程主机、远程端口的 Socket，并指定本地 IP 地址和本地端口，适用于本地主机有多个 IP 地址的情况。

客户端利用 Socket 请求连接服务器，服务器端在 Java 中能接收客户端连接请求的类是 ServerSocket，一般的使用步骤如下。

1）创建 ServerSocket 对象：ServerSocket 的构造方法有 3 种，根据参数个数的不同区分。

2）调用 accept() 方法与客户端 Socket 连接：如果服务器端接收到一个客户端 Socket 的连接请求，那么该方法将返回一个与连接客户端 Socket 对应的 Socket；否则该方法将一直处于等待状态，线程也被阻塞。

在实际应用中，客户端需要和服务器端保持长时间通信。也就是说，服务器需要不断读取客户端数据，并向客户端写入数据；客户端也需要不断读取服务器数据，并向服务器写入数据。考虑到使用传统的 BufferedReader.readline() 方法读取数据时线程会被阻塞而无法继续执行，因此服务器端需要为每个 Socket 单独启动一条线程，每条线程负责与一个客户端进行通信。

【示例 7.1】使用 Socket 实现手机与计算机通信。

在计算机上使用 Java 创建服务端程序，启动服务器，接收客户端请求，如图 7-4 所示。

在 Android 中创建客户端程序，如图 7-5 所示。

图 7-4　启动服务器

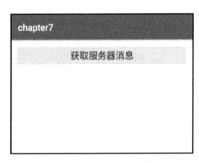

图 7-5　客户端程序

单击"获取服务器消息"按钮后，服务器端与客户端建立连接，在服务器中输入信息后，手机客户端上会显示服务器端发送过来的信息，如图 7-6 所示。

代码实现如下。

1）Eclipse 中的服务器端代码如下：

```
package com.qcxy.socket;

import java.io.IOException;
import java.io.OutputStream;
import java.io.PrintWriter;
import java.net.ServerSocket;
import java.net.Socket;
import java.util.Scanner;
public class TcpSocketServer {
    public static void main(String[] args) {
        System.out.println("server start......");
        try {
            // 创建服务器端 ServerSocket 对象
            ServerSocket serverSocket = new ServerSocket(8888);
            while(true){
```

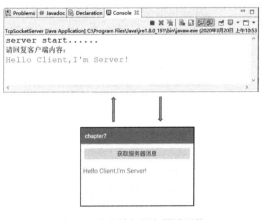

图 7-6　客户端与服务器端通信

```
                    // 接收客户端连接
                    Socket socket = serverSocket.accept();
                    // 创建输出流
                    OutputStream outputStream = socket.getOutputStream();
                    PrintWriter pw = new PrintWriter(outputStream);
                    // 输入信息
                    Scanner input = new Scanner(System.in);
                    System.out.println(" 请回复客户端内容： ");
                    // 输出到客户端
                    pw.println(input.nextLine());
                    // 刷新缓冲区并关闭流
                    pw.flush();
                    pw.close();
                    socket.close();
                }
            } catch (IOException e) {
                // TODO Auto-generated catch block
                e.printStackTrace();
            }
        }
    }
}
```

2）Android 的布局文件代码如下：

```xml
<?xml version = "1.0" encoding = "utf-8"?>
<LinearLayout xmlns:android = "http://schemas.android.com/apk/res/android"
    xmlns:app = "http://schemas.android.com/apk/res-auto"
    xmlns:tools = "http://schemas.android.com/tools"
    android:layout_width = "match_parent"
    android:layout_height = "match_parent"
    android:orientation = "vertical"
    tools:context = ".ClientSocketActivity">
    <Button
        android:id = "@+id/btnGetMsg"
        android:layout_width = "match_parent"
        android:layout_height = "wrap_content"
        android:text = " 获取服务器消息 "
        android:layout_margin = "10dp"
        android:textSize = "18sp"/>
    <TextView
        android:id = "@+id/tv_msg"
        android:layout_width = "match_parent"
        android:layout_height = "wrap_content"
        android:layout_margin = "10dp"
        android:textSize = "20sp"/>
</LinearLayout>
```

3）Android 的 Activity 中的代码如下：

```java
package com.qcxy.chapter7;
import androidx.appcompat.app.AppCompatActivity;
import android.os.Bundle;
import android.text.TextUtils;
import android.view.View;
import android.widget.Button;
import android.widget.TextView;
import java.io.BufferedReader;
import java.io.IOException;
import java.io.InputStreamReader;
import java.net.Socket;
public class ClientSocketActivity extends AppCompatActivity implements View.OnClickListener {
    Button btnGetMsg;
    TextView tvMsg;
    @Override
    protected void onCreate(Bundle savedInstanceState) {
        super.onCreate(savedInstanceState);
        setContentView(R.layout.activity_client_socket);
        tvMsg = findViewById(R.id.tv_msg);
        btnGetMsg = findViewById(R.id.btnGetMsg);
        btnGetMsg.setOnClickListener(this);
    }
    @Override
    public void onClick(View v) {
        new Thread(new Runnable() {
            @Override
            public void run() {
                try {
                    // 创建客户端 Socket 对象
                    Socket socket = new Socket("192.168.1.19", 8888);
                    BufferedReader bufReader = new BufferedReader(new InputStreamReader(
                            socket.getInputStream(), "UTF-8"
                    ));
                    String strLine = "";
                    final StringBuffer stuBuffer = new StringBuffer();
                    // 读取服务器端传入的内容
                    while(!TextUtils.isEmpty((strLine = bufReader.readLine()))){
                        stuBuffer.append(strLine);
                    }
                    // 使用 post 方法更新 View 中 TextView 上的文本
                    tvMsg.post(new Runnable() {
                        @Override
                        public void run() {
                            tvMsg.setText(stuBuffer.toString());
                        }
                    });
                    // 关闭资源
                    bufReader.close();
```

```
                        socket.close();
                    } catch (IOException e) {
                        e.printStackTrace();
                    }
                }
            }).start();
        }
    }
```

### 7.1.3　使用 URL 访问网络资源

URL（Uniform Resource Locator，统一资源定位器）是因特网的万维网服务程序中用于指定信息位置的表示方法。URL 由协议名、主机、端口和资源组成，HTTP 的 URL 语法如下：

http://&lt;host&gt;:&lt;port&gt;/&lt;path&gt;?&lt;searchpart&gt;

例如 URL 地址：https://developer.android.google.cn/guide。URL 类提供了多个构造方法用于创建 URL 对象，一旦获得了 URL 对象，就可以调用表 7-1 中的常用方法来访问该 URL 对应的资源。

表 7-1　URL 的常用方法

| 方法 | 说明 |
| --- | --- |
| String getFile() | 获取此 URL 的资源名 |
| String getHost() | 获取此 URL 的主机名 |
| String getPath() | 获取此 URL 的路径部分 |
| int getPort() | 获取此 URL 的端口号 |
| String getProtocol() | 获取此 URL 的协议名称 |
| String getQuery() | 获取此 URL 的查询字符串部分 |
| URLConnection openConnection() | 返回一个 URLConnection 对象，表示到 URL 所引用的远程对象的连接 |
| InputStream openStream() | 打开与此 URL 的连接 |

#### 1. 使用 URL 读取网络资源

在表 7-1 中，URL 对象中的前面 7 个方法都非常容易理解，这里不再介绍。URL 对象提供的 openStream() 方法可以读取该 URL 资源的 InputStream，通过该方法可以非常方便地读取远程资源。使用 URL 读取网络图片资源的步骤如下：

1）指定图片资源的 URL，创建 URL 对象。

2）使用 openStream() 方法获取指定的图片资源。

3）将图片显示在 ImageView 上。

4）获取访问权限。注意：需要在 AndroidManifest.xml 文件中添加如下代码以获取访问权限，否则本程序无法运行。

&lt;uses-permission android:name = "android.permission.INTERNET" /&gt;

【示例 7.2】获取网络上的 Android 图标。

单击"加载图片"按钮，加载 Android 图标，运行效果如图 7-7 所示。

实现步骤如下。

1）创建布局文件，代码如下：

```
<?xml version = "1.0" encoding = "utf-8"?>
<LinearLayout xmlns:android = "http://schemas.android.
com/apk/res/android"
    xmlns:app = "http://schemas.android.com/apk/res-
    auto"
    xmlns:tools = "http://schemas.android.com/tools"
    android:layout_width = "match_parent"
    android:layout_height = "match_parent"
    android:orientation = "vertical"
    tools:context = ".URLActivity">

    <Button
        android:layout_width = "match_parent"
        android:layout_height = "wrap_content"
        android:id = "@+id/btnLoadImg"
        android:text = " 加载图片 "
        android:textSize = "18sp"/>

    <ImageView
        android:id = "@+id/img1"
        android:layout_gravity = "center"
        android:layout_width = "match_parent"
        android:layout_height = "wrap_content"/>

</LinearLayout>
```

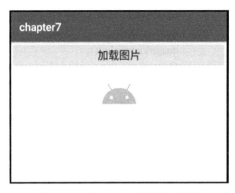

图 7-7　加载 Android 图标的效果图

2）在 Activity 中单击按钮获取网络图片，代码如下：

```
package com.qcxy.chapter7;

import androidx.appcompat.app.AppCompatActivity;

import android.graphics.Bitmap;
import android.graphics.BitmapFactory;
import android.os.Bundle;
import android.util.Log;
import android.view.View;
import android.widget.Button;
import android.widget.ImageView;

import java.io.InputStream;
import java.net.URL;
import java.net.URLConnection;

public class URLActivity extends AppCompatActivity implements View.OnClickListener {
```

```
private static final String TAG = "URLActivity";
Button btnLoadImg;
ImageView ivImg1;
@Override
protected void onCreate(Bundle savedInstanceState) {
    super.onCreate(savedInstanceState);
    setContentView(R.layout.activity_url);

    btnLoadImg = findViewById(R.id.btnLoadImg);
    ivImg1 = findViewById(R.id.img1);
    btnLoadImg.setOnClickListener(this);
}
@Override
public void onClick(View v) {
    new Thread(){
        public void run(){
            try {
                // Step 1：使用指定的 URL 创建 url 对象
                URL url = new URL("https://www.gstatic.cn/devrel-devsite/prod/vf4743e423752
                7d72f4be8582639e4a529166b52e9bb628e797b1ed38800b278b/android/images/
                dynamic-content-card-default.png");
                // Step 2：从 url 中读取数据放入 InputSteam 类对象 is 中
                InputStream is = url.openStream();
                // 利用 decodeStream() 方法将 is 正常解码为 Bitmap 对象 mBitmap
                final Bitmap mBitmap = BitmapFactory.decodeStream(is);
                // 若 mBitmap 为空，那么提示获取图片失败
                if (mBitmap == null) {
                    Log.v(TAG, "get pic failed");
                }
                else { // 若 mBitmap 不为空，那么提示获取图片成功
                    Log.v(TAG, "get pic successfully");
                    // Step 3：将图片显示出来
                    //ivImg1.setImageBitmap(mBitmap);
                    ivImg1.post(new Runnable() {
                        @Override
                        public void run() {
                            ivImg1.setImageBitmap(mBitmap);
                        }
                    });
                }
            }
            // 捕获异常
            catch (Exception e) {
                e.printStackTrace();
            }
        }
    }.start(); // 启动线程
}
```

### 2. 使用 URLConnection 读取网络资源

使用 URLConnection 读取网络资源最为关键的步骤就是通过指定相应网络资源的 URL 创建对象，通过对象获取网络资源对应的数据流，最后应用这些网络资源。要实现获取测试网站的主页源程序，并显示在 TextView 上，大致可分为以下 4 步。

1）指定测试网站主页的 URL，创建 URL 对象。

2）使用 openConnection() 方法建立 URLConnection 类型对象。

3）获取网页源程序，并显示在 TextView 上。

4）获取访问权限。注意：需要在 AndroidManifest.xml 文件中添加如下代码以获取访问权限，否则本程序无法运行。

```
<uses-permission android:name = "android.permission.INTERNET" />
```

【示例 7.3】获取百度首页的 HTML 代码。

程序加载后单击"加载网页代码"按钮，在下方显示网页的 HTML 代码，如图 7-8 所示。

图 7-8　加载网页代码的效果

实现步骤如下。

1）创建布局文件，代码如下：

```
<?xml version = "1.0" encoding = "utf-8"?>
<LinearLayout xmlns:android = "http://schemas.android.com/apk/res/android"
    xmlns:app = "http://schemas.android.com/apk/res-auto"
    xmlns:tools = "http://schemas.android.com/tools"
    android:layout_width = "match_parent"
    android:layout_height = "match_parent"
    android:orientation = "vertical"
    tools:context = ".URLConnectActivity">
    <Button
        android:layout_margin = "10dp"
```

```
            android:layout_width = "match_parent"
            android:layout_height = "wrap_content"
            android:id = "@+id/btnLoadCode"
            android:text = " 加载网页代码 "
            android:textSize = "18sp"/>
    <TextView
            android:layout_margin = "10dp"
            android:id = "@+id/txtCode"
            android:layout_width = "match_parent"
            android:layout_height = "wrap_content"
            android:textSize = "18sp"/>
</LinearLayout>
```

2）创建 Activity，实现代码如下：

```
package com.qcxy.chapter7;
import androidx.appcompat.app.AppCompatActivity;
import android.os.Bundle;
import android.view.View;
import android.widget.Button;
import android.widget.TextView;
import java.io.InputStream;
import java.net.URL;
import java.net.URLConnection;
public class URLConnectActivity extends AppCompatActivity implements View.OnClickListener {
    Button btnLoadCode;
    TextView tvCode;
    @Override
    protected void onCreate(Bundle savedInstanceState) {
        super.onCreate(savedInstanceState);
        setContentView(R.layout.activity_urlconnect);
        btnLoadCode = findViewById(R.id.btnLoadCode);
        tvCode = findViewById(R.id.txtCode);
        btnLoadCode.setOnClickListener(this);
    }
    @Override
    public void onClick(View v) {
        new Thread(){
            String str;
            StringBuffer sb = new StringBuffer();
            public void run(){
                try
                {
                    // 使用测试网站主页的 URL 创建 URL 对象
                    URL url = new URL("http://www.baidu.com");
                    // 使用 openConnection() 方法创建 URLConnection 对象
                    URLConnection connection = url.openConnection();
                    // 使用 InputStream 获取网站主页数据
                    InputStream is = connection.getInputStream();
```

```
            byte[] bs = new byte[1024];
            int len = 0;
            // 将网站主页数据写入 StringBuffer 对象 sb 中
            while ((len = is.read(bs)) ! = -1)
            {
                //String str = new String(bs, 0, len);
                str = new String(bs, 0, len);
                sb.append(str);
            }
            // 将网站主页源程序显示在 TextView 中
            tvCode.post(new Runnable() {
                @Override
                public void run() {
                    tvCode.setText(sb.toString());
                }
            });
        }
        // 捕获异常
        catch (Exception e){
            e.printStackTrace();
        }
    }
    // 启动线程
    }.start();
    }
}
```

## 7.2　使用 HTTP 访问网络

### 7.2.1　HTTP 简介

HTTP（Hypertext Transfer Protocol）是 Internet 联网的基础，同时也是手机上应用最广泛的通信协议之一，HTTP 工作在 TCP/IP 体系中的 TCP 上。它可以通过传输层的 TCP 在客户端和服务器之间进行传输数据以及数据之间的交互，格式如 http://host:port/path。一个 HTTP 请求报文由请求行（Request Line）、请求头（Header）、空行和请求数据 4 个部分组成。

1）请求行。请求行由请求方法字段、URL 字段和 HTTP 版本字段 3 个字段组成，它们用空格分隔，如 GET　index.html HTTP　1.0。HTTP 的请求方法有 GET、POST、HEAD、PUT、DELETE、OPTIONS、TRACE、CONNECT。

2）请求头。请求头由关键字 / 值对组成，每行一对，关键字和值用英文冒号":"分隔。请求头通知服务器有关于客户端请求的信息，典型的请求头如下。

● User-Agent：产生请求的浏览器类型。
● Accept：客户端可识别的内容类型列表。
● Host：请求的主机名，允许多个域名同处一个 IP 地址，即虚拟主机。

3）空行。最后一个请求头之后是一个空行，发送回车符和换行符，通知服务器不再有请求头。

4）请求数据。请求数据不在 GET 方法中使用，而是在 POST 方法中使用。POST 方法适用于需要客户填写表单的场合。与请求数据相关的最常使用的请求头是 Content-Type 和 Content-Length。

当 HTTP 请求发出后，服务器会返回响应信息，一个 HTTP 响应报文由 3 个部分组成：状态行、消息报头、响应正文。其中，状态行中包括的状态码如下。

- 1xx：指示信息，表示请求已接收，继续处理。
- 2xx：成功，表示请求已被成功接收、理解、接受。
- 3xx：重定向，要完成请求必须进行更进一步的操作。
- 4xx：客户端错误，请求有语法错误或请求无法实现。
- 5xx：服务器端错误，服务器未能实现合法的请求。

常见的状态码及其描述如表 7-2 所示。

表 7-2　常见的状态码及其描述

| 状态码 | 状态描述 | 状态说明 |
| --- | --- | --- |
| 200 | OK | 客户端请求成功 |
| 400 | Bad Request | 客户端请求有语法错误，不能被服务器所理解 |
| 401 | Unauthorized | 请求未经授权，这个状态代码必须和 WWW-Authenticate 报头域一起使用 |
| 403 | Forbidden | 服务器收到请求，但是拒绝提供服务 |
| 404 | Not Found | 请求资源不存在 |
| 500 | InternalServerError | 服务器发生不可预期的错误 |
| 503 | Server Unavailable | 服务器当前不能处理客户端的请求，一段时间后可能恢复正常 |

在 HTTP 连接中，客户端每一次发送请求，服务器都需要给以相应的响应，在当前请求结束之后，会主动释放本次连接。从建立连接到关闭连接的过程称为"一次连接"。在 HTTP 1.0 中，客户端的每次请求都要求建立一次单独的连接，在处理完本次请求后，就自动释放连接。而在 HTTP 1.1 中则可以在一次连接中处理多个请求，并且多个请求可以重叠进行，不需要等待一个请求结束后再发送下一个请求。HTTP 的工作原理如下：

1）客户端（通常指浏览器，此处指自行编写的程序）与服务器建立连接。
2）建立连接后，客户端向服务器发送请求。
3）服务器接收到请求后，向客户端发送响应信息。
4）客户端与服务器断开连接。

### 7.2.2　HttpURLConnection

除了基于 TCP 的 Socket 通信外，Android 对 HTTP（超文本传输协议）也提供了很好的支持，提供 HttpURLConnection。HttpURLConnection 继承自 URLConnection 类。HttpURLConnection 在 URLConnection 的基础上做了进一步改进，添加了一些用于操作 HTTP 资源的便捷方法。用它可以发送和接收任何类型和长度的数据，且预先不用知道数据流的长度，可以设置请求方式为 GET 或 POST。

HttpURLConnection 继承了 URLConnection，因此也可用于向指定站点发送 GET 请求和 POST 请求，它在 URLConnection 的基础上提供了表 7-3 所示的方法。

表 7-3　HttpURLConnection 中的方法

| 方法 | 说明 |
| --- | --- |
| int getResponseCode() | 获取 Server 的响应代码 |
| String getResponseMessage() | 获取 Server 的响应消息 |
| String getRequestMethod() | 获取发送请求的方法 |
| void setRequestMethod(String method) | 设置发送请求的方法 |

HttpURLConnection 的用法如下。

1）首先需要获取到 HttpURLConnection 的实例，一般只需新建一个 URL 对象，并传入目标的网络地址，然后调用 openConnection() 方法，代码如下：

```
URL url = new URL("http://www.baidu.com");
HttpURLConnection connection = (HttpURLConnection) url.openConnection();
```

2）得到了 HttpURLConnection 的实例之后，需要设置 HTTP 请求所使用的方式。常用的方式有两个：GET 和 POST。GET 表示希望从服务器那里获取数据，而 POST 表示希望提交数据给服务器。设置 HttpURLConnection 对象的 HTTP 请求为 GET 方式的代码如下：

```
connection.setRequestMethod("GET");
```

3）接下来可以对 connection 进行一些自由的定制操作，比如设置连接超时、读取超时的毫秒数，以及设置服务器希望得到的一些消息头等。这些属性可以根据实际情况进行添加，对 connection 进行自由定制操作的代码如下：

```
connection.setConnectTimeout(5000);
connection.setReadTimeout(5000);
```

4）调用 getInputStream() 方法可以获取从服务器返回的输入流，并对输入流进行读取操作，代码如下：

```
InputStream in = connection.getInputStream();
```

5）最后调用 disconnect() 方法将 HTTP 连接关闭，代码如下：

```
connection.disconnect();
```

【示例 7.4】使用 HttpURLConnection 加载网页代码。

程序运行输入请求的 URL，单击"发送请求"按钮，获取请求的网页信息，如图 7-9 所示。

实现步骤如下。

1）在主布局文件 activity_main.xml 显示的页面中添加一个新的控件 ScrollView。手机屏幕的空间比较小，有时候过多的内容屏幕显示不下，借

图 7-9　使用 HttpURLConnection 加载网页代码

助 ScrollView，可以以滚动的形式查看屏幕外的部分内容。在布局中还需添加 Button 按钮和 TextView 控件，Button 用于发送 HTTP 请求，TextView 用于将服务器返回的数据显示出来。代码如下：

```
<LinearLayout
    xmlns:android = "http://schemas.android.com/apk/res/android"
    xmlns:tools = "http://schemas.android.com/tools"
    android:layout_width = "match_parent"
    android:layout_height = "match_parent"
    android:orientation = "vertical"
    android:padding = "5dp"
    tools:context = ".HttpURLConnectionActivity">
    <EditText
        android:id = "@+id/et_url"
        android:layout_width = "match_parent"
        android:layout_height = "wrap_content"
        android:text = " 请输入网页的 URL"/>
    <Button
        android:layout_width = "match_parent"
        android:layout_height = "wrap_content"
        android:id = "@+id/send_request"
        android:text = " 发送请求 "/>
    <ScrollView
        android:layout_width = "match_parent"
        android:layout_height = "match_parent">
        <TextView
            android:id = "@+id/response_text"
            android:layout_width = "match_parent"
            android:layout_height = "wrap_content" />
    </ScrollView>
</LinearLayout>
```

2）在 Activity 中添加 Button 按钮的单击事件，在单击事件中发送 HTTP 请求，并将返回的数据设置到 TextView 控件上，代码如下：

```
package com.qcxy.chapter7;
import androidx.appcompat.app.AppCompatActivity;
import android.os.Bundle;
import android.text.TextUtils;
import android.view.View;
import android.widget.Button;
import android.widget.EditText;
import android.widget.TextView;
import java.io.BufferedReader;
import java.io.IOException;
import java.io.InputStream;
import java.io.InputStreamReader;
import java.net.HttpURLConnection;
import java.net.MalformedURLException;
```

```
import java.net.URL;
public class HttpURLConnectionActivity extends AppCompatActivity {
    private EditText etUrl;
    private TextView responseText;
    @Override
    protected void onCreate(Bundle savedInstanceState) {
        super.onCreate(savedInstanceState);
        setContentView(R.layout.activity_http_urlconnection);
        Button button = findViewById(R.id.send_request);
        etUrl = findViewById(R.id.et_url);
        responseText = findViewById(R.id.response_text);
        button.setOnClickListener(new View.OnClickListener() {
            @Override
            public void onClick(View view) {
                sendRequestWithHttpURLConnection();
            }
        });
    }
    private void sendRequestWithHttpURLConnection() {
        new Thread(new Runnable() {
            @Override
            public void run() {
                HttpURLConnection connection = null;
                BufferedReader reader = null;
                try {
                    URL url = new URL(etUrl.getText().toString());
                    connection = (HttpURLConnection) url.openConnection();
                    connection.setRequestMethod("GET");
                    connection.setReadTimeout(3600);
                    connection.setConnectTimeout(3600);
                    InputStream in = connection.getInputStream();
                    reader = new BufferedReader(new InputStreamReader(in));
                    StringBuilder response = new StringBuilder();
                    String line;
                    while ((line = reader.readLine())! = null) {
                        response.append(line);
                    }
                    showResponse(response.toString());
                } catch (MalformedURLException e) {
                    e.printStackTrace();
                } catch (IOException e) {
                    e.printStackTrace();
                } finally {
                    if(reader ! = null) {
                        try {
                            reader.close();
                        } catch (IOException e) {
                            e.printStackTrace();
```

```
                        }
                    }
                    if(connection ! = null) {
                        connection.disconnect();
                    }
                }
            }
        }).start();
    }
    private void showResponse(final String string) {
        runOnUiThread(new Runnable() {
            @Override
            public void run() {
                // 在这里进行 UI 操作，将结果显示在界面上
                responseText.setText(string);
            }
        });
    }
}
```

代码说明：

1）在按钮的单击事件中调用了 sendRequestWithHttpURLConnection() 方法，在这个方法中开启一个子线程，然后在子线程里使用 HttpURLConnection 发出一条 HTTP 请求，请求的目标地址是手机端百度的首页，接着使用 BufferReader 对服务器返回的流进行读取，并将结果传入 showResponse() 方法中。

2）Android 中不允许在子线程中对 UI 进行操作，需要通过 runOnUiThread() 方法将线程切换到主线程，再更新 UI 元素。在 showResponse() 方法里调用了一个 runOnUiThread() 方法，然后在这个方法的匿名类参数中进行操作，将返回的数据显示到界面上。

3）访问网络需要在 AndroidManifest.xml 文件中添加 Internet 访问权限，代码如下：

```
<uses-permission android:name = "android.permission.INTERNET"/>
```

### 7.2.3　WebView 的用法

在 Android 平台上，WebView 是一个用于显示网页的 View 控件，像浏览器一样可以解析 HTML 的显示网页内容。WebView 的内部采用渲染引擎来展示 View 的内容，提供网页前进、后退、放大、缩小及搜索等功能。在 Android 4.3 及其以下系统中，WebView 内部采用 Webkit 渲染引擎；在 Android 4.4 及以上版本中采用 Chromium（Google 的 Chrome 浏览器引擎）渲染引擎来渲染 View 的内容。

在程序中创建 WebView 控件时，可以设置其属性，如颜色、字体、要访问的网址等。通过 loadUrl 的方法设置当前 WebView 需要访问的网址。在创建 WebView 控件时，可以通过 WebView.getSettings() 方法来获取 WebView 的设置 WebSettings。WebSettings 常用方法如表 7-4 所示。

表 7-4　WebSettings 常用方法

| 名称 | 说明 |
| --- | --- |
| setAllowFileAccess | 启用或禁止 WebView 访问文件数据 |
| setBlockNetworkImage | 是否显示网络图像 |
| setBuiltInZoomControls | 设置是否支持缩放 |
| setCacheMode | 设置缓冲的模式 |
| setDefaultFontSize | 设置默认的字体大小 |
| setDefaultTextEncodingName | 设置在解码时使用的默认编码 |
| setFixedFontFamily | 设置固定使用的字体 |
| setJavaSciptEnabled | 设置是否支持 JavaScript |
| setLayoutAlgorithm | 设置布局方式 |
| setLightTouchEnabled | 设置用鼠标激活被选项 |
| setSupportZoom | 设置是否支持变焦 |

【示例 7.5】使用 WebView 加载网页。

实现步骤如下。

1）在 AndroidManifest.xml 文件中添加网络访问权限，代码如下：

```
<uses-permission android:name = "android.permission.INTERNET"/>
```

2）设计页面布局，代码如下：

```
<LinearLayout
    xmlns:android = "http://schemas.android.com/apk/res/android"
    xmlns:tools = "http://schemas.android.com/tools"
    android:layout_width = "match_parent"
    android:layout_height = "match_parent"
    tools:context = ".WebViewActivity">
    <WebView
        android:layout_width = "match_parent"
        android:layout_height = "match_parent"
        android:id = "@+id/webView"/>
</LinearLayout>
```

3）在 Activity 中使用 WebView 的 loadUrl() 方法加载网页，代码如下：

```
package com.qcxy.chapter7;
import androidx.appcompat.app.AppCompatActivity;
import android.os.Bundle;
import android.webkit.WebView;
import android.webkit.WebViewClient;

public class WebViewActivity extends AppCompatActivity {
    @Override
    protected void onCreate(Bundle savedInstanceState) {
        super.onCreate(savedInstanceState);
        setContentView(R.layout.activity_web_view);
```

```
WebView view = findViewById(R.id.webView);
view.getSettings().setJavaScriptEnabled(true);
view.setWebViewClient(new WebViewClient());
view.loadUrl("https://developer.android.google.cn/");
        }
    }
```

4）WebView 显示网页的效果如图 7-10 所示。

在以上代码中使用了如下方法：

1）使用 findViewById() 方法获取 WebView 的实例。

2）调用 WebView 的 getSettings() 方法设置浏览器的一些属性，调用 setJavaScriptEnableed() 方法让 WebView 支持 JavaScript 脚本。

3）调用 WebView 的 setWebViewClient() 方法，并传入一个 WebViewClient 的实例，它的作用是，当需要从一个网页跳转到另一个网页时，目标网页仍然在当前的 WebView 中显示，而不是打开系统浏览器。

4）调用 WebView 的 loadUrl() 方法将网址传入，即可展示相应网页的内容。

图 7-10　WebView 显示网页效果

### 7.2.4　OkHttp

Android 中并非只能使用 HttpURLConnection，有很多很好的开源框架库都可以替代原生的 HttpURLConnection，OkHttp 是其中最出色的一个。OkHttp 是一个高效的 HTTP 客户端，具有非常多的优势：

1）能够高效地执行 IITTP，数据加载速度更快，更省流量。

2）支持 GZIP 压缩，提升速度，节省流量。

3）缓存响应数据，避免了重复的网络请求。

4）使用简单，支持同步阻塞调用和带回调的异步调用。

使用 OkHttp 的步骤如下。

**1. 添加依赖库**

在使用 OkHttp 之前，需要先在项目中添加 OkHttp 库的依赖，编辑 app/build.gradle 文件，在 dependencies 闭包中添加如下内容：

```
dependencies {
    implementation fileTree(dir: 'libs', include: ['*.jar'])
    implementation 'androidx.appcompat:appcompat:1.0.2'
    implementation 'androidx.constraintlayout:constraintlayout:1.1.3'
    testImplementation 'junit:junit:4.12'
    androidTestImplementation 'androidx.test.ext:junit:1.1.0'
    androidTestImplementation 'androidx.test.espresso:espresso-core:3.1.1'
    implementation("com.squareup.okhttp3:okhttp:4.4.0")
}
```

## 2. 使用 OkHttp，发送 GET 请求获取数据

使用 OkHttp，发送 GET 请求获取数据的步骤如下。

1）创建 OkHttpClient 实例。创建 OkHttpClient 实例的代码如下：

```
OkHttpClient client = new OkHttpClient();
```

2）创建 Request 对象。创建 Request 对象的代码如下：

```
Request request = new Request.Builder().url("http://www.baidu.com").build();
```

3）发送请求并获取返回数据。调用 OkHttpClient 的 newCall() 方法创建一个 Call 对象，并调用它的 execute() 方法来发送请求并获取服务器响应对象。代码如下：

```
Response response = client.newCall(request).execute();
```

4）获取服务器的返回数据。Response 对象是服务器返回的数据，获取服务器返回数据的代码如下：

```
String responseDate = response.body().string( );
```

## 3. 发送 POST 请求获取数据

如果发起的是 POST 请求，则会比 GET 请求复杂一些，需要先构建出一个 RequestBody 对象来存放待提交的参数，代码如下：

```
RequestBody requestBody = new FormBody.Builder()
.add("username", "admin").add("password", "123456").build();
```

然后在 Request.Builder 中执行 post() 方法，并将 RequestBody 对象传入，代码如下：

```
Request request = new Request.Builder().url("http://www.baidu.com").post(requestBody).build();
```

其他的操作步骤同 GET 请求一样，调用 execute() 方法发送请求并获取数据。

【示例 7.6】通过 OkHttp 的方式去请求百度主页，并获取返回数据。

1）创建布局文件，代码如下：

```xml
<?xml version = "1.0" encoding = "utf-8"?>
<LinearLayout xmlns:android = "http://schemas.android.com/apk/res/android"
    xmlns:app = "http://schemas.android.com/apk/res-auto"
    xmlns:tools = "http://schemas.android.com/tools"
    android:layout_width = "match_parent"
    android:layout_height = "match_parent"
    tools:context = ".OkHttpActivity">
    <ScrollView
        android:layout_width = "match_parent"
        android:layout_height = "wrap_content">
        <TextView
            android:id = "@+id/tvGetContent"
            android:layout_width = "match_parent"
            android:layout_height = "wrap_content"
            android:textSize = "18sp"/>
```

```
        </ScrollView>
    </LinearLayout>
```

2）添加菜单文件，代码如下：

```xml
<?xml version = "1.0" encoding = "utf-8"?>
<menu xmlns:android = "http://schemas.android.com/apk/res/android">
    <item android:title = "Get" android:id = "@+id/menuGet"/>
</menu>
```

3）在 OkHttpActivity 中使用 OkHttp，代码如下：

```java
package com.qcxy.chapter7;
import androidx.annotation.NonNull;
import androidx.appcompat.app.AppCompatActivity;
import android.os.Bundle;
import android.view.Menu;
import android.view.MenuItem;
import android.view.View;
import android.view.textclassifier.TextLinks;
import android.widget.TextView;
import java.io.IOException;
import java.util.concurrent.ExecutorService;
import java.util.concurrent.Executors;
import okhttp3.Call;
import okhttp3.OkHttpClient;
import okhttp3.Request;
import okhttp3.Response;
import okhttp3.ResponseBody;
public class OkHttpActivity extends AppCompatActivity {
    private static final String TAG = "OkHttpActivity";
    private final OkHttpClient mClient = new OkHttpClient();
    private TextView tvGetContent;
    @Override
    protected void onCreate(Bundle savedInstanceState) {
        super.onCreate(savedInstanceState);
        setContentView(R.layout.activity_ok_http);
        tvGetContent = findViewById(R.id.tvGetContent);
    }
    @Override
    public boolean onCreateOptionsMenu(Menu menu) {
        getMenuInflater().inflate(R.menu.actions, menu);
        return super.onCreateOptionsMenu(menu);
    }
    @Override
    public boolean onOptionsItemSelected(@NonNull MenuItem item) {
        switch (item.getItemId()){
            case R.id.menuGet:
                get();
```

```
                    break;
            }
            return super.onOptionsItemSelected(item);
        }
    private void get() {
        ExecutorService executor = Executors.newSingleThreadExecutor();
        executor.submit(new Runnable() {
            @Override
            public void run() {
                Request.Builder builder = new Request.Builder();
                builder.url("http://www.baidu.com");

                Request request = builder.build();
                Call call = mClient.newCall(request);
                try {
                    Response response = call.execute();
                    if(response.isSuccessful()){
                        final String string = response.body().string();
                        runOnUiThread(new Runnable() {
                            @Override
                            public void run() {
                                tvGetContent.setText(string);
                            }
                        });
                    }
                } catch (IOException e) {
                    e.printStackTrace();
                }
            }
        });
        executor.shutdown();
    }
}
```

运行程序，单击菜单中的 Get 菜单项，服务器响应的数据如图 7-11 所示。

图 7-11　使用 OkHttp 获取服务器响应的数据

# 7.3　解析 JSON 格式数据

## 7.3.1　JSON 简介

JSON（JavaScript Object Notation）是一种轻量级的数据交换格式。它使得人们很容易地进行阅读和编写，同时也方便机器进行解析和生成。它是基于 JavaScript Programming Language、Standard ECMA–262 3rd Edition – December 1999 的一个子集。JSON 采用完全独立于程序语言的文本格式，但是也使用了类 C 语言的习惯（包括 C、C++、C#、Java、JavaScript、Perl、Python 等）。这些特性使 JSON 成为理想的数据交换语言。JSON 是基于纯文本的数据格式，它可以传输 String、Number、Boolean 类型的数据，也可以传输数组或者

Object 对象。

JSON 分为 JSON 对象和 JSON 数组两种数据结构。

1）对象：对象在 js 中表示为"{}"括起来的内容，数据结构为 {key:value, key:value, ...} 的键值对的结构。在面向对象的语言中，key 为对象的属性，value 为对应的属性值，所以很容易理解，通过对象 key 获取属性值，这个属性值的类型可以是数字、字符串、数组、对象几种。

JSON 对象的结构以"{"开始，以"}"结束，中间部分由 0 个或多个以","分隔的 key:value 对构成，如图 7-12 所示。注意，关键字和值之间以":"分隔。

图 7-12　JSON 对象结构

以下是一个 JSON 数据示例：

```
{
    "animals": {
        "dog": [
            {
                "name": "Rufus",
                "age":15
            },
            {
                "name": "Marty",
                "age": null
            }
        ]
    }
}
```

2）数组：数组在 js 中是中括号"[]"括起来的内容，数据结构为 ["java", "javascript", "python", ...]，取值使用索引获取，字段值的类型可以是数字、字符串、数组、对象几种。

JSON 数组以"["开始，以"]"结束，中间部分由 0 个或多个以","分隔的值的列表组成，如图 7-13 所示。

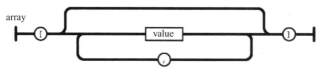

图 7-13　JSON 数组

值 value 可以是 String、Number、Boolean、null 等数据类型。

Java 的 JSON 支持主要依赖于 JSONArray、JSONObject 两个类。其中，JSONArray 代表一个数组，它可完成 Java 集合（集合元素可以是对象）与 JSON 字符串之间的相互转换；JSONObject 代表一个 JSON 对象，它可完成 Java 对象与 JSON 字符串之间的相互转换。

Android 系统中内置了对 JSON 的支持，在 Android SDK 的 org.json 包下提供了 JSONArray、JSONObject 等类，通过这些类即可完成 JSON 字符串与 JSONArray、JSONObject 之间的转换。

### 7.3.2 使用 JSONObject 对象

网络上传输数据时最常用的格式是 JSON。JSON 的主要优势在于体积小，在网络上传输时可以节省流量，缺点是语义性较差。

解析 JSON 数据有很多种方法，可以使用官方提供的 JSONObject 对象，也可以使用 Google 的开源库 GSON。另外一些第三方的开源库，如 jackson、FastJson 等，也非常不错。

【示例 7.7】使用 JSONObject 对 JSON 数据进行解析。

在程序中读取 JSON 文件，单击"读取 JSON 数据并解析"按钮后，在下方显示读取的对象信息，如图 7-14 所示。

图 7-14　显示 JSON 中的数据

实现步骤如下。

1）创建 Assets 目录，在该目录下添加 student.json 文件，文件内容如下：

```
[{"id": 1, "name": "Jack", "address": " 湖北省武汉市洪山区 × 号 "},
    {"id": 2, "name": "Tom", "address": " 湖北省武汉市江夏区 × 号 "},
    {"id": 3, "name": "Lucy", "address": " 湖北省武汉市武昌区 × 号 "}]
```

2）创建程序的布局文件，代码如下：

```xml
<?xml version = "1.0" encoding = "utf-8"?>
<LinearLayout xmlns:android = "http://schemas.android.com/apk/res/android"
    xmlns:app = "http://schemas.android.com/apk/res-auto"
    xmlns:tools = "http://schemas.android.com/tools"
    android:layout_width = "match_parent"
    android:layout_height = "match_parent"
    android:orientation = "vertical"
    tools:context = ".JSONActivity">
    <Button
        android:layout_width = "match_parent"
        android:layout_height = "wrap_content"
        android:id = "@+id/btnReadJson"
        android:text = " 读取 JSON 数据并解析 "
        android:textSize = "18sp"/>
    <TextView
        android:id = "@+id/tv_json"
        android:layout_width = "match_parent"
        android:layout_height = "wrap_content"
        android:textSize = "18sp"/>
</LinearLayout>
```

3）首先在 Activity 中读取并解析 JSON 文件，然后将 JSON 字符串封装为 Student 对象的集合，最后显示所有信息，代码如下：

```java
package com.qcxy.chapter7;
import androidx.appcompat.app.AppCompatActivity;
import android.os.Bundle;
import android.view.View;
import android.widget.Button;
import android.widget.TextView;
import com.qcxy.chapter7.entity.Student;
import org.json.JSONArray;
import org.json.JSONObject;
import java.io.BufferedReader;
import java.io.IOException;
import java.io.InputStream;
import java.io.InputStreamReader;
import java.util.ArrayList;
import java.util.List;

public class JSONActivity extends AppCompatActivity implements View.OnClickListener {

    Button btnReadJson;
    TextView tvJson;
    @Override
    protected void onCreate(Bundle savedInstanceState) {
        super.onCreate(savedInstanceState);
        setContentView(R.layout.activity_json);
        btnReadJson = findViewById(R.id.btnReadJson);
        tvJson = findViewById(R.id.tv_json);
        btnReadJson.setOnClickListener(this);
    }

    private String readJson(InputStream in){
        BufferedReader reader = null;
        StringBuilder sb = null;
        String line = null;
        try {
            sb = new StringBuilder();// 实例化一个 StringBuilder 对象
            // 用 InputStreamReader 把 in 这个字节流转换成字符流 BufferedReader
            reader = new BufferedReader(new InputStreamReader(in));
            // 判断从 reader 中读取的行内容是否为空
            while ((line = reader.readLine()) ! = null) {
                sb.append(line);
                sb.append("\n");
            }
        } catch (IOException e) {
            e.printStackTrace();
            return "";
        } finally {
            try {
                if (in ! = null) in.close();
```

```
                    if (reader ! = null) reader.close();
                } catch (IOException e) {
                    e.printStackTrace();
                }
            }
            return sb.toString();
        }
        public List<Student> getStuFromJson(){
            List<Student> students = new ArrayList<>();
            InputStream is = null;
            // 从项目中的 assets 文件夹中获取 JSON 文件
            try {
                is = this.getResources().getAssets().open("student.json");
                String json = readJson(is); // 获取 JSON 数据
                JSONArray jsonArray = new JSONArray(json);
                for(int i = 0; i < jsonArray.length(); i++) {
                    JSONObject jsonObj = jsonArray.getJSONObject(i);
                    int id = jsonObj.optInt("id");
                    String name = jsonObj.optString("name");
                    String address = jsonObj.optString("address");
                    students.add(new Student(id, name, address));
                }
            } catch (Exception e) {
                e.printStackTrace();
            }
            return students;
        }
        @Override
        public void onClick(View v) {
            List<Student> students = getStuFromJson();
            StringBuffer  sbStuInfo = new StringBuffer();
            for (Student stu :students){
                sbStuInfo.append(stu.toString()+"\n");
            }
            tvJson.setText(sbStuInfo.toString());
        }
    }
```

### 7.3.3　使用 GSON 库

　　GSON 是 Google 提供的用来在 Java 对象和 JSON 数据之间进行映射的 Java 类库。可以将一个 JSON 字符转成一个 Java 对象，或者将一个 Java 对象转化为 JSON 字符串。使用 GSON 时，首先需要在 dependencies 闭包中添加如下内容：

```
implementation('com.google.code.gson:gson:2.8.4')
```

　　GSON 库可以将一段 JSON 格式的字符串自动映射成一个对象，从而避免了手动编写代码进行解析。例如，一段 JSON 格式的数据 {"name":"Tom", "age":20}，那么可以定义一个 Person 类，在该类中定义 name 和 age 这两个字段，只需简单地执行如下代码就可以将

JSON 数据自动解析成一个 Person 对象了。

```
Gson gson = new Gson();
Student student = gson.fromJson(jsonData, Student.class);
```

如果解析的是一段 JSON 数组，则需要借助 TypeToken 将期望解析成的数据传入到 fromJson() 方法中，代码如下：

```
List< Student > students = gson.fromJson(jsonData, new TypeToken<List< Student >>(){}.getType());
```

【示例 7.8】使用 GSON 完成 JSON 数据的处理。

使用 GSON 完成 7.3.2 小节的功能，代码如下：

```
public List<Student> getStuFromJsonByGson(){
    List<Student> students = new ArrayList<>();
    Gson gson = new Gson();
    Type listType = new TypeToken<List<Student>>(){}.getType();
    InputStream is = null;
    try {
        is = this.getResources().getAssets().open("student.json");
        String json = readJson(is); // 获取 JSON 数据
        students = gson.fromJson(json, listType);
    } catch (IOException e) {
        e.printStackTrace();
    }
    return students;
}
```

## 7.4　Handler

### 7.4.1　Android 中的多线程

Android 中的多线程编程与 Java 中的多线程编程基本相同，都是使用相同的语法。

#### 1. 通过继承 Thread 方式定义线程

定义一个类并继承 Thread，重写父类的 run() 方法，并在 run() 方法中编写线程的执行操作。代码如下：

```
public class MyThread extends Thread {
    @Override
    public void run() {
        super.run();
        // 线程的处理逻辑
    }
}
```

执行线程实例的 start() 即可启动该线程，例如，启动 MyThread 线程实例的代码如下：

```
new MyThread().start();
```

启动线程之后，run() 方法中的代码就会在子线程中运行。

2. 通过实现 Runnable 接口定义线程

更多的时候可以使用实现 Runnable 接口的方式来定义一个线程，代码如下：

```
public class MyThread implements Runnable {
    @Override
    public void run() {
        // 线程的处理逻辑
    }
}
```

如果使用这种方式定义线程，那么启动该线程的方式与通过继承 Thread 方式所定义线程的启动方式有所不同，代码如下：

```
MyThread myThread = new MyThread();
new Thread(myThread).start();
```

Thread 的构造方法接收一个 Runnable 参数，而 myThread 正是一个实现了 Runnable 接口的对象，可以直接将它传入 Thread 的构造方法中，接着调用 Thread 的 start() 方法，run() 方法中的代码就会在子线程中运行了。

如果不想专门定义一个类去实现 Runnable 接口，那么可以使用匿名类的方式，这种写法更为常见，代码如下：

```
new Thread(new Runnable() {
    @Override
    public void run() {
        // 线程的操作代码
    }
}).start();
```

在 Android 平台中，当应用启动时，系统会创建一个主线程（Main Thread）。该主线程负责向 UI 组件分发事件（包括绘制事件），同时，在此主线程中，应用和 Android 的 UI 组件发生交互。所以 Main Thread 也称为 UI thread，即 UI 线程。

Android 系统不会为每个组件单独创建线程，同一个进程中的 UI 组件会在 UI 线程中实例化，系统对每一个组件的调用都从 UI 线程分发出去。因此，响应系统回调的方法（如响应用户动作的 onKeyDown() 方法和各种生命周期回调方法）永远都在 UI 线程中运行。

当程序在处理一些较为繁重的工作时，除非合理地实现，否则单线程模型的性能会很差。特别是，如果所有的工作都在 UI 线程，那么在完成一些较为耗时的工作（如访问网络或数据库查询）时，都会阻塞 UI 线程，导致事件停止分发（包括绘制事件）。对用户而言，应用似乎被卡住了，实际上更坏的情况是，如果 UI 线程阻塞的时间过长，用户就会看到 ANR（Application Not Responding）即应用程序无响应的对话框。

Android UI 线程并非是线程安全的，所以不能从子线程来操纵 UI 组件。必须将所有的 UI 操作放入 UI 线程，将其他费时的操作放入子线程，然后通过 Handler 进行主线程与子线程之间的交互，从而实现子线程修改 UI 线程中的内容。

### 7.4.2  Handler 与界面线程的通信

Handler 是用来结合线程的消息队列来发送、处理"Message 对象"和"Runnable 对象"的工具。每一个 Handler 实例之后会关联一个线程和该线程的消息队列。当创建一个 Handler 的时候，它就会自动关联到所在的线程或消息队列，然后就会陆续把 Message 或 Runnable 分发到消息队列，并在它们出队的时候处理掉。

Handler 的主要作用有两个：

1）推送未来某个时间点将要执行的 Message 或者 Runnable 到消息队列。

2）在子线程把需要在另一个线程执行的操作加入消息队列中去。

【示例 7.9】动态显示时间。

程序运行后，在界面上显示当前时间，随着系统时间的变化，当前时间也会随之变化，效果如图 7-15 所示。

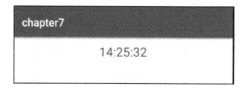

图 7-15　动态显示时间

实现步骤如下。

1）创建布局文件，添加显示时间的 TextView 控件，代码如下：

```xml
<?xml version = "1.0" encoding = "utf-8"?>
<RelativeLayout xmlns:android = "http://schemas.android.com/apk/res/android"
    xmlns:app = "http://schemas.android.com/apk/res-auto"
    xmlns:tools = "http://schemas.android.com/tools"
    android:layout_width = "match_parent"
    android:layout_height = "match_parent"
    tools:context = ".TimeActivity">

    <TextView
        android:id = "@+id/tvShowTime"
        android:layout_width = "match_parent"
        android:layout_height = "wrap_content"
        android:text = " 时间 "
        android:textSize = "20sp"
        android:gravity = "center"
        android:layout_margin = "10dp"/>

</RelativeLayout>
```

2）在 Activity 中添加子线程，在子线程中通过 Handler 去更新界面上的显示时间，代码如下：

```java
package com.qcxy.chapter7;

import androidx.appcompat.app.AppCompatActivity;
import android.os.Bundle;
import android.os.Handler;
import android.os.Message;
import android.widget.TextView;
import java.text.SimpleDateFormat;
```

```java
import java.util.Date;

public class TimeActivity extends AppCompatActivity {

    public static final int UPDATE_TEXT = 1;
    private TextView tvTime;

    @Override
    protected void onCreate(Bundle savedInstanceState) {
        super.onCreate(savedInstanceState);
        setContentView(R.layout.activity_time);
        tvTime = findViewById(R.id.tvShowTime);

        new Thread(new Runnable() {
            @Override
            public void run() {
                handler.sendEmptyMessage(UPDATE_TEXT);
            }
        }).start();
    }

    private Handler handler = new Handler() {
        @Override
        public void handleMessage(Message msg) {
            super.handleMessage(msg);
            switch (msg.what) {
                case UPDATE_TEXT:
                    // 进行 UI 操作，更新时间
                    setTime();
                    handler.sendEmptyMessageDelayed(UPDATE_TEXT, 1000);
                    break;
                default:
                    break;
            }
        }
    };

    private void setTime() {
        SimpleDateFormat dateFormat = new SimpleDateFormat("HH:mm:ss");
        Date currentDate = new Date(System.currentTimeMillis());
        tvTime.setText(dateFormat.format(currentDate));
    }

}
```

Android 中的异步消息处理主要由 4 个部分组成，即 Message、Handler、MessageQueue 和 Looper。下面对异步消息处理的 4 个部分进行简要的介绍。

### 1. Message

Message 是线程之间传递的消息，它可以在内部携带少量的信息，用于在不同线程之间交换数据。示例 7.9 中使用了 Message 对象的 what 字段，除此之外还可以使用 arg1 和 arg2 字段来携带一些整型数据，使用 obj 字段携带一个 Object 对象。

### 2. Handler

Handler 指消息处理者，主要用于发送和处理消息，发送消息一般使用 Handler 的 sendMessage() 方法，发出的消息经过一系列的辗转处理后，最终会传递到 Handler 的 handleMessage() 方法中。

### 3. MessageQueue

MessageQueue 指消息队列，主要用于存放所有通过 Handler 发送的消息。这部分消息会一直存在于消息队列中，等待被处理。每个线程中只有一个 MessageQueue 对象。

### 4. Looper

Looper 是每个线程中的 MessageQueue 管家，调用 Looper 的 loop() 方法后，就会进入一个无限循环中。每当发现 MessageQueue 中存在一条消息，就会将它取出，并传递到 Handler 的 handleMessage() 方法中。每个线程中只有一个 Looper 对象。

异步消息处理流程如下：

1）在主线程中创建一个 Handler 对象，并重写 handleMessage() 方法。

2）当子线程中需要进行 UI 操作时，创建一个 Message 对象，并通过 Handler 将这条消息发送出去。

3）发送的消息会被添加到 MessageQueue 的队列中等待被处理，而 Looper 则会一直尝试从 MessageQueue 中取出待处理消息，最后分发到 Handler 的 handleMessage() 方法中。

4）Handler 是在主线程中创建的，所以 handleMessage() 方法中的代码也会在主线程中运行，因此可以在 handleMessage() 方法中进行 UI 操作。

## 7.5　异步任务（AsyncTask）

为了方便在子线程中对 UI 进行操作，Android 还提供了另外一些好用的工具，如 AsyncTask。借助 AsyncTask，即使对异步消息处理机制完全不了解，也可以简单地从子线程切换到主线程。当然 AysncTask 背后的实现原理也是基于异步消息处理机制的，但是该对象提供了很好的封装方法供人们使用。

AsyncTask 是一个抽象类，如果想使用，就必须创建一个子类去继承它。在继承时可以为 AsyncTask 类指定 3 个泛型参数，这 3 个参数的用途如下：

1）Params。在执行 AsyncTask 时需要传入的参数，可在后台任务中使用。

2）Progress。后台任务执行时，如果需要在界面上显示当前的进度，则使用 Progress 指定的泛型作为进度单位。

3）Result。当任务执行完毕后，如果需要对结果进行返回，则使用 Result 指定的泛型作为返回值类型。

因此，一个最简单的自定义 AsyncTask 可以写成如下形式：

```
class DownloadTask extends AsyncTask<Void, Integer, Boolean> {
    …
}
```

这里把 AsyncTask 的第一个泛型参数指定为 Void，表示在执行 AsyncTask 时不需要传入参数给后台任务；第二个泛型参数指定为 Integer，表示使用整型数据来作为进度显示单位；第三个泛型参数指定为 Boolean，表示使用布尔型数据来反馈执行结果。

上述自定义的 DownloadTask 是一个空任务，并不能进行任何实际的操作，需要重写 AsyncTask 中的若干方法才能完成对任务的定制。经常需要重写的方法有以下 4 个。

### 1. onPreExecute() 方法

这个方法会在后台任务开始执行之前调用，用于进行一些界面上的初始化操作，如显示一个进度条对话框等。

### 2. doInBackground(Params...)

这个方法中的所有代码都会在子线程中运行，应该在这里去处理所有的耗时任务。任务一旦完成，就可以通过 return 语句将任务的执行结果返回，如果 AsyncTask 的第三个泛型参数指定的是 Void，则可以不返回任务执行结果。注意：在这个方法中是不可以进行 UI 操作的，如果需要更新 UI 元素，比如反馈当前任务的执行进度，可以调用 publishProgress(Progress...) 方法来完成。

### 3. onProgressUpdate(Progress...)

当在后台任务中调用了 publishProgress(Progress...) 方法后，onProgressUpdate(Progress...) 方法就会很快被调用，该方法中携带的参数就是通过后台任务传递过来的。在这个方法中可以对 UI 进行操作，利用参数中的数值就可以对界面元素进行相应的更新。

### 4. onPostExecute(Result)

当后台任务执行完毕并通过 return 语句进行返回时，该方法就会被调用。返回的数据会作为参数传递到此方法中，可以利用返回的数据来进行一些 UI 操作，比如提醒任务执行的结果，以及关闭进度条对话框等。

【示例 7.10】异步实现文件下载。

运行程序显示进度条和"单击下载"按钮，如图 7-16 所示。

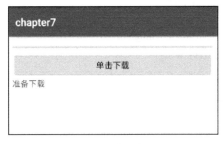

图 7-16　程序初始界面

单击"单击下载"按钮后开始异步执行下载操作，并通过进度条来显示下载进度，文本框中提示"下载中"信息，如图 7-17 所示。

文件下载完成后，文本框中显示文件存储的路径，如图 7-18 所示。

图 7-17 "下载中"信息

图 7-18 文件下载完成的效果

实现步骤如下。

1）创建布局文件，添加进度条、按钮与文本框，代码如下：

```xml
<?xml version = "1.0" encoding = "utf-8"?>
<LinearLayout
    xmlns:android = "http://schemas.android.com/apk/res/android"
    xmlns:tools = "http://schemas.android.com/tools"
    android:id = "@+id/activity_main"
    android:layout_width = "match_parent"
    android:layout_height = "match_parent"
    android:orientation = "vertical"
    android:padding = "10dp"
    tools:context = ".DownloadActivity">
    <ProgressBar
        style = "?android:attr/progressBarStyleHorizontal"
        android:layout_width = "match_parent"
        android:layout_height = "20dp"
        android:id = "@+id/progressBar"/>
    <Button
        android:text = " 单击下载 "
        android:layout_width = "match_parent"
        android:layout_height = "wrap_content"
        android:id = "@+id/button"/>
    <TextView
        android:text = "download_file"
        android:layout_width = "match_parent"
        android:layout_height = "wrap_content"
        android:id = "@+id/textView"/>
</LinearLayout>
```

2）在 Activity 中实现异步下载的功能，代码如下：

```java
package com.qcxy.chapter7;
import androidx.annotation.NonNull;
import androidx.appcompat.app.AppCompatActivity;
import androidx.core.app.ActivityCompat;
import androidx.core.content.ContextCompat;
import android.Manifest;
```

```java
import android.content.Context;
import android.content.pm.PackageManager;
import android.os.AsyncTask;
import android.os.Bundle;
import android.os.Environment;
import android.view.View;
import android.widget.Button;
import android.widget.ProgressBar;
import android.widget.TextView;
import java.io.File;
import java.io.FileOutputStream;
import java.io.IOException;
import java.io.InputStream;
import java.io.OutputStream;
import java.net.URL;
import java.net.URLConnection;
/**
 * 1. 网络上请求数据 : 申请网络权限，读写存储权限
 * 2. 布局 Layout
 * 3. 下载之前要做什么 ?UI
 * 4. 下载中要做什么 ? 数据
 * 5. 下载后要做什么 ?UI
 */
public class DownloadActivity extends AppCompatActivity {
    private static final String TAG = "DownloadActivity";
    public static final int INIT_PROGRESS = 0;
    // 腾讯手机助手 App
    public static final String APK_URL = "http://download.sj.qq.com/upload/connAssitantDownload/upload/
    MobileAssistant_1.apk";    public static final String FILE_NAME = "MobileAssistant_1.apk";
    private ProgressBar mProgressBar;
    private Button mDownloadButton;
    private TextView mResultTextView;

    @Override
    protected void onCreate(Bundle savedInstanceState) {
        super.onCreate(savedInstanceState);
        setContentView(R.layout.activity_download);
        // 初始化视图
        initView();
        // 设置单击监听
        setListener();
        // 初始化 UI 数据
        setData();
    }
    /**
     * 初始化视图
     */
    private void initView() {
```

```
                mProgressBar = (ProgressBar) findViewById(R.id.progressBar);
                mDownloadButton = (Button) findViewById(R.id.button);
                mResultTextView = (TextView) findViewById(R.id.textView);
        }
        private void setListener() {
            mDownloadButton.setOnClickListener(new View.OnClickListener() {
                @Override
                public void onClick(View v) {
                    boolean isAllGranted = checkPermissionAllGranted(
                            new String[]{
                                    Manifest.permission.WRITE_EXTERNAL_STORAGE,
                                    Manifest.permission.READ_EXTERNAL_STORAGE,
                                    Manifest.permission.INTERNET
                            }
                    );
                    if(isAllGranted){
                        // 下载任务
                        DownloadAsyncTask asyncTask = new DownloadAsyncTask();
                        asyncTask.execute(APK_URL);
                    }
                    ActivityCompat.requestPermissions(DownloadActivity.this,
                            new String[]{
                                    Manifest.permission.WRITE_EXTERNAL_STORAGE,
                                    Manifest.permission.READ_EXTERNAL_STORAGE,
                                    Manifest.permission.INTERNET
                            }, 200);
                }
            });
        }
        private boolean checkPermissionAllGranted(String[] strings) {
            for(String permission : strings){
                if(ContextCompat.checkSelfPermission(this, permission)! = PackageManager.PERMISSION_
                GRANTED){
                    return false;
                }
            }
            return true;
        }
        @Override
        public void onRequestPermissionsResult(int requestCode, @NonNull String[] permissions, @NonNull
        int[] grantResults) {
            super.onRequestPermissionsResult(requestCode, permissions, grantResults);
            if(requestCode == 200){
                boolean isAllGranted = true;
                for(int grant:grantResults){
                    if(grant! = PackageManager.PERMISSION_GRANTED){
                        isAllGranted = false;
                        break;
```

```
                }
            }
            if(isAllGranted){
                // 下载任务
                DownloadAsyncTask asyncTask = new DownloadAsyncTask();
                asyncTask.execute(APK_URL);
            }else{
            }
        }
    }
    private void setData() {
        mResultTextView.setText(R.string.download_text);
        mDownloadButton.setText(R.string.click_download);
        mProgressBar.setProgress(INIT_PROGRESS);
    }
    /**
     * String 入参
     * Integer 进度
     * Boolean 返回值
     */
    public class DownloadAsyncTask extends AsyncTask<String, Integer, Boolean> {
        String mFilePath;
        /**
         * 在异步任务之前，在主线程中
         */
        @Override
        protected void onPreExecute() {
            super.onPreExecute();
            // 可操作 UI，初始化之前的准备工作
            mDownloadButton.setText(R.string.downloading);
            mResultTextView.setText(R.string.downloading);
            mProgressBar.setProgress(INIT_PROGRESS);
        }
        /**
         * 在另外一个线程中处理事件
         *
         * @param params 入参
         * @return 结果
         */
        @Override
        protected Boolean doInBackground(String... params) {
            if(params ! = null && params.length > 0){
                String apkUrl = params[0];
                try {
                    // 构造 URL
                    URL url = new URL(apkUrl);
                    // 构造连接并打开
                    URLConnection urlConnection = url.openConnection();
```

```
                    InputStream inputStream = urlConnection.getInputStream();
                    // 获取了下载内容的总长度
                    int contentLength = urlConnection.getContentLength();
                    // 下载地址准备
                    mFilePath = Environment.getExternalStorageDirectory()
                            + File.separator + FILE_NAME;
                    // 对下载地址进行处理
                    File apkFile = new File(mFilePath);
                    if(apkFile.exists()){
                        boolean result = apkFile.delete();
                        if(!result){
                            return false;
                        }
                    }
                    // 已下载的大小
                    int downloadSize = 0;
                    // byte 数组
                    byte[] bytes = new byte[1024];
                    int length;

                    // 创建一个输入管道
                    OutputStream outputStream = new FileOutputStream(mFilePath);
                    // 不断下载文件
                    while ((length = inputStream.read(bytes)) ! = -1){
                        // 放到文件管道里
                        outputStream.write(bytes, 0, length);
                        // 累加下载的大小
                        downloadSize + = length;
                        // 发送进度
                        publishProgress(downloadSize * 100/contentLength);
                    }
                    inputStream.close();
                    outputStream.close();
                } catch (IOException e) {
                    e.printStackTrace();
                    return false;
                }
            } else {
                return false;
            }
            return true;
        }
        @Override
        protected void onPostExecute(Boolean result) {
            super.onPostExecute(result);
            // 也是在主线程中，执行结果处理
            mDownloadButton.setText(result? getString(R.string.download_finish) : getString(R.string.
            download_finish));
```

```
        mResultTextView.setText(result? getString(R.string.download_finish) + mFilePath:
        getString(R.string.download_finish));
    }
    @Override
    protected void onProgressUpdate(Integer... values) {
        super.onProgressUpdate(values);
        // 收到进度，然后处理，也是在 UI 线程中
        if (values ! = null && values.length > 0) {
            mProgressBar.setProgress(values[0]);
        }
    }
    }
    }
}
```

# 7.6　新闻列表客户端

【需求说明】

使用 GSON 解析获取网络数据以实现新闻列表的显示，如图 7-19 所示。

图 7-19　新闻列表

要求如下：

1）在界面上单击按钮，界面上显示从网络上获取的新闻列表。

2）搭建网络服务器，或使用其他返回新闻信息 JSON 格式的 URL。使用 OkHttp 异步下载网络数据。

【实现步骤】

1）打开 Android Studio 开发工具，创建 Android 项目，命名为"MyNewsApp"。

2）导入 OkHttp 依赖库。

3）在工程中添加 Activity。

4）在布局文件中添加 LinearLayout 布局，布局中添加 Button 按钮控件和 ListView 控件。

【参考代码】

```xml
<LinearLayout
    xmlns:android = "http://schemas.android.com/apk/res/android"
    xmlns:tools = "http://schemas.android.com/tools"
    android:layout_width = "match_parent"
    android:layout_height = "match_parent"
    android:orientation = "vertical"
    tools:context = ".NewsActivity">
    <Button
        android:layout_width = "match_parent"
        android:layout_height = "wrap_content"
        android:id = "@+id/send_request"
        android:text = "Send Request"/>
    <ListView
        android:id = "@+id/list"
        android:layout_width = "match_parent"
        android:layout_height = "match_parent"/>
</LinearLayout>
```

5）添加 ListView 的 Item 项布局文件 item.xml，参考代码如下：

```xml
<?xml version = "1.0" encoding = "utf-8"?>
<LinearLayout
    xmlns:android = "http://schemas.android.com/apk/res/android"
android:orientation = "vertical"
android:layout_width = "match_parent"
    android:layout_height = "match_parent">
<TextView
    android:id = "@+id/title"
    android:layout_width = "match_parent"
    android:layout_height = "wrap_content"
    android:textSize = "20sp"/>
<TextView
    android:id = "@+id/detail"
    android:layout_width = "match_parent"
    android:layout_height = "0dp"
    android:layout_weight = "1"
    android:ellipsize = "end"
    android:lines = "3"
    android:textSize = "18sp"/>
<TextView
    android:id = "@+id/comment"
    android:layout_width = "match_parent"
    android:layout_height = "wrap_content"
    android:textSize = "16sp"
    android:gravity = "right"/>
</LinearLayout>
```

6）添加 ListView 的适配器 NewsAdapter，参考代码如下：

```java
public class NewsAdapter extends BaseAdapter {
    private Context context;
private List<News> newsList;

    public NewsAdapter(List<News> newsList, Context context) {
        this.newsList = newsList;
        this.context = context;
    }
    @Override
    public int getCount() {
        return newsList.size();
    }
    @Override
    public Object getItem(int i) {
        return newsList.get(i);
    }
    @Override
    public long getItemId(int i) {
        return i;
    }
    @Override
    public View getView(int i, View view, ViewGroup viewGroup) {
        ViewHolder holder = null;
        if(view == null) {
            view = LayoutInflater.from(context).inflate(R.layout.item, null);
            holder = new ViewHolder();
            holder.title = view.findViewById(R.id.title);
            holder.detail = view.findViewById(R.id.detail);
            holder.comment = view.findViewById(R.id.comment);
            view.setTag(holder);
        } else {
            holder = (ViewHolder) view.getTag();
        }
        News news = newsList.get(i);
        holder.title.setText(news.getNews_title());
        holder.detail.setText(news.getDetail());
        holder.comment.setText(news.getComment());
        return view;
    }
    class ViewHolder {
        TextView title;
        TextView detail;
        TextView comment;
    }
}
```

7）添加新闻实体类，用于 GSON 解析数据，参考代码如下：

```java
public class News {
    private String news_id;
```

```
        private String news_title;
        private String detail;
private String comment;
        public String getNews_id() {
            return news_id;
        }
        public String getNews_title() {
            return news_title;
        }
        public String getDetail() {
            return detail;
        }
        public String getCommcnt() {
            return comment;
        }
}
```

8）在 Activity 中添加按钮单击事件，解析网络数据，将数据传入 ListView 的适配器中，参考代码如下：

```
public class NewsActivity extends Activity {
    private ListView list;
    @Override
    protected void onCreate(Bundle savedInstanceState) {
        super.onCreate(savedInstanceState);
        setContentView(R.layout.activity_main);
        Button button = findViewById(R.id.send_request);
        list = findViewById(R.id.list);
        button.setOnClickListener(new View.OnClickListener() {
            @Override
            public void onClick(View view) {
                sendRequestWithHttpURLConnection();
            }
        });
    }
    private void sendRequestWithHttpURLConnection() {
        new Thread(new Runnable() {
            @Override
            public void run() {
                OkHttpClient client = new OkHttpClient();
                Request request = new Request.Builder().
                    url(" 新闻列表的 URL")
.build();
                try {
                    Response response = client.newCall(request).execute();
                    parseJSONWithJSONObject(new String(response.body().bytes(), "GB2312"));
                } catch (IOException e) {
                    e.printStackTrace();
                }
            }
```

```
            }).start();
    }
    private void parseJSONWithJSONObject(final String string) {
        runOnUiThread(new Runnable() {
            @Override
            public void run() {
                // 在这里进行 UI 操作，将结果显示在界面上
                Gson gson = new Gson();
                List<News> newsList = gson.fromJson(string,
                    new TypeToken<List<News>>(){}.getType());
                NewsAdapter adapter = new NewsAdapter(newsList, MainActivity.this);
                list.setAdapter(adapter);
            }
        });
    }
}
```

## 本章习题

1. 单选题

1）下面关于 HttpURLConnection 访问网络的描述，正确的是（　　）。

A. 以 GET 方式访问网络 URL 的内容一般要大于 1KB

B. 以 GET 方式提交的数据要比 POST 的方式相对安全

C. 使用 HttpURLConnection 访问网络时需要设置超时时间，以防止连接被阻塞时无响应，影响用户体验

D. 使用 GET 方式提交数据时，用户通过浏览器无法看到发送的请求数据

2）下列选项中，不属于 JSON 数据的是（　　）。

A. {"city":"Beijing", "street":"haidian"}　　　B. ["abc", 12345, false, null]

C. [{"name":"LiLi", "city":"Beijing"}]　　　D. {"abc", 12345, false, null}

3）下列选项中，属于设置 WebView 控件支持 JavaScript 代码的方法是（　　）。

A. setBuiltInZoomControls()　　　　　　B. setWebChromeClient()

C. setSupportZoom()　　　　　　　　　D. setJavaScriptEnabled()

4）下面关于 WebView 的描述，正确的是（　　）。

A. 可以使用 loadData() 加载 HTML 代码

B. 使用 loadDataWithBaseURL() 加载带中文的 HTML 内容时会产生乱码

C. 使用 loadDataWithBaseURL() 方法加载的 URL 为 null 时，程序将崩溃

D. 使用 loadDataWithBaseURL() 加载 HTML 代码时不可以指定数据的编码格式

5）下列选项中，属于 WebView 类的方法的是（　　）。

A. setJavaScriptEnabled()　　　　　　　B. setWebChromeClient()

C. setSupportZoom()　　　　　　　　　D. setBuiltInZoomControls()

6）下列选项中，属于 HttpURLConnection 提交数据后请求成功的状态码的是（　　）。

A. 100　　　　　B. 200　　　　　C. 404　　　　　D. 500

2. 多选题

1）下列选项中，属于 HttpURLConnection 中的方法的是（　　　）。

A. setRequestMethod()　　　　　　B. setConnectTimeout()

C. openConnection()　　　　　　　D. disconnect()

2）下面关于 JSON 数据的描述，正确的是（　　　）。

A. JSON 数据易于阅读和编写

B. 易于机器解析和生成

C. JSON 数据能有效地提升网络传输效率

D. 可以直接显示到程序的界面上

3. 简答与编程题

1）简述使用 HttpURLConnection 访问网络的步骤。

2）请编写逻辑代码，使用 WebView 加载"http://www.baidu.com/"网页，并实现网页的缩放功能。

# 第8章

# 图像与多媒体应用

**本章简介**

    本章主要讲解了常用的绘图类、为图像添加特效以及动画等知识点，通过这些知识点可以实现炫酷的 Android 应用界面并丰富界面的显示效果，给用户以较好的体验。多媒体技术方面的主要内容有音频、视频的播放，以及使用到的 MediaPlayer 类、SoundPool 类、VideoView 控件与 SurfaceView 控件。通过对本章知识的学习，读者能够掌握简单的图形图像处理知识，能够开发一些简单的音乐播放器、视频播放器等软件，并可灵活运用相关技术。

**学习目标**

1）了解位图的使用。

2）掌握 Android 中绘图的方法。

3）掌握图像添加动画的方法。

4）掌握多媒体控件的使用。

## 8.1 图像与绘图

### 8.1.1 Android 中图像的处理

    Android 应用开发中会用到各种图片，包括 .png、.gif、.jpg 和各种 Drawable 对象，还包括位图 Bitmap，而且对图片的处理是影响程序高效性和健壮性的重要因素。在绘制图像时经常使用 Bitmap、BitmapFactory、Paint、Canvas 和 Matrix 类。

Bitmap 代表一张位图，扩展名可以是 .bmp 或者 .dib。位图是 Windows 标准格式的图形文件，它将图像定义为由点（像素）组成，每个点可以由多种色彩表示，包括 2、4、8、16、24 和 32 位色彩。例如，一幅分辨率为 1024 像素 × 768 像素的 32 位真彩图片，其所占存储字节数为 1024 × 768 × 32B/8=3072KB，虽然位图文件的图像效果很好，但却是非压缩格式的，需要占用较大存储空间，不利于网络传输。利用 Bitmap 可以获取图像文件信息，借助 Matrix 进行图像剪切、旋转、缩放等操作，再以指定格式保存图像文件。

创建 Bitmap 时一般不调用其构造方法，可通过两种方式创建 Bitmap 对象。通过 Bitmap 类的静态方法 static Bitmap createBitmap() 或通过 BitmapFactory 类的 static Bitmap decodeXxx() 来创建该类的对象。创建位图的 Bitmap 对象的部分静态方法如表 8-1 所示。

表 8-1　创建位图的 Bitmap 对象的部分静态方法

| 方法名（部分方法） | 用法说明 |
| --- | --- |
| createBitmap(Bitmap src) | 复制位图 |
| createBitmap(Bitmap src, int x , int y, int w, int h) | 从源位图 src 的指定坐标 (x, y) 开始截取宽 w、高 h 的部分，用于创建新的位图对象 |
| createScaledBitmap(Bitmap src, int w , int h, boolean filter) | 将源位图 src 缩放成宽为 w、高为 h 的新位图 |
| createBitmap(int w , int h, Bitmap.Config config) | 创建一个宽 w、高 h 的新位图（config 为位图的内部配置枚举类） |
| createBitmap(Bitmap src, int x , int y, int w, int h, Matrix m, boolean filter) | 从源位图 src 的指定坐标 (x, y) 开始截取宽 w、高 h 的部分，按照 Matrix 变换创建新的位图对象 |

创建一个 Bitmap 对象，代码如下：

```
Bitmap.Config config = Config.ARGB_4444;
Bitmap bitmap = Bitmap.createBitmap( width, height, config );
```

Config 是 Bitmap 的内部类，用于指定 Bitmap 的一些配置信息，这里的 Config.ARGB_4444 表示 Bitmap 的每个像素点占两个字节。

BitmapFactory 是一个工具类，它用于提供大量的方法，这些方法可用于从不同的数据源来解析、创建 Bitmap 对象。BitmapFactory 的部分常用方法，如表 8-2 所示。

表 8-2　BitmapFactory 的部分常用方法

| 方法名（部分方法） | 用法说明 |
| --- | --- |
| decodeByteArray(byte[] data, int offset, int length) | 从指定字节数组的 offset 位置开始，将长度为 length 的数据解析成位图 |
| decodeFile(String pathName) | 从 pathName 对应的文件解析成的位图对象 |
| decodeFileDescriptor(FileDescriptor fd) | 从 FileDescriptor 中解析成的位图对象 |
| decodeResource(Resource res, int id) | 根据给定的资源 id 解析成位图 |
| decodeStream(InputStream in) | 把输入流解析成位图 |

例如，使用 Drawable 中的图片文件创建 Bitmap 对象，代码如下：

```
Bitmap bitmap = BitmapFactory.decodeResource(this.getResources(), R.drawable.face);
```

在实际开发中，创建 Bitmap 对象时需考虑内存溢出（Out Of Memory，OOM）的问题，当上一个创建的 Bitmap 对象还没被回收而又创建下一个 Bitmap 对象时就会出现该问题。为此 Android 提供了如下两个方法来判断 Bitmap 对象是否被回收，若没有则强制回收。

1）boolean isRecycled()：判断该 Bitmap 对象是否已被回收。

2）void recycle()：若 Bitmap 对象没有回收则强制回收。

## 8.1.2　绘图

### 1. 绘图基础

Android 绘图基础：Canvas、Paint 等。

自定义 View 有 3 个重要的方法，分别是 onMeasure()、onLayout() 和 onDraw()。在绘图时需要重写其中的 onDraw() 方法，需要用到 Canvas 类。在 Android 程序开发中，通过使用 Canvas 类中的 drawXXX() 方法，开发者可以绘制各种各样的图形。Canvas 绘图有 3 个基本要素：Canvas、绘图坐标系及 Paint。Canvas 是画布，通过 Canvas 的各种 drawXXX() 方法将图形绘制到 Canvas 上面，在 drawXXX() 方法中需要传入要绘制图形的坐标形状，还要传入一个画笔 Paint。drawXXX() 方法及传入其中的坐标决定了要绘制图形的形状，如 drawCircle() 方法，用来绘制圆形，需要传入圆心的 x 和 y 坐标，以及圆的半径。drawXXX() 方法中传入的画笔 Paint 决定了所绘制图形的一些外观，比如所绘制图形的颜色，再比如绘制的是圆面还是圆的轮廓线等。

Android 系统的设计吸收了现有系统的诸多优点，如 Canvas 绘图。Canvas 不是 Android 所特有的，很多技术都支持 Canvas 绘图，Canvas 也是 HTML5 标准中的一部分，主流的浏览器都支持用 JavaScript 在 Canvas 上绘图，如果大家用过 HTML5 中的 Canvas，就会发现与 Android 的 Canvas 绘图 API 很相似。

关于 Canvas 类的 drawXXX() 方法以及 Paint 类的 setXXX() 方法，可查阅相关 API，这里简单介绍一些常用的方法。Canvas 类中的一些常用方法如表 8-3 所示。Paint 类中的常用方法如表 8-4 所示。

表 8-3　Canvas 类中的常用方法

| 部分方法 | 说明 |
| --- | --- |
| drawArc(RectF oval, float startAngle, float sweepAngle, boolean useCenter, Paint paint) | 绘制圆弧 |
| drawBitmap(Bitmap bitmap, float left, float top, Paint paint) | 在指定点绘制位图 |
| drawCircle(float cx, float cy, float radius, Paint paint) | 从指定点绘制一个圆 |
| drawLine(float startX, float startY, float stopX, float stopY, Paint paint) | 绘制一条直线 |
| drawPoint(float x, float y, Paint paint) | 绘制一个点 |

表 8-4　Paint 类中的常用方法

| 部分方法 | 说明 |
| --- | --- |
| setARGB(int a, int r, int g, int b)/setColor(int color) | 设置颜色 |
| setAntiAlias(boolean aa) | 设置是否抗锯齿 |
| setShader(Shader shader) | 设置画笔的填充效果 |
| setStrokeWidth(float width) | 设置画笔的笔触宽度 |
| setStrokeJoin(Paint.Join join) | 设置画笔拐弯处的连接风格 |
| setPathEffect(PathEffect effect) | 设置绘制路径时的路径效果 |

【示例 8.1】使用画布绘制圆形。

1）定义 CircleView 继承 View，代码如下：

```
package com.qcxy.chapter8;
import android.content.Context;
import android.graphics.Canvas;
import android.graphics.Color;
import android.graphics.Paint;
import android.graphics.Rect;
import android.util.AttributeSet;
import android.view.View;
import androidx.annotation.Nullable;
public class CircleView extends View {
    public CircleView(Context context) {
        super(context);
    }
    public CircleView(Context context, @Nullable AttributeSet attrs) {
        super(context, attrs);
    }
    @Override
    protected void onDraw(Canvas canvas) {
        super.onDraw(canvas);
        Paint paint = new Paint( ); // 创建画笔
        paint.setColor(Color.GREEN);
        canvas.drawCircle(300, 300, 300, paint); // 绘制圆形
    }
}
```

2）创建布局文件，添加 CircleView，代码如下：

```
<?xml version = "1.0" encoding = "utf-8"?>
<RelativeLayout xmlns:android = "http://schemas.android.com/apk/res/android"
    xmlns:app = "http://schemas.android.com/apk/res-auto"
    xmlns:tools = "http://schemas.android.com/tools"
    android:layout_width = "match_parent"
    android:layout_height = "match_parent"
    android:padding = "20dp"
    tools:context = ".MainActivity">
  <com.qcxy.chapter8.CircleView
      android:layout_centerHorizontal = "true"
      android:layout_width = "wrap_content"
      android:layout_height = "wrap_content"/>
</RelativeLayout>
```

3）在 Activity 中显示 CircleView，代码如下：

```
package com.qcxy.chapter8;
import androidx.appcompat.app.AppCompatActivity;
import android.os.Bundle;
public class MainActivity extends AppCompatActivity {
```

```
        @Override
        protected void onCreate(Bundle savedInstanceState) {
            super.onCreate(savedInstanceState);
            setContentView(R.layout.activity_main);
        }
    }
```

运行程序，效果显示如图 8-1 所示。

图 8-1　绘制的圆形

### 2. Path 类

Path 类是一个非常有用的类，它可以预先在 View
上将 N 个点连成一条"路径"，然后调用 Canvas 的
drawPath(path, paint) 方法即可沿着路径绘制图形。实际上，除了 Path 类外，Android 还为路
径绘制提供了 PathEffect 类来定义绘制效果，而 PathEffect 包含了如下几种绘制效果，每一
种都是它的子类，具体如下：

- ComposePathEffect。
- CornerPathEffect。
- DashPathEffect。
- DiscretePathEffect。
- PathDashPathEffect。
- SumPathEffect。

## 8.1.3　Matrix 类

### 1. 使用 Matrix 控制变换

Matrix 是"矩阵"的意思，Android 提供了 Matrix 类对图片添加特效，它对图片的处理
有 4 个基本操作，包括平移（Translate）、缩放（Scale）、旋转（Rotate）、倾斜（Skew）。 使
用 Matrix 控制图形或组件变换的步骤如下：

1）创建 Matrix 对象。
2）调用 Matrix 的方法进行相应变换。
3）将程序对 Matrix 所做的变换应用到指定图形或组件。

Matrix 提供了一些方法来控制图片变换，如表 8-5 所示。

表 8-5　Matrix 提供的变换图片方法

| 部分方法 | 说明 |
| --- | --- |
| setTranslate(float dx, float dy) | 控制 Matrix 进行位移 |
| setSkew(float kx, float ky) | 控制 Matrix 进行倾斜，kx、ky 为 X、Y 方向上的比例 |
| setSkew(float kx, float ky, float px, float py) | 控制 Matrix 以 px、py 为轴心进行倾斜，kx、ky 为 X、Y 方向上的倾斜比例 |
| setRotate(float degrees) | 控制 Matrix 进行 degrees 角度的旋转，轴心为 (0, 0) |
| setRotate(float degrees, float px, float py) | 控制 Matrix 进行 degrees 角度的旋转，轴心为 (px, py) |
| setScale(float sx, float sy) | 设置 Matrix 进行缩放，sx、sy 为 X、Y 方向上的缩放比例 |
| setScale(float sx, float sy, float px, float py) | 设置 Matrix 以 (px, py) 为轴心进行缩放，sx、sy 为 X、Y 方向上的缩放比例 |

　　Matrix 类位于"android.graphics.Matrix"包下，是 Android 提供的一个矩阵工具类，它本身并不能对图片或 View 进行变换，但它可与其他 API 结合起来控制图片、View 的变换，如 Canvas。

　　图片在内存中存放的是一个个的像素点，而对图片的变换主要就是处理图片的每个像素点。对每个像素点进行相应的变换，即可完成对图片的变换。

　　使用 Matrix 对图片旋转 50°，代码如下：

```
protected void onDraw(Canvas canvas) {
        super.onDraw(canvas);
        Paint paint = new Paint();
        Bitmap bitmap = BitmapFactory.decodeResource(this.getResources(), R.drawable.android_icon);
        Matrix matrix = new Matrix();
        matrix.setRotate(50);
        canvas.drawBitmap(bitmap, matrix, paint);
}
```

### 2. 使用 drawBitmapMesh() 扭曲图像

　　Mesh 有"网状物"的意思，使用 drawBitmapMesh() 扭曲图片，就是将图片分割成网格状，网格的交叉点就是需要获取的坐标点，获取之后改变坐标点，图片就会呈现不同的形状。"水波荡漾""风吹旗帜"等特效就是通过 drawBitmapMesh() 方法实现的。

　　Canvas 提供了 drawBitmapMesh(Bitmap bitmap, int meshWidth, int meshHeight, float[] verts, int vertOffset, int[] colors, int colorOffset, Paint paint) 方法，该方法关键参数的说明如下。

　　1）bitmap：指定需要扭曲的源位图。

　　2）meshWidth：该参数控制在横向上把该源位图划分成多少格。

　　3）meshHeight：该参数控制在纵向上把该源位图划分为多少格。

　　4）verts：该参数是一个长度为 (meshWidth + 1) × (meshHeight+1) × 2 的数组，它记录了扭曲后的位图各"顶点"位置。虽然它是一维数组，但是记录的数据是形如 (x0, y0), (x1, y1), (x2, y2), …, (xN, yN) 格式的数据，这些数组元素控制对 bitmap 位图的扭曲效果。

　　5）vertOffset：控制 verts 数组中从第几个数组元素开始才对 bitmap 进行扭曲（忽略 vertOffset 之前数据的扭曲效果）。

## 8.2　动画

### 8.2.1　逐帧动画

　　逐帧动画是按照准备好的静态图像顺序播放的，利用人眼的"视觉暂留"原理产生成动画的错觉。逐帧动画的原理与放胶片看电影的原理是一样的，它们都是一张一张地播放事先准备好的静态图像。在 Android 中，逐帧动画需要得到 AnimationDrawable 类的支持。AnimationDrawable 类主要用来创建一个逐帧动画，并且可以对帧进行拉伸。在程序中获取 AnimationDrawable 对象后，把该对象设置为 ImageView 的背景即可使用 AnimationDrawable.start() 方法播放逐帧动画。

　　AnimationDrawable 资源的使用很简单，在 /res/drawable 目录下新建 XML 文件，该文件以 <animation-list.../> 为根元素，使用 <item.../> 子元素定义动画的全部帧。XML 配置的示例代码如下：

```xml
<?xml version = "1.0" encoding = "utf-8"?>
<animation-list xmlns:android = "http://schemas.android.com/apk/res/android" >
    <item android:drawable = "@drawable/img01" android:duration = "300"> </item>
    <item android:drawable = "@drawable/img02" android:duration = "300"> </item>
    <item android:drawable = "@drawable/img03" android:duration = "300"> </item>
    <item android:drawable = "@drawable/img04" android:duration = "300"> </item>
    <item android:drawable = "@drawable/img05" android:duration = "300"> </item>
</animation-list>
```

为 ImageView 添加背景，代码如下：

```xml
<ImageView
    android:id = "@+id/iv_anim"
    android:layout_width = "wrap_content"
    android:layout_height = "wrap_content"
    android:layout_centerHorizontal = "true"
    android:layout_marginTop = "100dp"
    android:background = "@drawable/frame"
    android:layout_marginBottom = "20dp" />
```

在 Activity 中通过 Java 代码获取动画对象，开启动画，代码如下：

```java
animation = (AnimationDrawable) iv_anim.getBackground();
if (!animation.isRunning()) {
    // 动画没有在播放状态，则播放
    animation.start();
}
```

## 8.2.2　补间动画

补间动画是指开发者只需设置动画开始、动画结束等关键帧，而动画变化的中间帧是由系统计算并补齐的动画。通过对 View 进行一系列的图形变化来实现动画效果，其中图形变化包括平移、缩放、旋转、改变透明度等。

对补间动画而言，开发者无须像逐帧动画那样定义动画过程中的每一帧，只要定义动画开始和结束的关键帧，并设置动画的持续时间即可。而中间的变化过程需要的帧是通过 Animation 类支持的。

Android 中使用 Animation 代表抽象的动画类，其子类如表 8-6 所示。

表 8-6　Animation 的子类

| 子类 | 说明 | 使用方法 |
| --- | --- | --- |
| AlphaAnimation | 透明度改变的动画 | 指定开始与结束时的透明度及动画持续时间，透明度可从 0～1 |
| ScaleAnimation | 大小缩放的动画 | 指定开始与结束时的缩放比及动画持续时间，pivotX、pivotY 指定缩放中心坐标 |
| TranslateAnimation | 位移变化的动画 | 指定开始与结束时的位置坐标及动画持续时间 |
| RotateAnimation | 旋转动画 | 指定开始与结束的旋转角度及动画持续时间，pivotX、pivotY 指定旋转轴心坐标 |

一旦为补间动画指定 3 个必要信息，Android 系统就会根据动画的开始帧、结束帧、持续时间计算出需要在中间"补入"多少帧，并计算所有补入帧的图形。

为了控制在动画期间需要动态"补入"多少帧，具体在动画运行的哪些时刻补入帧，需要借助插值器 Interpolator。插值器的本质是一个动画执行控制器，它可以控制动画执行过程中的速度变化，比如匀速、加速、减速、抛物线速度等各种速度变化。

Interpolator 是一个空接口，继承自 TimeInterpolator。Interpolator 接口中定义了 float getInterpolation(float input) 方法，开发者可通过实现 Interpolator 来控制动画的变化速度。Android 系统为 Interpolator 提供了几个常用实现类，分别用于实现不同的动画变化速度，如表 8-7 所示。

表 8-7　Interpolator 的常用实现类

| 实现类 | 说明 |
| --- | --- |
| LinearInterpolator | 动画以均匀的速度改变 |
| AccelerateInterpolator | 动画开始时缓慢改变速度，之后加速 |
| AccelerateDecelerateInterpolator | 动画开始和结束时改变速度较慢，中间部分加速 |
| CycleInterpolator | 动画循环播放特定的次数，变化速度按正弦曲线改变 |
| DecelerateInterpolator | 在动画开始时改变速度较快，然后开始减速 |

在动画资源文件中使用上述实现类，只需要在定义补间动画的 <set.../> 元素中使用 android:interpolator 属性即可。该属性的属性值可以指定 Android 默认支持的 Interpolator，其格式如下：

@android:anim/linear_interpolator
@android:anim/accelerate_interpolator
@android:anim/accelerate_decelerate_interpolator
…

可以看出在资源文件中使用 Interpolator 时，其格式与实现类的类名是对应的。资源文件定义完成之后，开发者需要在程序中通过 AnimationUtils 得到补间动画的 Animation 对象，然后调用 View 的 startAnimation(Animation anim) 方法开始对该 View 执行动画。下面对常用的 4 种补间动画进行说明。

（1）透明度渐变动画

透明度渐变动画是通过改变 View 组件透明度来实现的渐变效果。它主要是通过指定动画开始时 View 的透明度、结束时 View 的透明度及动画持续时间来实现的。使用 XML 配置的代码如下：

```
<?xml version = "1.0" encoding = "utf-8"?>
<set xmlns:android = "http://schemas.android.com/apk/res/android">
    <alpha
        android:interpolator = "@android:anim/linear_interpolator"
        android:repeatMode = "reverse"
        android:repeatCount = "infinite"
        android:duration = "1000"
        android:fromAlpha = "1.0"
```

```
            android:toAlpha = "0.0"/>
    </set>
```

代码中，android:interpolator = "@android:anim/linear_interpolator" 表示设置控制动画的变化速度为匀速，android:repeatMode = "reverse" 表示设置动画重复的方式为反向，android:repeatCount = "infinite" 表示设置动画重复次数为无限循环，android:duration = "1000" 表示指定动画播放时长为 1000ms，android:fromAlpha = "1.0" 表示指定动画开始时的透明度为不透明，android:toAlpha = "0.0" 表示指定动画结束时的透明度为透明。

如果使用 Java 代码来实现补间动画，代码如下：

```
AlphaAnimation alphaAnimation = new AlphaAnimation(0.0f, 1.0f);
alphaAnimation.setDuration(2000);
alphaAnimation.setRepeatMode(AlphaAnimation.REVERSE);
alphaAnimation.setRepeatCount(AlphaAnimation.INFINITE);
imageView.startAnimation(alphaAnimation);
```

（2）旋转动画

旋转动画是通过对 View 指定动画开始时的旋转角度、结束时的旋转角度及动画播放时长来实现的。旋转动画的 XML 配置如下：

```
<?xml version = "1.0" encoding = "utf-8"?>
<set xmlns:android = "http://schemas.android.com/apk/res/android">
    <rotate
        android:fromDegrees = "0"
        android:toDegrees = "360"
        android:pivotX = "50%"
        android:pivotY = "50%"
        android:repeatMode = "reverse"
        android:repeatCount = "infinite"
        android:duration = "2000"/>
</set>
```

（3）缩放动画

缩放动画是通过对动画指定开始时的缩放系数、结束时的缩放系数及动画持续时长来实现的。缩放动画的 XML 配置如下：

```
<?xml version = "1.0" encoding = "utf-8"?>
<set xmlns:android = "http://schemas.android.com/apk/res/android">
    <scale
        android:repeatMode = "reverse"
        android:repeatCount = "infinite"
        android:duration = "2000"
        android:fromXScale = "1.0"
        android:fromYScale = "1.0"
        android:toXScale = "0.5"
        android:toYScale = "0.5"
        android:pivotX = "50%"
        android:pivotY = "50%"/>
</set>
```

（4）平移动画

平移动画是通过指定动画的开始位置、结束位置及动画持续时长来实现的。平移动画的 XML 配置如下：

```xml
<?xml version = "1.0" encoding = "utf-8"?>
<set xmlns:android = "http://schemas.android.com/apk/res/android">
    <translate
        android:fromXDelta = "0.0"
        android:fromYDelta = "0.0"
        android:toXDelta = "100"
        android:toYDelta = "0.0"
        android:repeatCount = "infinite"
        android:repeatMode = "reverse"
        android:duration = "3000"/>
</set>
```

【示例 8.2】使用补间动画实现图片的渐变、缩放、旋转和平移。

在界面中添加一个 Android 的图标，然后单击下方的"渐变""旋转""缩放""平移"按钮后执行对应的动画，如图 8-2 所示。

实现步骤如下。

1）在 res 下创建 anim 文件夹，添加 3 个动画的 XML 代码。

旋转动画的 XML 配置如下：

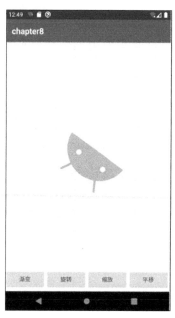

图 8-2　程序执行的效果

```xml
<?xml version = "1.0" encoding = "utf-8"?>
<set xmlns:android = "http://schemas.android.com/apk/res/android">
    <rotate
        android:fromDegrees = "0"
        android:toDegrees = "360"
        android:pivotX = "50%"
        android:pivotY = "50%"
        android:repeatMode = "reverse"
        android:repeatCount = "infinite"
        android:duration = "2000"/>
</set>
```

缩放动画的配置如下：

```xml
<?xml version = "1.0" encoding = "utf-8"?>
<set xmlns:android = "http://schemas.android.com/apk/res/android">
    <scale
        android:fromXScale = "1.0"
        android:fromYScale = "1.0"
        android:toXScale = "0.5"
        android:toYScale = "0.5"
        android:pivotX = "50%"
```

```
        android:pivotY = "50%"
        android:repeatMode = "reverse"
        android:repeatCount = "infinite"
        android:duration = "2000"/>
</set>
```

平移动画的配置如下：

```
<?xml version = "1.0" encoding = "utf-8"?>
<set xmlns:android = "http://schemas.android.com/apk/res/android">
    <translate
        android:fromXDelta = "0.0"
        android:fromYDelta = "0.0"
        android:toXDelta = "100"
        android:toYDelta = "0.0"
        android:repeatCount = "infinite"
        android:repeatMode = "reverse"
        android:duration = "2000"/>
</set>
```

2）界面的布局文件代码如下：

```
<?xml version = "1.0" encoding = "utf-8"?>
<RelativeLayout xmlns:android = "http://schemas.android.com/apk/res/android"
    android:layout_width = "match_parent"
    android:layout_height = "match_parent"
    android:layout_marginBottom = "5dp">
    <ImageView
        android:layout_width = "wrap_content"
        android:layout_height = "wrap_content"
        android:src = "@drawable/android_icon"
        android:layout_centerInParent = "true"
        android:id = "@+id/iv_bean"/>
    <LinearLayout
        android:layout_width = "match_parent"
        android:layout_height = "wrap_content"
        android:layout_alignParentBottom = "true">
        <Button
            android:id = "@+id/btn_one"
            android:layout_width = "0dp"
            android:layout_height = "wrap_content"
            android:layout_weight = "1"
            android:text = " 渐变 "/>
        <Button
            android:id = "@+id/btn_two"
            android:layout_width = "0dp"
            android:layout_height = "wrap_content"
            android:layout_weight = "1"
            android:text = " 旋转 "/>
```

```
        <Button
            android:id = "@+id/btn_three"
            android:layout_width = "0dp"
            android:layout_height = "wrap_content"
            android:layout_weight = "1"
            android:text = " 缩放 "/>
        <Button
            android:id = "@+id/btn_four"
            android:layout_width = "0dp"
            android:layout_height = "wrap_content"
            android:layout_weight = "1"
            android:text = " 平移 " />
    </LinearLayout>
</RelativeLayout>
```

3）在 Activity 中编写代码执行动画，代码如下：

```
package com.qcxy.chapter8;

import androidx.appcompat.app.AppCompatActivity;
import android.os.Bundle;
import android.view.View;
import android.view.animation.AlphaAnimation;
import android.view.animation.Animation;
import android.view.animation.AnimationUtils;
import android.widget.Button;
import android.widget.ImageView;


public class TweenActivity extends AppCompatActivity  implements View.OnClickListener {
    private Button buttonOne;
    private Button buttonTwo;
    private Button buttonThree;
    private Button buttonFour;
    private ImageView ivBean;
    @Override
    protected void onCreate(Bundle savedInstanceState) {
        super.onCreate(savedInstanceState);
        setContentView(R.layout.activity_tween);
        // 初始化组件并添加单击事件
        buttonOne = (Button) findViewById(R.id.btn_one);
        buttonTwo = (Button) findViewById(R.id.btn_two);
        buttonThree = (Button) findViewById(R.id.btn_three);
        buttonFour = (Button) findViewById(R.id.btn_four);
        ivBean = (ImageView) findViewById(R.id.iv_bean);
        buttonOne.setOnClickListener(this);
        buttonTwo.setOnClickListener(this);
        buttonThree.setOnClickListener(this);
        buttonFour.setOnClickListener(this);
```

```
        }
    public void onClick(View v) {
        switch (v.getId()) {
            case R.id.btn_one:
// 使用 Java 代码实现动画
                AlphaAnimation alphaAnimation = new AlphaAnimation(0.0f, 1.0f);
                alphaAnimation.setDuration(2000);
                alphaAnimation.setRepeatMode(AlphaAnimation.REVERSE);
                alphaAnimation.setRepeatCount(AlphaAnimation.INFINITE);
                ivBean.startAnimation(alphaAnimation);

                break;
            case R.id.btn_two:
                // 单击按钮使图片旋转
                Animation rotate = AnimationUtils.loadAnimation(this,
                        R.anim.rotate_animation);
                ivBean.startAnimation(rotate);
                break;
            case R.id.btn_three:
                // 单击按钮使图片缩放
                Animation scale = AnimationUtils.loadAnimation(this,
                        R.anim.scale_animation);
                ivBean.startAnimation(scale);
                break;
            case R.id.btn_four:
                // 单击按钮使图片移动
                Animation translate = AnimationUtils.loadAnimation(this,
                        R.anim.translate_animation);
                ivBean.startAnimation(translate);
                break;
        }
    }
}
```

### 8.2.3　属性动画

　　属性动画既可作用于 UI 组件，也可以作用于普通对象。定义属性动画可以使用 ValueAnimator 或 ObjectAnimator 的静态工厂方法实现。

　　使用属性动画的步骤如下：

　　1）创建 ValueAnimator 或 ObjectAnimator 对象。

　　2）根据需要为 Animator 对象设置属性。

　　3）如果需要监听 Animator 的动画开始事件、动画结束事件、动画重复事件、动画值改变事件，并根据事件提供相应的处理代码，则应该为 Animator 对象设置事件监听器。

　　4）如果有多个动画需要按次序或同时播放，则需要使用 AnimatorSet。

　　5）调用 Animator 对象的 start() 方法启动动画。

　　属性动画相较于补间动画的功能更强大，主要表现在如下方面：

　　1）补间动画只能定义两个关键帧在平移、旋转、缩放、透明度 4 个方面的变化，而属性动画则可以定义任何属性的变化。

2）补间动画只能对 UI 组件指定动画，但属性动画几乎可以对任何对象指定动画（不管它是否显示在屏幕上）。

### 1. 属性动画 API

属性动画涉及的 API 如下。

- Animator：提供创建属性动画的基类。一般是继承该类并重写它的指定方法。
- ValueAnimator：属性动画主要的时间引擎，负责计算各个帧的属性值。该类定义了属性动画的绝大部分核心功能，包括计算各帧的相关属性值，负责处理更新事件，按属性值的类型控制计算规则等。属性动画主要由两部分组成：①计算各帧的相关属性值；②为指定对象设置这些计算后的值。其中，ValueAnimator 只负责第①部分的内容。
- ObjectAnimator：ValueAnimator 的子类，在实际开发中，ObjectAnimator 比 ValueAnimator 更常用。
- AnimatorSet：Animator 的子类，用于组合多个 Animator，并指定它们的播放次序。
- IntEvaluator：用于计算 int 类型属性值的计算器。
- FloatEvaluator：用于计算 float 类型属性值的计算器。
- ArgbEvaluator：用于计算以十六进制形式表示的颜色值的计算器。
- TypeEvaluator：计算器接口，通过实现该接口自定义计算器。

在上面介绍的 API 中，ValueAnimator 与 ObjectAnimator 是最重要的，下面重点介绍这两个 API 的使用。

### 2. 使用 ValueAnimator 创建动画

使用 ValueAnimator 创建动画有如下 4 个步骤：

1）调用 ValueAnimator 的 ofInt()、ofFloat() 或 ofObject() 静态方法创建 ValueAnimator 实例。

2）调用 ValueAnimator 的 setXxx() 方法设置动画持续时间、插值方式、重复次数等。

3）调用 ValueAnimator 的 start() 方法启动动画。

4）为 ValueAnimator 注册 AnimatorUpdateListener 监听器，在该监听器中可以监听 ValueAnimator 计算出来的值的改变，并将这些值应用到指定对象上。

例如以下代码片段：

```
ValueAnimator va = ValueAnimator.ofFloat(0f, 1f);
va.setDuration(1000);
va.start();
```

上面的代码片段实现了在 1s 内帧的属性值从 0 ～ 1 的变化。

如果使用自定义的计算器，则代码如下：

```
ValueAnimator.ofObject(new MyTypeEvaluator(), startValue, endValue);
va.setDuration(1000);
va.start();
```

上面的代码片段仅仅是计算动画过程中变化的值，并没有应用到对象上，所以不会有任何动画效果。如果想利用 ValueAnimator 创建出动画效果，还需要注册一个监听器 AnimatorUpdateListener，该监听器负责更新对象的属性值。在实现这个监听器时，可以通过 getAnimatedValue() 方法获取当前帧的属性值，并将计算出来的值应用到指定对象上。当该对象的属性持续改变时，动画效果就产生了。

### 3. 使用 ObjectAnimator 创建动画

ObjectAnimator 继承自 ValueAnimator，因此可直接将 ValueAnimator 在动画中计算出来的值应用到指定对象的指定属性中。由于 ValueAnimator 已经注册了一个监听器来完成该操作，因此 ObjectAnimator 不需要注册 AnimatorUpdateListener 监听器。

使用 ObjectAnimator 的 ofInt()、ofFloat() 或 ofObject() 静态方法创建 ObjectAnimator 时，需要指定具体的对象及对象的属性名。

例如以下代码片段：

```
ObjectAnimator oa = ObjectAnimator.ofFloat(foo, "alpha", 0f, 1f);
oa.setDuration(1000);
oa.start();
```

使用 ObjectAnimator 时需要注意以下几点：

● 要为该对象对应的属性提供 setter() 方法，例如上面的示例代码中需要为 foo 对象提供 setAlpha(float value) 方法。

● 调用 ObjectAnimator 的 ofInt()、ofFloat() 或 ofObject() 静态方法时，如果 values... 参数只提供一个值（正常情况下需要提供开始值和结束值），那么该值会被认为是结束值。此时该对象应该为该属性提供一个 getter() 方法，该 getter() 方法的返回值将被作为开始值。

● 在对 View 对象执行动画效果时，往往需要在 onAnimationUpdate() 事件监听方法中调用 View.invalidate() 方法来刷新屏幕显示，比如对 Drawable 对象的 color 属性执行动画。

### 8.2.4　使用 SurfaceView 实现动画

前面介绍的很多示例中都使用了自定义 View 类来绘图，但 View 的绘图机制相比于 SurfaceView 还存在缺陷，比如：

1）View 缺乏双缓存机制。

2）当 View 上的图片需要更新时必须重新绘制。

3）新建的线程无法直接更新组件。

基于以上 View 的缺陷，Android 一般推荐使用 SurfaceView 来绘制图片，尤其是在游戏开发中，SurfaceView 的优势更明显。

SurfaceView 一般与 SurfaceHolder 结合使用，SurfaceHolder 用于向与之关联的 SurfaceView 上绘图，调用 SurfaceView 的 getHolder() 方法即可获取 SurfaceView 关联的 SurfaceHolder。

SurfaceHolder 提供了如下方法来获取 Canvas 对象。

● Canvas lockCanvas()：锁定整个 SurfaceView 对象，获取该 SurfaceView 上的 Canvas。

● Canvas lockCanvas(Rect dirty)：锁定 SurfaceView 上 Rect 划分的区域，获取该 SurfaceView 上的 Canvas。

● unlockCanvasAndPost(canvas)：用于 Canvas 绘图完成之后释放绘图、提交所绘制的图形。

# 8.3 音频播放控件

## 8.3.1 使用 MediaPlayer 播放音频

在 Android 平台上播放音频的方式分为两种：

1）适合短暂播放但对反应速度要求较高的 SoundPool 对象。

2）适合较长播放但对响应时间要求不高的 MediaPlayer 对象，此方式较为常见。

在实际应用中，用户可以根据实际情况进行选择。例如，为游戏中的爆炸音效选用 SoundPool 作为其音频效果，而对于常见音乐播放则选择 MediaPlayer。

MediaPlayer 类处于 Android 多媒体包"android.media.MediaPlayer"下，包含了 Audio 和 Video 两个播放功能。音视频的播放过程一般是开始播放、暂停播放或者停止播放，MediaPlayer 中常用的几个方法如表 8-8 所示。

表 8-8 MediaPalyer 最常用的方法

| 方法 | 描述 |
| --- | --- |
| create(Context context, Uri uri) | 从指定 URI 地址加载音频文件 |
| create(Context context, int resid) | 从资源列表加载音频文件 |
| setDataSource(String path) | 从指定 SD 卡路径加载音频文件 |
| prepare() | 在开始播放之前调用这个方法完成准备工作 |
| start() | 开始或继续播放音频 |
| stop() | 停止播放音频，调用这个方法后的 MediaPlayer 对象无法再播放音频 |
| pause() | 暂停播放音频 |
| reset() | 将 MediaPlayer 对象重置到刚刚创建的状态 |
| seekTo() | 从指定的位置开始播放音频 |
| release() | 释放掉与 MediaPlayer 对象相关的资源 |
| isPlaying() | 判断当前 MediaPlayer 是否正在播放音频 |
| getDuration() | 获取载入的音频文件的时长 |

按照播放资源的来源，MediaPlayer 的使用也不尽相同，具体有如下 4 种来源。

### 1. 播放应用中的资源文件

在之前讲解 Android 中的资源时已经知道，应用中的资源一般放在 /res/raw 目录下。使用 MediaPlayer 播放该资源时的示例代码如下：

```
MediaPlayer mp = MediaPlayer.create(this, R.raw.my_song);
mp.start();
```

**提示**：在 Android 应用程序中，建议将小于 1MB 的媒体文件存放于 res 目录的 raw 中（raw 需要自行创建），使用 create(Context context, int resid) 方法创建 MediaPlayer 对象；大于 1MB 的媒体文件存放在 SD 卡中，使用 setDataSource(String path) 方法加载音频文件，这样可以减小安装包的容量。

### 2. 播放应用中的原始资源文件

播放应用中的原始资源文件步骤如下：

1）调用 Context 的 getAssets() 方法获取应用的 AssetManager。

2）调用 AssetManager 对象的 openFd(String name) 方法打开指定的原始资源，该方法返回一个 AssetFileDescriptor 对象。

3）调用 AssetFileDescriptor 的 getFileDescriptor()、getFileOffset() 和 getLength() 方法来获取音频文件的 FileDescriptor、开始位置、长度等。

4）调用 MediaPlayer 对象的 setDataSource(FileDescriptor fd, long offset, long length) 方法装载音频资源。

5）调用 MediaPlayer 对象的 prepare() 方法准备音频。

6）调用 MediaPlayer 对象的 start()、pause()、stop() 等方法控制播放。

```
AssetManager am = getAssets();
AssetFileDescriptor  afd = am.openFd(my_Music);
MediaPlayer mp = new MediaPlayer();
try {
    mp.setDataSource(afd.getFileDescriptor(),
            afd.getStartOffset(), afd.getLength());
    mp.prepare();
    mp.start();
} catch (IOException e) {
    e.printStackTrace();
}
```

### 3. 播放外部存储器上的音频文件

播放外部存储器上的音频文件步骤如下：

1）创建 MediaPlayer 对象，并调用其 setDataSource(String path) 方法装载指定的音频文件。

2）调用 MediaPlayer 对象的 prepare() 方法准备音频。

3）调用 MediaPlayer 的 start()、pause()、stop() 等方法控制播放。

```
MediaPlayer mp = new MediaPlayer();
try {
    mp.setDataSource(" 音频文件 ");
    mp.prepare();
    mp.start();
} catch (IOException e) {
    e.printStackTrace();
}
```

### 4. 播放来自网络的音频文件

播放来自网络的音频文件有两种方式。

1）使用 MediaPlayer 的静态 create(Context context, Uri uri) 方法。

2）调用 MediaPlayer 的 setDataSource(Context context, Uri uri) 方法。

下面是第二种方式的示例代码。

```
Uri uri = Uri.parse("http://www.qcxy.com/music.mp3");
MediaPlayer mp = new MediaPlayer();
```

```
try {
    mp.setDataSource(this, uri);
    mp.prepare();
} catch (IOException e) {
    e.printStackTrace();
}
mp.start();
```

需要注意的是，MediaPlayer 除了使用 prepare() 方法来准备声音之外，还可以调用 prepareAsync() 来准备声音。两者的区别是，prepareAsync() 是线程异步的，不会阻塞当前的 UI 线程。

下面介绍音乐特效控制相关内容。

在音乐播放器中，一般都会有用特效控制音乐播放的选项，这些特效包括均衡器、重低音、音场以及音乐波形显示等。其实这些特效的实现离不开 AudioEffect 及其子类，常用子类如表 8-9 所示。

表 8-9　AudioEffect 常用的子类

| 子类 | 说明 |
| --- | --- |
| AcousticEchoCanceler | 取消回音控制器 |
| AutomaticGainControl | 自动增益控制器 |
| NoiseSuppressor | 噪声压制控制器 |
| BassBoost | 重低音控制器 |
| Equalizer | 均衡控制器 |
| PresetReverb | 预设音场控制器 |
| Visualizer | 示波器 |

表 8-9 中前 3 个子类的用法很简单，只要调用它们的静态方法 create() 创建对应的实例，然后调用 isAvailable() 方法判断是否可用，最后调用 setEnabled(boolean enabled) 方法启用相应效果即可。

【示例 8.3】使用 MediaPlayer 实现简单的音乐播放器。

程序的功能如下：

1）单击"开始播放"按钮播放音乐，同时进度条开始走动。

2）单击"暂停播放"按钮暂停播放，同时进度条停止。

3）单击"停止播放"按钮停止播放音乐，同时进度条进度归零。

4）单击"停止播放"按钮，再单击"开始播放"按钮，可以播放音乐。

运行程序后的效果如图 8-3 所示。

实现步骤如下。

1）在布局文件中添加 Button 控件和 SeekBar 控件，参考代码如下：

图 8-3　播放器的运行效果

```
<LinearLayout
    xmlns:android = "http://schemas.android.com/apk/res/android"
    android:layout_width = "match_parent"
    android:layout_height = "match_parent"
    android:orientation = "vertical">
    <SeekBar android:id = "@+id/seekbar"
        android:layout_height = "wrap_content"
        android:layout_width = "match_parent">
    </SeekBar>
    <LinearLayout
        android:orientation = "horizontal"
        android:layout_width = "match_parent"
        android:layout_height = "wrap_content"
        android:gravity = "center_horizontal"
        android:layout_marginTop = "20dp">
        <Button
            android:id = "@+id/play"
            android:layout_width = "wrap_content"
            android:layout_height = "wrap_content"
            android:text = " 开始播放 "/>
        <Button android:id = "@+id/pause"
            android:layout_width = "wrap_content"
            android:layout_height = "wrap_content"
            android:text = " 暂停播放 "/>
        <Button android:id = "@+id/stop"
            android:layout_width = "wrap_content"
            android:layout_height = "wrap_content"
            android:text = " 停止播放 "/>
    </LinearLayout>
</LinearLayout>
```

2）在 res 目录中创建存放资源的 raw 目录，并将加载的 .mp3 文件放入其中，如图 8-4 所示。

3）编写 Activity 类，在 Activity 中使用 MediaPlayer 播放音频文件，代码如下：

```
package com.qcxy.chapter8;

import androidx.appcompat.app.AppCompatActivity;

import android.media.AudioManager;
import android.media.MediaPlayer;
import android.os.Bundle;
import android.os.Handler;
import android.os.Message;
import android.view.View;
import android.widget.Button;
import android.widget.SeekBar;
```

图 8-4　音乐文件

```java
import android.widget.Toast;

public class MediaPlayActivity extends AppCompatActivity {
    private Button play;
    private Button pause;
    private Button stop;
    private MediaPlayer mediaPlayer;
    // 进度条
    private SeekBar seekBar;
    // 处理进度条更新
    private Handler mHandler = new Handler() {
        @Override
        public void handleMessage(Message msg) {
            switch (msg.what) {
                case 0:
                    // 更新进度
                    int position = mediaPlayer.getCurrentPosition();
                    int time = mediaPlayer.getDuration();
                    int max = seekBar.getMax();
                    seekBar.setProgress(position * max / time);
                    mHandler.sendEmptyMessageDelayed(0, 1000);
                    break;
                default:
                    break;
            }
        }
    };

    @Override
    protected void onCreate(Bundle savedInstanceState) {
        super.onCreate(savedInstanceState);
        setContentView(R.layout.activity_media_play);
        init();
        // 初始化播放按钮
        play = (Button)findViewById(R.id.play);
        play.setOnClickListener(new View.OnClickListener() {
            public void onClick(View arg0) {
                Toast.makeText(MediaPlayActivity.this, "time is " + mediaPlayer.getDuration(),
                        Toast.LENGTH_SHORT).show();
                play();
            }
        });
        // 初始化暂停按钮
        pause = (Button)findViewById(R.id.pause);
        pause.setOnClickListener(new View.OnClickListener(){
            public void onClick(View arg0) {
                pause();
            }
```

```
        });
        stop = (Button)findViewById(R.id.stop);
        stop.setOnClickListener(new View.OnClickListener() {
            @Override
            public void onClick(View v) {
                stop();
            }
        });
        seekBar = (SeekBar)findViewById(R.id.seekbar);
        seekBar.setOnSeekBarChangeListener(new SeekBar.OnSeekBarChangeListener() {
            @Override
            public void onStopTrackingTouch(SeekBar seekBar) {
                // 手动调节进度
                int dest = seekBar.getProgress();
                int time = mediaPlayer.getDuration();
                int max = seekBar.getMax();
                mediaPlayer.seekTo(time*dest/max);
            }
            @Override
            public void onStartTrackingTouch(SeekBar arg0) {
            }
            @Override
            public void onProgressChanged(SeekBar arg0, int arg1, boolean arg2) {
            }
        });
    }
    // 初始化音乐播放
    void init(){
        try {
            mediaPlayer = MediaPlayer.create(this, R.raw.song);
            mediaPlayer.setAudioStreamType(AudioManager.STREAM_MUSIC);
            mediaPlayer.prepare();
        } catch (Exception e) {
            e.printStackTrace();
        }
    }
    // 播放音乐
    void play(){
        mediaPlayer.start();
        mHandler.sendEmptyMessageDelayed(0, 1000);
    }
    // 暂停音乐
    private void pause() {
        if (mediaPlayer ! = null && mediaPlayer.isPlaying()) {
            mediaPlayer.pause();
            mHandler.removeMessages(0);
        }
    }
```

```
// 停止音乐
private void stop() {
    if (mediaPlayer ! = null && mediaPlayer.isPlaying()) {
        mediaPlayer.stop();
        init();
        mHandler.removeMessages(0);
        seekBar.setProgress(0);
    }
}
// Activity 退出时停止播放音乐，释放资源
@Override
protected void onDestroy() {
    // 在 Activity 结束的时候回收资源
    if (mediaPlayer ! = null && mediaPlayer.isPlaying()) {
        mediaPlayer.stop();
        mediaPlayer.release();
        mediaPlayer = null;
    }
    super.onDestroy();
}
```

### 8.3.2　使用 SoundPool 播放音效

SoundPool 主要用于播放一些较短的声音片段。与 MediaPlayer 相比，使用 SoundPool 播放音频的优势在于 CPU 资源占用量低且反应延迟小。另外，SoundPool 对象还支持自行设置声音的品质、音量、播放比率等参数。使用 SoundPool 播放声音的步骤如下：

1）调用 SoundPool 的构造器创建 SoundPool 的对象。

2）调用 SoundPool 对象的 load() 方法从指定资源、文件中加载声音。最好使用 HashMap<Integer, Integer> 管理所加载的声音。

3）调用 SoundPool 的 play() 方法播放声音。

4）调用 SoundPool 的 release() 方法释放音频资源。

#### 1. SoundPool 构造器

SoundPool 提供了一个构造函数，该构造函数可以指定同时播放音频流的最大数量、采样率转化质量等。SoundPool 的构造函数定义如下：

```
public SoundPool(int maxStream, int streamType, int srcQuality)
```

以上构造函数参数的说明如下。

1）maxStream：同时播放音频流的最大数量。

2）streamType：流的类型，一般为 STREAM_MUSIC（具体在 AudioManager 类中列出）。

3）srcQuality：采样率转化质量，当前无效果，使用 0 作为默认值。

Android 5.0 版本以后，SoundPool 对象的构造器使用 SoundPool.Builder 来创建 SoundPool 对象。

#### 2. 加载音频资源

在 Android 程序中可以通过 4 种方式加载音频资源。

1）int load(AssetFileDescriptor afd, int priority)：通过 AssetFileDescriptor 对象加载资源。

2）int load(Context context, int resId, int priority)：通过资源 ID 加载资源。

3）int load(String path, int priority)：通过指定的路径加载资源。

4）int load(FileDescriptor fd, long offset, long length, int priority)：通过 FileDescriptor 加载资源。

其中的 priority 参数目前没有效果，建议设置为 1。

一个 SoundPool 能同时管理多个音频，可以通过多次调用 load() 方法来加载。如果加载成功，将返回一个非 0 的 soundID，用于播放时指定特定的音频。代码片段如下：

```
int soundID = soundPool.load(this, R.raw.sound1, 1);
if(soundID == 0){
    // 加载失败
} else {
    // 加载成功
}
```

**提示**：由于流的加载过程是一个将音频解压为原始 16 位 PCM 数据的过程，由一个后台线程来处理异步，所以初始化后不能立即播放，需要等待一段时间。

3. 播放控制

Android 程序中有以下 4 个方法可用于控制播放。

1）int play(int soundID, float leftVolume, float rightVolume, int priority, int loop, float rate)：播放指定音频 soundID（load() 的返回值）的音效，并返回一个 streamID。该方法参数的具体含义如下。

priority：流的优先级，值越大优先级越高，当同时播放的数量超出了最大支持数时，优先级值的大小将影响 SoundPool 对该流的处理。

loop：循环播放的次数，0 为播放一次，–1 为无限循环，其他值为播放 loop+1 次（例如，loop 值为 3 则表示一共播放 4 次）。

rate：播放的速率，范围为 0.5 ～ 2.0（0.5 为一半速率，1.0 为正常速率，2.0 为两倍速率）。

2）void pause(int streamID)：暂停播放指定流的音效（streamID 为 play() 的返回值）。

3）void resume(int streamID)：继续播放指定流的音效（streamID 为 play() 的返回值）。

4）void stop(int streamID)：终止播放指定流的音效（streamID 为 play() 的返回值）。

**提示**：程序退出时，有必要手动终止播放并释放资源；为了更好地管理 SoundPool 所加载的每个声音的 ID，程序通常会使用一个 HashMap 对象来管理声音。

4. 释放资源

Android 程序有以下两个方法用于释放资源。

1）boolean unload(int soundID)：卸载一个指定的音频资源（soundID）。

2）void release()：释放 SoundPool 中所有的音频资源。

【**示例 8.4**】使用 SoundPool 播放音效。

播放界面如图 8-5 所示。

单击"播放"按钮播放音乐，单击"下一个"按钮，播放下一个音乐，如图 8-6 所示。

图 8-5　使用 SoundPool 的播放界面

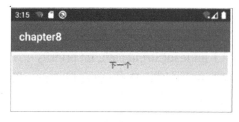

图 8-6　播放下一个音乐

实现步骤如下。

1）在 res 目录下创建 raw 目录，存放音乐文件，如图 8-7 所示。

2）创建 Activity 的布局文件 activity_main.xml，代码如下：

图 8-7　音乐文件

```
<LinearLayout
    xmlns:android = "http://schemas.android.com/apk/res/
    android"
    android:layout_width = "match_parent"
    android:layout_height = "match_parent"
    android:orientation = "horizontal">
    <Button
        android:id = "@+id/play"
        android:layout_width = "match_parent"
        android:layout_height = "wrap_content"
        android:text = " 播放 "/>
</LinearLayout>
```

3）编写 Activity 类，在 Activity 中使用 SoundPool 播放音效，代码如下：

```
package com.qcxy.chapter8;

import androidx.annotation.Nullable;
import androidx.appcompat.app.AppCompatActivity;

import android.media.AudioAttributes;
import android.media.SoundPool;
import android.os.Bundle;
import android.view.View;
import android.widget.Button;

import java.util.HashMap;

public class SoundPoolActivity extends AppCompatActivity {

    private int index = 0;
    private SoundPool soundPool;

    @Override
```

```java
protected void onCreate(@Nullable Bundle savedInstanceState) {
    super.onCreate(savedInstanceState);
    setContentView(R.layout.activity_sound_pool);
    final Button play = (Button) findViewById(R.id.play);
    // 设置音效的使用场景
    AudioAttributes attributes = new AudioAttributes.Builder().
            setUsage(AudioAttributes.USAGE_GAME).
            setContentType(AudioAttributes.CONTENT_TYPE_MUSIC).build();
    // 初始化 SoundPool，并设置其应用场景及音效池的属性
    soundPool = new SoundPool.Builder().
            setAudioAttributes(attributes).setMaxStreams(10).build();
    // 定义 HashMap 对象，用于存储播放资源
    final HashMap<Integer, Integer> musicIds = new HashMap<>();
    // 将 raw 中的资源存放在 HashMap 对象中
    musicIds.put(1, soundPool.load(this, R.raw.explosion, 1));
    musicIds.put(2, soundPool.load(this, R.raw.shoot, 1));
    musicIds.put(3, soundPool.load(this, R.raw.def, 1));

    play.setOnClickListener(new View.OnClickListener() {
        @Override
        public void onClick(View view) {
            if(play.getText().toString().equals(" 播放 ")) {
                play.setText(" 下一个 ");
            }
            // 调用 play() 方法播放音效
            soundPool.play(musicIds.get(index%3+1), 1, 1, 0, 0, 1);
            index++;
        }
    });
}
@Override
protected void onDestroy() {
    super.onDestroy();
    soundPool.release();
}
```
}

### 8.3.3　使用 MediaRecorder 录制音频

　　Android 中提供了 MediaRecorder 类用来录制音频，该类的使用过程很简单，具体步骤如下：

　　1）创建 MediaRecorder 对象。

　　2）调用 MediaRecorder 对象的 setAudioSource() 方法设置声音来源，一般传入 MediaRecorder.AudioSource.MIC 参数指定录制来自传声器的声音。

　　3）调用 MediaRecorder 对象的 setOutputFormat() 方法设置所录制的音频文件格式。

　　4）调用 MediaRecorder 对象的 setAudioEncoder()、setAudioEncodingBitRate(int bitRate)、setAudioSamplingRate(int samplingRate) 方法设置所录制的声音编码格式、编码位率、采

样率等。

5）调用 MediaRecorder 对象的 setOutputFile(String path) 方法设置所录制音频文件的保存位置。

6）调用 MediaRecorder 对象的 prepare() 方法准备录制。

7）调用 MediaRecorder 对象的 start() 方法开始录制。

8）录制完成，调用 MediaRecorder 对象的 stop() 方法停止录制，并调用 release() 方法释放资源。

【示例 8.5】编写一个程序实现手机录音与播放的功能。

程序运行后，显示界面如图 8-8 所示。

在模拟器中打开录音设置，如图 8-9 所示。

图 8-8　录音界面

图 8-9　打开录音设置

在图 8-8 所示的界面中，单击"START RECORDING"按钮开始录音，单击停止录音后，再单击"START PLAYING"按钮播放录音。

实现录音的代码如下：

```
package com.qcxy.chapter8;

import android.Manifest;
import android.content.Context;
import android.content.pm.PackageManager;
import android.media.MediaPlayer;
import android.media.MediaRecorder;
import android.os.Bundle;
import android.util.Log;
import android.view.View;
import android.view.ViewGroup;
import android.widget.Button;
import android.widget.LinearLayout;
import androidx.annotation.NonNull;
import androidx.appcompat.app.AppCompatActivity;
import androidx.appcompat.widget.AppCompatButton;
import androidx.core.app.ActivityCompat;
import java.io.IOException;
```

```
public class AudioRecordTest extends AppCompatActivity {
    private static final String LOG_TAG = "AudioRecordTest";
    private static final int REQUEST_RECORD_AUDIO_PERMISSION = 200;
    private static String fileName = null;
    private RecordButton recordButton = null;
    private MediaRecorder recorder = null;
    private PlayButton playButton = null;
    private MediaPlayer player = null;
    private boolean permissionToRecordAccepted = false;
    private String [] permissions = {Manifest.permission.RECORD_AUDIO};
    @Override
    public void onRequestPermissionsResult(int requestCode, @NonNull String[] permissions, @NonNull
    int[] grantResults) {
        super.onRequestPermissionsResult(requestCode, permissions, grantResults);
        switch (requestCode){
            case REQUEST_RECORD_AUDIO_PERMISSION:
                permissionToRecordAccepted = grantResults[0] == PackageManager.PERMISSION_
                GRANTED;
                break;
        }
        if (!permissionToRecordAccepted ) finish();
    }
    private void onRecord(boolean start) {
        if (start) {
            startRecording();
        } else {
            stopRecording();
        }
    }
    private void onPlay(boolean start) {
        if (start) {
            startPlaying();
        } else {
            stopPlaying();
        }
    }
    private void startPlaying() {
        player = new MediaPlayer();
        try {
            player.setDataSource(fileName);
            player.prepare();
            player.start();
        } catch (IOException e) {
            Log.e(LOG_TAG, "prepare() failed");
        }
    }
    private void stopPlaying() {
        player.release();
```

```
        player = null;
    }
    private void startRecording() {
        recorder = new MediaRecorder();
        recorder.setAudioSource(MediaRecorder.AudioSource.MIC);
        recorder.setOutputFormat(MediaRecorder.OutputFormat.THREE_GPP);
        recorder.setOutputFile(fileName);
        recorder.setAudioEncoder(MediaRecorder.AudioEncoder.AMR_NB);
        try {
            recorder.prepare();
        } catch (IOException e) {
            Log.e(LOG_TAG, "prepare() failed");
        }
        recorder.start();
    }
    private void stopRecording() {
        recorder.stop();
        recorder.release();
        recorder = null;
    }
    class RecordButton extends AppCompatButton {
        boolean mStartRecording = true;
        OnClickListener clicker = new OnClickListener() {
            public void onClick(View v) {
                onRecord(mStartRecording);
                if (mStartRecording) {
                    setText("Stop recording");
                } else {
                    setText("Start recording");
                }
                mStartRecording = !mStartRecording;
            }
        };
        public RecordButton(Context ctx) {
            super(ctx);
            setText("Start recording");
            setOnClickListener(clicker);
        }
    }
    class PlayButton extends AppCompatButton {
        boolean mStartPlaying = true;

        OnClickListener clicker = new OnClickListener() {
            public void onClick(View v) {
                onPlay(mStartPlaying);
                if (mStartPlaying) {
                    setText("Stop playing");
                } else {
```

```
                    setText("Start playing");
                }
                mStartPlaying = !mStartPlaying;
            }
        };
        public PlayButton(Context ctx) {
            super(ctx);
            setText("Start playing");
            setOnClickListener(clicker);
        }
    }
    @Override
    public void onCreate(Bundle icicle) {
        super.onCreate(icicle);
        fileName = getExternalCacheDir().getAbsolutePath();
        fileName += "/audiorecordtest.3gp";
        Log.d(LOG_TAG, "onCreate: "+fileName);
        ActivityCompat.requestPermissions(this, permissions, REQUEST_RECORD_AUDIO_
        PERMISSION);

        LinearLayout ll = new LinearLayout(this);
        recordButton = new RecordButton(this);
        ll.addView(recordButton,
                new LinearLayout.LayoutParams(
                        ViewGroup.LayoutParams.WRAP_CONTENT,
                        ViewGroup.LayoutParams.WRAP_CONTENT,
                        0));
        playButton = new PlayButton(this);
        ll.addView(playButton,
                new LinearLayout.LayoutParams(
                        ViewGroup.LayoutParams.WRAP_CONTENT,
                        ViewGroup.LayoutParams.WRAP_CONTENT,
                        0));
        setContentView(ll);
    }
    @Override
    public void onStop() {
        super.onStop();
        if (recorder != null) {
            recorder.release();
            recorder = null;
        }
        if (player != null) {
            player.release();
            player = null;
        }
    }
}
```

录制完成之后在"/storage/emulated/0/Android/data/com.qcxy.chapter8/cache"目录下会生成一个"audiorecordtest.3gp"文件，该文件就是刚刚录制的音频文件。录制音频文件需要有录音权限和向外部存储设备写入数据的权限，此时可在 AndroidManifest.xml 文件中增加如下配置。

```
<uses-permission android:name = "android.permission.RECORD_AUDIO"/>
<uses-permission android:name = "android.permission.WRITE_EXTERNAL_STORAGE"/>
```

## 8.4　视频播放控件

前面介绍了在 Android 应用中如何播放音频，本节介绍如何播放视频。在 Android 中播放视频的方式有以下两种：

1）使用 MediaPlayer 结合 SurfaceView 播放，通过 McdiaPlayer 控制视频的播放、暂停、进度等，通过 SurfaceView 显示视频内容。

2）使用 VideoView 播放，该类继承了 SurfaceView 类，并且实现了用于控制媒体播放的接口 MediaController.MediaPlayerController。另外，在 VideoView 上还有一个用于对媒体播放进行控制的面板，包括快进、快退、播放、暂停按钮及一个进度条。

### 8.4.1　VideoView 播放视频

Android 提供了 VideoView 组件来播放视频，它是一个位于 android.widget 包下的组件。与 MediaPlayer 不同的是，VideoView 不只能在程序中创建，也可以直接在界面布局文件中使用。

当获取到 VideoView 对象之后，调用 setVideoPath(String path) 或 setVideoURI(Uri uri) 方法来加载指定视频，最后调用 start()、stop() 等方法控制视频播放即可。

【示例 8.6】使用 VidcoView 播放视频文件。

打开"Device File Explorer"面板，选择 sdcard 文件夹下的 Movies，然后单击鼠标右键，在快捷菜单中选择 upload 命令上传视频文件，如图 8-10 所示。

播放视频的程序界面如图 8-11 所示。

单击"选择文件"按钮，弹出选择视频文件的界面，从中选择要播放的视频文件。选择完视频文件后回到播放界面，视频文件的 URI 地址显示在输入框中，同时开始播放视频文件。单击视频区域，显示媒体控制状态栏，可对视频播放进行控制，如图 8-12 所示。

图 8-10　上传视频文件

图 8-11　播放视频的程序界面

图 8-12　制作播放视频

实现步骤如下。

1）添加 Button、EditText 及 VideoView 到布局文件中，代码如下：

```
<LinearLayout
    xmlns:android = "http://schemas.android.com/apk/res/android"
    android:layout_width = "match_parent"
    android:layout_height = "wrap_content"
    android:orientation = "vertical">
    <LinearLayout
        android:layout_width = "match_parent"
        android:layout_height = "wrap_content">
        <EditText
            android:id = "@+id/path"
            android:layout_width = "0dp"
            android:layout_height = "wrap_content"
            android:layout_weight = "1"/>
        <Button
            android:layout_width = "wrap_content"
            android:layout_height = "wrap_content"
            android:id = "@+id/choose"
            android:text = " 选择文件 "/>
    </LinearLayout>
    <VideoView
        android:id = "@+id/video_view"
        android:layout_width = "match_parent"
        android:layout_height = "wrap_content" />
</LinearLayout>
```

2）修改 Activity 中的代码，实现视频播放功能，代码如下：

```
package com.qcxy.chapter8;

import androidx.appcompat.app.AppCompatActivity;
import android.content.Intent;
import android.net.Uri;
import android.os.Bundle;
import android.view.View;
import android.widget.Button;
import android.widget.EditText;
import android.widget.MediaController;
import android.widget.VideoView;

public class VedioActivity extends AppCompatActivity {
    private VideoView videoView;
    private MediaController controller;
    private EditText path;
    private Button chooseBtn;

    @Override
```

```java
protected void onCreate(Bundle savedInstanceState) {
    super.onCreate(savedInstanceState);
    setContentView(R.layout.activity_vedio);
    videoView = findViewById(R.id.video_view);
    controller = new MediaController(this);
    path = findViewById(R.id.path);
    chooseBtn = findViewById(R.id.choose);
    // 选择视频文件
    chooseBtn.setOnClickListener(new View.OnClickListener() {
        @Override
        public void onClick(View view) {
            Intent intent = new Intent();
            intent.setAction(Intent.ACTION_GET_CONTENT);
            intent.setType("video/*");
            startActivityForResult(intent, 0);
        }
    });
}
@Override
protected void onActivityResult(int requestCode, int resultCode, Intent data) {
    super.onActivityResult(requestCode, resultCode, data);
    switch (requestCode) {
        case 0:
            if(resultCode == RESULT_OK) {
                // 获取视频文件的 URI
                Uri uri = data.getData();
                path.setText(uri.toString());
                videoView.setVideoURI(uri);
                // 设置 VideoView 对象和 MediaController 对象关联
                videoView.setMediaController(controller);
                controller.setMediaPlayer(videoView);
                // 使 VideoView 对象获取焦点
                videoView.requestFocus();
                // 播放视频
                videoView.start();
            }
            break;
    }
}
```

## 8.4.2　SurfaceView 播放视频

虽然 ViedoView 控件可以播放视频，但播放的位置和大小并不受控制，为了对视频有更好的控制权，可以使用 MediaPlayer 并配合 SurfaceView 来播放视频。

使用 SurfaceView 播放视频的步骤如下：

1）创建 MediaPlyer 的对象，并让它加载指定的视频文件。

2）在界面布局文件中定义 SurfaceView 组件，或在程序中创建 SurfaceView 组件，并为 SurfaceView 组件的 SurfaceHolder 添加 Callback 监听器。

3）调用 MediaPlayer 对象的 setDisplay(Surfaceolder sh) 方法将所播放的视频图像输出到指定的 SurfaceView 组件。

4）调用 MediaPlayer 对象的 start() 方法、stop() 方法和 pause() 方法控制视频的播放。

【示例 8.7】使用 SurfaceView 实现 sdcard 视频文件的播放。

运行程序后的效果如图 8-13 所示。

图 8-13　运行程序后的效果

实现步骤如下。

1）布局文件的代码如下：

```
<LinearLayout
    xmlns:android = "http://schemas.android.com/apk/res/android"
    android:layout_width = "match_parent"
    android:layout_height = "match_parent"
    android:orientation = "vertical">
    <LinearLayout
        android:layout_width = "match_parent"
        android:layout_height = "wrap_content"
        android:gravity = "center">
        <EditText
            android:id = "@+id/path"
            android:layout_width = "0dp"
            android:layout_height = "wrap_content"
            android:layout_weight = "1"/>
        <Button
            android:layout_width = "wrap_content"
            android:layout_height = "wrap_content"
            android:id = "@+id/choose"
            android:text = "..."/>
        <ImageButton
            android:layout_width = "wrap_content"
            android:layout_height = "wrap_content"
            android:id = "@+id/play"
            android:src = "@android:drawable/ic_media_play"/>
    </LinearLayout>
    <SurfaceView
        android:id = "@+id/surface_view"
        android:layout_width = "match_parent"
        android:layout_height = "match_parent" />
</LinearLayout>
```

2）Activity 中的代码如下：

```
package com.qcxy.chapter8;
```

```java
import androidx.appcompat.app.AppCompatActivity;
import android.content.Intent;
import android.media.AudioManager;
import android.media.MediaPlayer;
import android.net.Uri;
import android.os.Bundle;
import android.os.Environment;
import android.os.Handler;
import android.os.Message;
import android.util.Log;
import android.view.SurfaceHolder;
import android.view.SurfaceView;
import android.view.View;
import android.widget.Button;
import android.widget.EditText;
import android.widget.ImageButton;
import android.widget.SeekBar;
import java.io.File;
import java.io.IOException;

public class SurfaceActivity extends AppCompatActivity implements SurfaceHolder.Callback {

    private SurfaceView surfaceView;
    private MediaPlayer mediaPlayer;
    private EditText path;
    private Button chooseBtn;
    private ImageButton playBtn;

    @Override
    protected void onCreate(Bundle savedInstanceState) {
        super.onCreate(savedInstanceState);
        setContentView(R.layout.activity_surface);
        surfaceView = (SurfaceView) findViewById(R.id.surface_view);
        surfaceView.getHolder().setKeepScreenOn(true);
        surfaceView.getHolder().addCallback(this);
        path = findViewById(R.id.path);
        chooseBtn = findViewById(R.id.choose);
        playBtn = findViewById(R.id.play);
        mediaPlayer = new MediaPlayer();
        surfaceView.getHolder().setKeepScreenOn(true);
        surfaceView.getHolder().addCallback(this);
        // 选择视频文件
        chooseBtn.setOnClickListener(new View.OnClickListener() {
            @Override
            public void onClick(View view) {
                Intent intent = new Intent();
                intent.setAction(Intent.ACTION_GET_CONTENT);
```

```
                    intent.setType("video/*");
                    startActivityForResult(intent, 0);
                }
        });
        playBtn.setOnClickListener(new View.OnClickListener() {
            @Override
            public void onClick(View view) {
                if(mediaPlayer ! = null && !mediaPlayer.isPlaying()) {
                    mediaPlayer.start();
                    playBtn.setImageResource(
                            android.R.drawable.ic_media_pause);
                } else if(mediaPlayer ! = null && mediaPlayer.isPlaying()){
                    mediaPlayer.pause();
                    playBtn.setImageResource(
                            android.R.drawable.ic_media_play);
                }
            }
        });
}
@Override
protected void onActivityResult(int requestCode, int resultCode, Intent data) {
        super.onActivityResult(requestCode, resultCode, data);
        switch (requestCode) {
            case 0:
                if(resultCode == RESULT_OK) {
                    // 获取视频文件的 URI
                    Uri uri = data.getData();
                    path.setText(uri.toString());
                }
                break;
        }
}
@Override
public void surfaceCreated(SurfaceHolder surfaceHolder) {
        mediaPlayer = new MediaPlayer();
        try {
            mediaPlayer.setDataSource(this, Uri.parse(path.getText().toString()));
            mediaPlayer.setAudioStreamType(AudioManager.STREAM_MUSIC);
            mediaPlayer.setDisplay(surfaceView.getHolder());
            mediaPlayer.prepare();
        } catch (IOException e) {
            e.printStackTrace();
        }
}
@Override
public void surfaceChanged(SurfaceHolder surfaceHolder, int i, int i1, int i2) {
}
@Override
```

```
public void surfaceDestroyed(SurfaceHolder surfaceHolder) {
    if(mediaPlayer ! = null && mediaPlayer.isPlaying()) {
        mediaPlayer.stop();
        mediaPlayer.release();
        mediaPlayer = null;
    }
}
}
```

# 本章习题

1. 选择题

1）下面关于 SoundPool 的描述正确的是（      ）。

A. SoundPool 可以同时播放多个短小的音频

B. MediaPlayer 比 SoundPool 播放音频时占用的资源少

C. SoundPool 可以播放小视频

D. 上述说法都不对

2）下列选项中，属于设置 VideoView 控件加载视频方法的是（      ）。

A. load()                         B. setDataSource()

C. create()                       D. setVideoPath()

3）设置画笔是否使用抗锯齿功能的方法为（      ）。

A. setDither()      B. setAntiAlias()      C. setXfermode()      D. setARGB()

4）下列选项中属于获取 SurfaceHolder 类的方法的是（      ）。

A. newInstance()                  B. getHolder()

C. getSurfaceHolder()             D. new SurfaceHolder()

5）BitmapFactory 中用于将指定资源 ID 解析为位图方法的是（      ）。

A. decodeStream()                 B. decodeDrawable()

C. decodeResource()               D. decodeFile()

6）下列选项中属于 Matrix 类中用于旋转图片方法的是（      ）。

A. setTranslate()      B. setRotate()      C. setScale()      D. setSkew()

7）Canvas 类中用于绘制椭圆形方法的是（      ）。

A. drawOval()      B. drawCircle()      C. drawRect()      D. drawRoundRect()

8）下面关于 Bitmap 的描述错误的是（      ）。

A. createBitmap() 方法用于创建 Bitmap

B. Config 表示位图

C. 通过设置 Config 的值可以影响图片的质量和透明度

D. Bitmap.Config 表示 Bitmap 的每个像素占用的字节数

9）下列选项中属于设置 VideoView 重新播放视频方法的是（      ）。

A. setVideo()      B. restart()      C. resume()      D. reset()

10）下列选项中属于 Android 系统补间动画的是（      ）。【多选】

A. 透明度渐变动画（AlphaAnimation）

B. 旋转动画（RotateAnimation）

C. 缩放动画（ScaleAnimation）

D. 平移动画（TranslateAnimation）

2. 简答与编程题

1）请编写一个程序，实现半径为 20mm 的红色圆形 View。

2）简述逐帧动画的工作原理。

3）简述使用 MediaPlayer 播放音频的步骤。

4）简要介绍一下 SoundPool 使用的场景。

# 第9章

## Chapter

# 广播机制与服务组件

**本章简介**

本章主要讲解 Android 中的 Service 和 Broadcast。首先对广播做简单的介绍，通过具体的例子来讲解广播的注册及使用。然后讲解服务的基本概念、创建与配置、启动与停止，接着讲解服务的生命周期所经历的过程、生命周期方法的介绍，最后又讲解了服务的通信，包括本地服务通信与远程服务通信，以及系统服务的使用。关于广播和服务的知识，需要开发者熟练掌握，在日常的开发中需要经常用到。

**学习目标**

1）理解广播机制及其分类。

2）掌握自定义广播的使用。

3）掌握 Service 组件的生命周期。

4）掌握 Service 组件的创建及其使用。

5）掌握 Service 组件的通信。

## 9.1 广播机制

Android 应用与 Android 系统和其他 Android 应用之间可以相互收发广播消息，系统经常需要在完成一些操作以后发送广播，比如发出短信或打出一个电话。因为它只负责发送消息，而不管接收方如何处理，所以叫它广播。如果某个程序接收到这个广播，就会做出相应的处理。

这些广播会在所关注的事件发生时发送。Android 系统会在发生各种系统事件时发送广播，如系统启动或设备开始充电时。另外，应用可以发送自定义广播来通知其他应用可能感兴趣的事件。应用可以注册接收特定的广播。广播发出后，系统会自动将广播发送给同意接收这种广播的应用。它可以被多个应用程序所接收，也可以不被任何应用程序所接收。

Android 中的广播（Broadcast）机制用于进程 / 线程间通信，类似于消息的发布 / 订阅事件模型。该模型中的消息发布者是广播机制中的广播发送者，消息订阅者是广播机制中的广播接收者，广播机制的具体实现流程如图 9-1 所示。

图 9-1　广播机制的具体实现流程

广播机制的实现流程具体如下：

1）广播接收者通过 Binder 机制在 AMS（Activity Manager Service）中进行注册。

2）广播发送者通过 Binder 机制向 AMS 发送广播。

3）AMS 查找符合相应条件（IntentFilter/Permission）的广播接收者，将广播发送到相应的消息循环队列中。

4）执行消息循环时获取到此广播，会调用广播接收者中的 onReceive() 方法并在该方法中进行相关处理。

### 9.1.1　广播的使用

Android 提供了一套完整的 API，允许应用程序自由地发送和接收广播，发送广播需要借助之前学习的 Intent 对象，而接收广播则需要引入一个新的概念——广播接收器（Broadcast Receiver）。BroadcastReceiver 是负责对发送出来的广播进行过滤接收并响应的一类组件。利用它可以很方便地实现不同组件之间的通信，这就好比电台发送广播后，接收者在频道范围内可以收到广播信息。

使用广播时，首先在需要发送信息的地方把要发送和用于过滤的信息装入一个 Intent 对象，然后通过调用 Context.sendBroadcast()、sendOrderBroadcast() 或者 sendStickyBroadcast() 方法将 Intent 对象以广播的方式发送出去。

当 Intent 发送以后，所有已经注册的 BroadcastReceiver 会检查注册时的 IntentFilter 是否与发送的 Intent 相匹配，若匹配则会调用 BroadcastReceiver 的 onReceive() 方法。实现 BroadcastReceiver 的方式很简单，子类只需要实现 BroadcastReceiver 的 onReceiver() 方法即可。实现该类之后，需要为该 BroadcastReceiver 指定能匹配的 Intent。这就像是电台与接收者定好的频道一样，只有对上频道才会把消息传递出去并被收到，具体使用方式有以下两种。

（1）上下文注册的接收器

在上下文中，注册也称为动态注册，是指在代码中先定义并设置好一个 IntentFilter 对象，然后在需要注册的地方调用 Context.registerReceiver() 方法，如果取消注册就调用 Context.unregisterReceiver() 方法。动态方式注册的广播，如果它的 Context 对象被销毁，BroadcastReceiver 也就会自动取消注册了。在代码中配置的示例代码如下：

```
BroadcastReceiver br = new MyBroadcastReceiver();
MyReceiver  IntentFilter filter = new IntentFilter(ConnectivityManager.CONNECTIVITY_ACTION);
filter.addAction(Intent.ACTION_AIRPLANE_MODE_CHANGED);
this.registerReceiver(br, filter);
```

（2）清单声明注册

在清单文件 AndroidManifest.xml 中使用 <receiver> 标签进行注册，并在标签内使用 <intent-filter> 标签设置过滤器。示例代码如下：

```
<receiver android:name = ".MyBroadcastReceiver"  android:exported = "true">
    <intent-filter>
        <action android:name = "android.intent.action.BOOT_COMPLETED"/>
        <action android:name = "android.intent.action.INPUT_METHOD_CHANGED" />
    </intent-filter>
</receiver>
```

需要注意的是，onReceive() 方法中不能执行耗时操作，如果长期执行，则会导致 ANR（Application No Response）。如果不可避免地要在 BroadcastReceiver 中使用耗时操作，建议使用 Service 完成。

## 9.1.2　广播的类型

Android 中的广播主要分为两种类型：普通广播和有序广播。

### 1. 普通广播

普通广播（Normal Broadcasts）是完全异步执行的，发送广播时，所有监听这个广播的广播接收者都会接收到此消息，但接收的顺序不确定，因此它们之间没有任何先后顺序可言。这种广播的效率会比较高，但同时也意味着它是无法被截断的。普通广播的工作流程如图 9-2 所示。

图 9-2　普通广播的工作流程

### 2. 有序广播

有序广播（Ordered Broadcasts）则是一种同步执行的广播，在广播发出之后，同一时刻只会有一个广播接收者能够收到这条广播消息，当这个广播接收者中的逻辑执行完毕后，广播才会继续传递。所以此时的广播接收者是有先后顺序的，优先级高的广播接收者就可以先收到广播消息，并且前面的广播接收者还可以截断正在传递的广播，这样后面的广播接收者就无法收到广播消息了。有序广播的工作流程如图 9-3 所示。

图 9-3　有序广播的工作流程

有序广播需要设置优先级，代码如下：

```
// 动态注册 MyReceiver 广播
MyReceiver  receiverOne = new MyReceiver ();
```

```
IntentFilter filter = new IntentFilter();
filter.setPriority(999);
filter.addAction("Intercept");
registerReceiver(receiverOne, filter);
```

在 setPriority() 中，参数的数值越大，优先级越高。如果两个广播接收者的优先级相同，则先注册的广播接收者优先级高。

### 9.1.3 广播接收者

Android 内置了很多系统级别的广播，开发者可以在应用程序中监听这些广播来得到各种系统的状态信息。比如手机开机完成后会发出一条广播，电池的电量发生变化会发出一条广播，时间或时区发生改变也会发出一条广播。如果想要接收到这些广播，就需要使用广播接收者。

广播接收者可以对自己感兴趣的广播进行注册，这样当有相应的广播发出时，广播接收者就能够收到该广播，并在内部处理相应的逻辑。接下来使用动态注册的方式编写一个能够监听网络变化的程序。

【示例 9.1】使用动态注册广播接收飞行模式状态。

使用动态注册广播的方式接收系统的飞行模式状态广播，实现监听飞行模式状态的功能，飞行模式打开后会弹出提示消息，飞行模式关闭后也会弹出提示消息，如图 9-4 所示。

图 9-4　飞行模式广播接收者提示消息

实现步骤如下。

1）创建广播接收者继承 BroadcastReceiver，代码如下：

```
package com.qcxy.chapter9;

import android.content.BroadcastReceiver;
import android.content.Context;
import android.content.Intent;
import android.widget.Toast;
```

```
public class FlyModelReceiver extends BroadcastReceiver {

    @Override
    public void onReceive(Context context, Intent intent) {
        // 获取飞行模式状态
        boolean state = intent.getExtras().getBoolean("state");
        if(state) {
            Toast.makeText(context, " 飞行模式开启 ", Toast.LENGTH_SHORT).show();
        } else {
            Toast.makeText(context, " 飞行模式关闭 ", Toast.LENGTH_SHORT).show();
        }
    }
}
```

2）创建 Activity，使用 onCreate() 方法注册广播接收者，使用 onDestroy() 方法注销广播接收者，代码如下：

```
package com.qcxy.chapter9;

import androidx.appcompat.app.AppCompatActivity;
import android.content.Intent;
import android.content.IntentFilter;
import android.os.Bundle;

public class FlyModelActivity extends AppCompatActivity {
    private FlyModelReceiver flyModelReceiver;
    @Override
    protected void onCreate(Bundle savedInstanceState) {
        super.onCreate(savedInstanceState);
        setContentView(R.layout.activity_fly_model);
        // 创建并注册广播接收者
        flyModelReceiver = new FlyModelReceiver();
        IntentFilter filter = new IntentFilter();
        filter.addAction(Intent.ACTION_AIRPLANE_MODE_CHANGED);
        registerReceiver(flyModelReceiver, filter);
    }

    @Override
    protected void onDestroy() {
        super.onDestroy();
        // 注销广播接收者
        unregisterReceiver(flyModelReceiver);
    }
}
```

3）在清单文件中会自动生成如下信息：

```
<receiver
```

```
    android:name = ".FlyModelReceiver"
    android:enabled = "true"
    android:exported = "true" />
```

动态注册的广播接收者可以自由地控制注册和注销。动态注册的广播接收者是否被注销则依赖于注册广播的组件，当组件销毁时，广播接收者也随之被注销。这在灵活性方面有很大的优势。

如果使用清单文件中的声明方式注册，要修改成如下代码：

```
<receiver
    android:name = ".FlyModelReceiver"
    android:enabled = "true"
    android:exported = "true">
    <intent-filter>
        <action android:name = "android.intent.action.AIRPLANE_MODE"/>
    </intent-filter>
</receiver>
```

如果在清单文件中声明广播接收者，系统会在广播发出后启动应用程序（如果应用尚未运行）。

**提示**：当以 API 级别 26 或更高级别的平台版本为目标时，则不能使用清单为隐式广播（没有明确针对应用的广播）声明接收者，但一些不受此限制的隐式广播除外。在大多数情况下，可以使用调度作业来代替。

## 9.2　自定义广播

### 9.2.1　全局广播

当系统提供的广播不能满足实际需求时可以自定义广播，同时需要编写对应的广播接收者。自定义广播与接收广播如图 9-5 所示。

当自定义广播发送消息时，会储存到公共消息区中，而公共消息区中如果存在对应的广播接收者，就会及时地接收这条信息。

【**示例 9.2**】发送和接收自定义广播。

运行程序，显示图 9-6 所示的界面。

图 9-5　自定义广播与接收广播

图 9-6　发送广播界面

单击"发送广播"按钮，广播接收者接收到广播后输出的日志信息如图 9-7 所示。

图 9-7　接收到广播后输出的日志信息

实现步骤如下。

1）创建布局文件，代码如下：

```xml
<?xml version = "1.0" encoding = "utf-8"?>
<RelativeLayout xmlns:android = "http://schemas.android.com/apk/res/android"
    xmlns:app = "http://schemas.android.com/apk/res-auto"
    xmlns:tools = "http://schemas.android.com/tools"
    android:layout_width = "match_parent"
    android:layout_height = "match_parent"
    tools:context = ".SendBroadcastActivity">

    <Button
        android:id = "@+id/btnSendBroadcast"
        android:layout_width = "match_parent"
        android:layout_height = "wrap_content"
        android:layout_alignParentTop = "true"
        android:text = " 发送广播 "
        android:textSize = "20sp"/>

</RelativeLayout>
```

2）创建广播接收者，代码如下：

```java
package com.qcxy.chapter9;

import android.content.BroadcastReceiver;
import android.content.Context;
import android.content.Intent;
import android.util.Log;

public class MyBroadcastReceiver extends BroadcastReceiver {
    @Override
    public void onReceive(Context context, Intent intent) {
        Log.i("MyBroadcastReceiver", intent.getAction());
        Log.i("MyBroadcastReceiver", " 自定义的广播接收者，接收广播信息 ");
    }
}
```

3）在 Activity 发送广播，并注册广播接收者，代码如下：

```java
package com.qcxy.chapter9;
import androidx.appcompat.app.AppCompatActivity;
import android.content.Intent;
import android.content.IntentFilter;
import android.os.Bundle;
```

```java
import android.view.View;
import android.widget.Button;
public class SendBroadcastActivity extends AppCompatActivity {
    private MyBroadcastReceiver receiver;
    Button btnSendBroadcast;
    @Override
    protected void onCreate(Bundle savedInstanceState) {
        super.onCreate(savedInstanceState);
        setContentView(R.layout.activity_send_broadcast);
        init();
    }
    private void init(){
        receiver = new MyBroadcastReceiver(); // 实例化广播接收者
        final String action = "com.qcxy.Help";
        IntentFilter intentFilter = new IntentFilter(action);
        registerReceiver(receiver, intentFilter); // 注册广播
        btnSendBroadcast = findViewById(R.id.btnSendBroadcast);
        btnSendBroadcast.setOnClickListener(new View.OnClickListener() {
            @Override
            public void onClick(View view) {
                Intent intent = new Intent();
                // 定义广播的事件类型
                intent.setAction(action);
                sendBroadcast(intent);// 发送广播
            }
        });
    }
    @Override
    protected void onDestroy() {
        super.onDestroy();
        unregisterReceiver(receiver);
    }
}
```

如果注册多个广播接收者，则可以定义优先级来确定广播的接收顺序，下面使用有序广播完成。

1）创建多个广播接收者，代码如下：

```java
public class MyBroadcastReceiverOne extends BroadcastReceiver {

    @Override
    public void onReceive(Context context, Intent intent) {
        Log.i("BroadcastReceiverOne", " 自定义的广播接收者 One，接收到了广播事件 ");
    }
}

public class MyBroadcastReceiverTwo extends BroadcastReceiver {
```

```java
        @Override
        public void onReceive(Context context, Intent intent) {
            Log.i("BroadcastReceiverTwo", " 自定义的广播接收者 Two, 接收到了广播事件 ");
        }
    }

public class MyBroadcastReceiverThree extends BroadcastReceiver {

    @Override
    public void onReceive(Context context, Intent intent) {
        Log.i("BroadcastReceiverThree", " 自定义的广播接收者 Three, 接收到了广播事件 ");
    }
}
```

2）在 Activiy 中设置多个广播接收者的优先级并使用，代码如下：

```java
public class MainActivity extends AppCompatActivity {
    MyBroadcastReceiverOne one;
    MyBroadcastReceiverTwo two;
    MyBroadcastReceiverThree three;

    @Override
    protected void onCreate(Bundle savedInstanceState) {
        super.onCreate(savedInstanceState);
        setContentView(R.layout.activity_main);
        registerReceiver();
        init();
    }
    private void registerReceiver(){
        // 动态注册 MyBroadcastReceiverTwo 广播
        two = new MyBroadcastReceiverTwo();
        IntentFilter filter2 = new IntentFilter();
        filter2.setPriority(999);
        filter2.addAction("com.qcxy.intercept");
        registerReceiver(two, filter2);
        // 动态注册 MyBroadcastReceiverOne 广播
        one = new MyBroadcastReceiverOne();
        IntentFilter filter1 = new IntentFilter();
        filter1.setPriority(800);
        filter1.addAction("com.qcxy.intercept");
        registerReceiver(one, filter1);
        // 动态注册 MyBroadcastReceiverThree 广播
        three = new MyBroadcastReceiverThree();
        IntentFilter filter3 = new IntentFilter();
        filter3.setPriority(600);
        filter3.addAction("com.qcxy.intercept ");
        registerReceiver(three, filter3);
    }
```

```
    private void init() {
        Button btn_send = findViewById(R.id.btn_send);
        btn_send.setOnClickListener(new View.OnClickListener() {
            @Override
            public void onClick(View view) {
                Intent intent = new Intent();
                intent.setAction("com.qcxy.intercept");        // 定义广播的事件类型
                sendOrderedBroadcast(intent, null);            // 发送广播
            }
        });
    }
    @Override
    protected void onDestroy() {
        super.onDestroy();
        unregisterReceiver(one);
        unregisterReceiver(two);
        unregisterReceiver(three);
    }
}
```

如果在有序广播中需要拦截其他接收者，则可以在上一个接收者中使用 abortBroadcast() 来实现。

### 9.2.2　本地广播

前面介绍的发送和接收的广播均属于系统全局广播，即发出的广播可以被其他任何应用程序接收到，并且也可以接收来自其他任何应用程序的广播。这样很容易引起安全性的问题，比如，发送的一些携带关键性数据的广播有可能被其他的应用程序截获，或者其他的程序不停地向广播接收者发送各种垃圾广播。

为了能够简单地解决广播的安全性问题，Android 引入了一套本地广播机制。使用这个机制发出的广播只能够在应用程序的内部进行传递，并且广播接收者也只能接收来自该应用程序发出的广播，这样所有的安全性问题就都不复存在了。

本地广播的使用方法并不复杂，主要是使用一个 Local-BroadcastManager 来对广播进行管理，并提供发送广播和注册广播接收者的方法。

【示例 9.3】本地广播的使用。

使用本地广播时，通过 LocalBroadcastManager 的 getInstance() 方法获取它的实例。然后在注册广播接收者时调用 Local-BroadcastManager 实例的 registerReceiver() 方法，在发送广播的时候调用 LocalBroadcastManager 实例的 sendBroadcast() 方法。

本示例通过按钮的单击事件发出一条 action 值为 com.qcxy. LOCAL_BROADCAST 的广播，然后在 LocalReceiver 中接收这条广播。运行程序，单击"发送本地广播"按钮，查看运行结果，如图 9-8 所示。

图 9-8　接收到本地广播

实现步骤如下。

1）新建一个工程，修改 Activity 的布局文件 activit_local.xml，在布局中添加一个 Button 按钮，用于发送本地广播，代码如下：

```
<LinearLayout
    xmlns:android = "http://schemas.android.com/apk/res/android"
    xmlns:tools = "http://schemas.android.com/tools"
    android:layout_width = "match_parent"
    android:layout_height = "match_parent"
    tools:context = ".LocalActivity"
    android:orientation = "vertical">
    <Button
        android:id = "@+id/button"
        android:layout_width = "match_parent"
        android:layout_height = "wrap_content"
        android:text = " 发送本地广播 "/>
</LinearLayout>
```

2）修改 MainActivity 的代码，添加按钮的单击事件，在单击事件中发送本地广播，并注册本地广播监听者，在监听者的 onReceive() 方法中弹出 Toast 提示，代码如下：

```
package com.qcxy.chapter9;
import androidx.appcompat.app.AppCompatActivity;
import androidx.localbroadcastmanager.content.LocalBroadcastManager;
import android.content.BroadcastReceiver;
import android.content.Context;
import android.content.Intent;
import android.content.IntentFilter;
import android.os.Bundle;
import android.view.View;
import android.widget.Button;
import android.widget.Toast;

public class LocalActivity extends AppCompatActivity {
    private LocalReceiver localReceiver;
    private LocalBroadcastManager localBroadcastManager;

    @Override
    protected void onCreate(Bundle savedInstanceState) {
        super.onCreate(savedInstanceState);
        setContentView(R.layout.activity_local);
        localBroadcastManager = LocalBroadcastManager.getInstance(this);
        Button button = findViewById(R.id.button);
        button.setOnClickListener(new View.OnClickListener() {
            @Override
            public void onClick(View view) {
                Intent intent = new Intent("com.qcxy.LOCAL_BROADCAST");
                localBroadcastManager.sendBroadcast(intent);
            }
```

```
    });
    IntentFilter intentFilter = new IntentFilter();
    intentFilter.addAction("com.qcxy.LOCAL_BROADCAST");
    localReceiver = new LocalReceiver();
    localBroadcastManager.registerReceiver(localReceiver, intentFilter);
}
@Override
protected void onDestroy() {
    super.onDestroy();
    localBroadcastManager.unregisterReceiver(localReceiver);
}

class LocalReceiver extends BroadcastReceiver {
    @Override
    public void onReceive(Context context, Intent intent) {
        Toast.makeText(context, " 接收到本地广播 ", Toast.LENGTH_SHORT).show();
    }
}

}
```

提示：本地广播无法通过静态注册的方式来接收，因为静态注册主要是为了让程序在未启动的情况下也能接收广播，而本地广播只能在应用内使用，所以发送本地广播时，应用程序必须是启动状态，本地广播完全不需要使用静态注册。

## 9.3　Service 概述

Service（服务）是一种可在后台长时间运行操作而不提供界面的应用组件。服务可由其他应用组件启动，而且即使用户切换到其他应用，服务仍将在后台继续运行。此外，组件可通过绑定到服务与之进行交互，甚至是执行进程间通信（IPC）。例如，服务可在后台处理网络事务、播放音乐，执行文件 I/O 或与内容提供程序进行交互。

### 9.3.1　创建和使用 Service

自定义 Service 需要继承 Service 类，接下来将详细介绍 Service 的创建和配置。Service 的创建过程与 Activity 很相似，首先定义一个继承 Service 的子类，然后在清单文件 AndroidManifest.xml 中配置该 Service。开发 Service 的步骤如下。

1）创建 Service 子类。

创建一个 MyService 类继承 Service，此时该类会自动实现 onBind() 方法。

```
public class MyService extends Service {
    @Override
    public IBinder onBind(Intent intent) {
        return null;
    }
}
```

上述代码中创建了一个 MyService 类继承 Service，在该类中实现了一个 onBind() 方法，Service 方法说明如表 9-1 所示。

表 9-1　Service 方法说明

| 方法 | 说明 |
| --- | --- |
| IBinder onBind(Intent intent) | Service 子类必须实现的方法，应用程序可通过返回的 IBinder 对象与 Service 组件通信 |
| void onCreate() | Service 第一次被创建时调用 |
| void onDestory() | Service 被关闭之前被回调 |
| void onStartCommand(Intent intent, int flags, int startId) | 当客户端通过 startService(Intent) 启动该 Service 时会回调该方法 |
| boolean onUnhind(Intent intent) | 该 Service 上绑定的所有客户端都断开连接时回调该方法 |

需要注意的是，Service 与 Activity 都是从 Context 派生出来的，因此它们都可以调用 Context 里定义的如 getResources()、getContentResolver() 等方法。

2）在清单文件中配置。由于 Service 是 Android 中的四大组件之一，因此需要在清单文件中注册：

```
<application
…
    <service android:name = ". MyService "> </service>
</application>
```

以上就是 Service 组件的创建与配置。需要注意的是，创建完成以后，一定要在清单文件中配置，否则服务是无效的。

当 Service 创建与配置完成以后，接下来就可以在程序中运行该 Service 了。在 Android 系统中运行 Service 有如下两种方式。

1）通过 Context 的 startService() 方法：通过该方法启动 Service，访问者与 Service 之间没有关联，即使访问者退出，Service 也仍然在运行。通过该方式启动服务的代码如下：

```
Intent intent = new Intent(this, MyService.class);
startService(intent);                    // 开启服务
stopService(intent);                     // 关闭服务
```

2）通过 Context 的 bindService() 方法：通过此方法启动 Service，访问者与 Service 绑定在一起，访问者一旦退出，Service 也被销毁。

当程序使用 startService() 和 stopService() 来启动和关闭 Service 时，Service 与调用者之间基本不存在太多的关联，因此 Service 无法与访问者之间进行数据交换和通信等。如果 Service 和访问者之间需要进行通信和数据交换，则应该使用 bindService() 和 unbindService() 方法启动、关闭 Service。

【示例 9.4】创建和启动服务。

1）在 Java 程序包下面创建 Service，如图 9-9 所示。

图 9-9　创建 Service

将服务命名为 MyService，Exported 属性表示是否允许除了当前程序之外的其他程序访问这个服务，Enabled 属性表示是否启用这个服务。将两个属性都选中，单击"Finish"按钮完成创建。MyService 继承自 Service 类，Service 类中的抽象方法 onBind() 必须在子类 MyService 中实现。

2）在 MyService 中重写 Service 中最常用的 3 个方法：onCreate() 方法、onStartCommand() 方法和 onDestroy() 方法。其中，onCreate() 方法会在服务创建的时候调用，onStartCommand() 方法会在每次服务启动的时候调用，onDestroy() 方法会在服务销毁的时候调用。MyService 类中的代码如下：

```
package com.qcxy.chapter9;
import android.app.Service;
import android.content.Intent;
import android.os.IBinder;
import android.util.Log;
public class MyService extends Service {
    private static final String TAG = "MyService";
    public MyService() {
        Log.d(TAG, "MyService: 构造方法调用 ");
    }
    @Override
    public IBinder onBind(Intent intent) {
        throw new UnsupportedOperationException("Not yet implemented");
    }
    @Override
    public void onCreate() {
        super.onCreate();
        Log.d(TAG, "onCreate: ");
    }
    @Override
    public int onStartCommand(Intent intent, int flags, int startId) {
        Log.d(TAG, "onStartCommand: ");
        return super.onStartCommand(intent, flags, startId);
    }
    @Override
    public void onDestroy() {
        super.onDestroy();
        Log.d(TAG, "onDestroy: ");
    }
}
```

通常情况下，如果希望服务一旦启动就立刻去执行某个动作，就可以将逻辑写在 onStartCommand() 方法中。当服务销毁时，应该在 onDestroy() 方法中回收那些不再使用的资源。

3）每一个服务都需要在 AndroidManifest.xml 文件中进行注册才能生效。创建 Service 时，Android Studio 已经帮助完成注册。打开 AndroidManifest.xml 配置文件查看，代码如下：

```
<?xml version = "1.0" encoding = "utf-8"?>
```

```xml
<manifest xmlns:android = "http://schemas.android.com/apk/res/android"
    package = "com.qcxy.chapter9">
    <application
        android:allowBackup = "true"
        android:icon = "@mipmap/ic_launcher"
        android:label = "@string/app_name"
        android:roundIcon = "@mipmap/ic_launcher_round"
        android:supportsRtl = "true"
        android:theme = "@style/AppTheme">
        <service
            android:name = ".MyService"
            android:enabled = "true"
            android:exported = "true"> </service>

        <activity android:name = ".MainActivity">
            <intent-filter>
                <action android:name = "android.intent.action.MAIN" />
                <category android:name = "android.intent.category.LAUNCHER" />
            </intent-filter>
        </activity>
    </application>

</manifest>
```

4）在布局文件中加入两个按钮，分别用来启动服务和停止服务，代码如下：

```xml
<?xml version = "1.0" encoding = "utf-8"?>
<LinearLayout
    xmlns:android – "http://schemas.android.com/apk/res/android"
    xmlns:tools = "http://schemas.android.com/tools"
    android:layout_width = "match_parent"
    android:layout_height = "match_parent"
    android:orientation = "vertical"
    tools:context = ".MainActivity">
    <Button
        android:id = "@+id/start_service"
        android:layout_width = "match_parent"
        android:layout_height = "wrap_content"
        android:text = " 启动服务 "/>
    <Button
        android:id = "@+id/stop_service"
        android:layout_width = "match_parent"
        android:layout_height = "wrap_content"
        android:text = " 停止服务 "/>
</LinearLayout>
```

5）在 Activity 中调用 startService() 和 stopService() 方法。这两个方法均定义在 Context 类中，在 Activity 中可以直接调用这两个方法，代码如下：

```
package com.qcxy.chapter9;
import androidx.appcompat.app.AppCompatActivity;
import android.content.Intent;
import android.os.Bundle;
import android.view.View;
import android.widget.Button;
public class MainActivity extends AppCompatActivity implements View.OnClickListener {
    @Override
    protected void onCreate(Bundle savedInstanceState) {
        super.onCreate(savedInstanceState);
        setContentView(R.layout.activity_main);
        Button startService = findViewById(R.id.start_service);
        Button stopService = findViewById(R.id.stop_service);
        startService.setOnClickListener(this);
        stopService.setOnClickListener(this);
    }
    @Override
    public void onClick(View view) {
        switch (view.getId()) {
            case R.id.start_service:
                // 启动服务
                Intent startIntent = new Intent(MainActivity.this, MyService.class);
                startService(startIntent);
                break;
            case R.id.stop_service:
                // 停止服务
                Intent stopIntent = new Intent(MainActivity.this, MyService.class);
                stopService(stopIntent);
                break;
            default:
                break;
        }
    }
}
```

运行程序，显示界面如图 9-10 所示。

单击"启动服务"按钮，onStartCommand() 方法会执行，输出日志信息，如图 9-11 所示。

图 9-10　启动服务和停止服务界面

```
2020-03-28 18:49:26.419 26083-26083/com.qcxy.chapter9 D/MyService: MyService: 构造方法调用
2020-03-28 18:49:26.419 26083-26083/com.qcxy.chapter9 D/MyService: onCreate:
2020-03-28 18:49:26.419 26083-26083/com.qcxy.chapter9 D/MyService: onStartCommand:
```

图 9-11　启动服务的输出日志信息

退出程序后，没有任何输出，再次进入程序，单击"停止服务"按钮，输出图 9-12 所示的日志信息。

```
2020-03-28 18:54:29.925 26083-26083/com.qcxy.chapter9 D/MyService: onDestroy:
```

图 9-12　停止服务的输出日志信息

此时执行 MyService 中的 onDestroy() 方法，说明 MyService 已经停止成功。

在启动服务后，如果多次单击"启动服务"按钮，onStartCommand() 会执行多次，onCreate() 只会在创建时执行一次，如图 9-13 所示。

```
2020-03-28 18:56:10.984 26083-26083/com.qcxy.chapter9 D/MyService: MyService: 构造方法调用
2020-03-28 18:56:10.985 26083-26083/com.qcxy.chapter9 D/MyService: onCreate:
2020-03-28 18:56:10.985 26083-26083/com.qcxy.chapter9 D/MyService: onStartCommand:
2020-03-28 18:56:24.746 26083-26083/com.qcxy.chapter9 D/MyService: onStartCommand:
2020-03-28 18:56:27.990 26083-26083/com.qcxy.chapter9 D/MyService: onStartCommand:
```

图 9-13  日志输出信息

## 9.3.2  IntentService 的使用

服务中的代码都是默认运行在主线程中的，如果直接在线程中处理一些耗时的逻辑，就很容易出现 ANR（Application Not Responding）的情况，这时就需要用到 Android 多线程编程的技术，即在每个服务的具体方法中开启一个子线程去处理这些耗时的逻辑。因此，一个比较标准的服务可以写成如下形式：

```java
public int onStartCommand(Intent intent, int flags, int startId) {
        new Thread(new Runnable() {
            @Override
            public void run() {
                // 子线程处理具体的逻辑

                // 处理完成，停止服务 stopSelf()
            }
        }).start();
        return super.onStartCommand(intent, flags, startId);
}
```

这种服务一旦启动，就会一直处于运行状态，必须调用 stopService() 或者 stopSelf() 方法停止服务。

为了更方便地使用多线程，Android 提供了一个 IntentService 类。IntentService 是 Service 的子类，与 Service 对比，IntentService 有以下几个特征。

● IntentService 会创建单独的 worker 线程来处理所有的 Intent 请求。

● IntentService 会创建单独的 worker 线程来处理 onHandleIntent() 方法实现的代码，因此开发者无须处理多线程问题。

● 当所有请求处理完成之后，IntentService 会自动停止，因此开发者无须调用 stopSelf() 方法来停止该 Service。

● 为 Service 的 onBind() 方法提供了默认实现，默认实现的 onBind() 方法返回 null。

● 为 Service 的 onStartCommand() 方法提供默认实现，该实现会将请求 Intent 添加到队列中。

由此可见，使用 IntentService 实现 Service 时无须重写 onBind()、onStartCommand() 方法，只要重写 onHandleIntent() 方法即可。而 Service 中并没有自动创建新的线程，本身也不是新线程，因此不能在 Service 中直接处理耗时操作。

创建 IntentService 的子类，如图 9-14 所示。

图 9-14　创建 IntentService 的子类

　　单击"Finish"按钮后，生成主要代码，然后添加日志输出信息，为了验证 onHandleIntent()
方法是在子线程中运行的，在方法内输出当前线程的 ID。由于 IntentService 运行结束后会自动
停止，所以重新运行 onDestroy() 方法并输出日志以验证服务是否停止，代码如下：

```java
package com.qcxy.chapter9;
import android.app.IntentService;
import android.content.Intent;
import android.util.Log;
public class MyIntentService extends IntentService {
    private static final String TAG = "MyIntentService";
    public static final String ACTION_FOO = "com.qcxy.chapter9.action.FOO";
    public static final String ACTION_BAZ = "com.qcxy.chapter9.action.BAZ";
    public static final String EXTRA_PARAM1 = "com.qcxy.chapter9.extra.PARAM1";
    public static final String EXTRA_PARAM2 = "com.qcxy.chapter9.extra.PARAM2";
    public MyIntentService() {
        super("MyIntentService");
    }
    @Override
    protected void onHandleIntent(Intent intent) {
        Log.d(TAG, "onHandleIntent: Thread id is " + Thread.currentThread().getId());
        if (intent != null) {
            final String action = intent.getAction();
            if (ACTION_FOO.equals(action)) {
                final String param1 = intent.getStringExtra(EXTRA_PARAM1);
                final String param2 = intent.getStringExtra(EXTRA_PARAM2);
                handleActionFoo(param1, param2);
            } else if (ACTION_BAZ.equals(action)) {
                final String param1 = intent.getStringExtra(EXTRA_PARAM1);
                final String param2 = intent.getStringExtra(EXTRA_PARAM2);
                handleActionBaz(param1, param2);
            }
        }
    }
    private void handleActionFoo(String param1, String param2) {
        throw new UnsupportedOperationException("Not yet implemented");
    }
    private void handleActionBaz(String param1, String param2) {
```

```
        throw new UnsupportedOperationException("Not yet implemented");
    }
    @Override
    public void onDestroy() {
        super.onDestroy();
        Log.d(TAG, "onDestroy: onDestroy executed");
    }
}
```

　　MyIntentService 提供了一个无参的构造函数，必须在其内部调用父类的有参构造函数。在 IntentService 的子类中需要实现 onHandleIntent() 抽象方法，该方法在子线程中运行，可以在这里处理一些具体的逻辑，而不用担心 ANR 的问题。

## 9.4　服务通信

　　在 Android 系统中，服务的通信方式有两种。

　　（1）本地服务通信

　　本地服务通信是指应用程序内部的通信。使用服务进行本地通信时，首先需要开发一个 Service 类，该类会提供一个 IBinder onBind(Intent intent) 方法，onBind() 方法返回的 IBinder 对象会作为参数传递给 ServiceConnection 类中 onServiceConnected(Component name, IBinder service) 方法，这样访问者即可通过 IBinder 对象与 Service 进行通信，如图 9-15 所示。

图 9-15　通过 IBinder 对象实现通信

　　Context 的 bindService() 方法的完整参数为 bindService(Intent service, ServiceConnection conn, int flags)，而 startService() 方法中只有一个参数 startService(Intent service)。因此当 Service 和访问者之间需要进行方法调用或交换数据时，应该使用 bindService() 和 unbindService() 方法启动、关闭 Service。

　　bindService() 的 3 个参数释义如表 9-2 所示。

表 9-2　bindService() 参数释义

| 参数 | 说明 |
| --- | --- |
| Intent service | 通过 Intent 指定要启动的 Service |
| ServiceConnection conn | 用于监听访问者与 Service 之间的连接情况。两者连接成功时回调 ServiceConnection 对象的 onServiceConnected() 方法；断开连接时回调 onServiceDisconnected() 方法 |
| int flags | 指定绑定时是否自动创建 Service |

　　其实 ServiceConnection 对象的 onServiceConnected() 方法中包含一个 IBinder 对象，通过该对象就可以实现与绑定的 Service 之间的通信。

（2）远程服务通信

远程服务通信主要是为了实现不同应用程序之间的通信。远程服务通信是通过 AIDL（Android Interface Definition Language）实现的，它是一种接口定义语言。开发人员定义的 AIDL 接口只是定义了进程之间的通信接口，服务端、客户端都需要使用 Android SDK 安装目录下的 platform-tools 子目录下的 aidl.exe 工具为接口提供通信。

【示例 9.5】使用本地服务通信控制音乐播放。

使用 Activity 与服务的通信实现音乐播放、暂停 / 播放和停止播放功能，界面如图 9-16 所示。

图 9-16　播放界面

单击"播放"按钮播放音乐，能够支持音乐后台播放；单击"暂停 / 播放"按钮，如果应用处于播放状态则暂停，否则继续播放；单击"停止"按钮停止播放音乐，再次单击"播放"按钮则可以重新播放音乐。

实现步骤如下。

1）修改 Activity 的布局文件，在布局文件中添加 3 个按钮，分别用于控制音乐的播放、暂停 / 播放和停止，代码如下：

```xml
<?xml version = "1.0" encoding = "utf-8"?>
<LinearLayout
    xmlns:android = "http://schemas.android.com/apk/res/android"
    xmlns:tools = "http://schemas.android.com/tools"
    android:layout_width = "match_parent"
    android:layout_height = "match_parent"
    android:orientation = "horizontal"
    tools:context = ".MusicActivity">
    <Button
        android:id = "@+id/play"
        android:layout_width = "0dp"
        android:layout_weight = "1"
        android:layout_height = "wrap_content"
        android:textSize = "20sp"
        android:text = " 播放 "/>
    <Button
        android:id = "@+id/pause"
        android:layout_width = "0dp"
        android:layout_weight = "1"
        android:layout_height = "wrap_content"
        android:textSize = "20sp"
        android:text = " 暂停 / 播放 "/>
```

```
        <Button
            android:id = "@+id/stop"
            android:layout_width = "0dp"
            android:layout_weight = "1"
            android:layout_height = "wrap_content"
            android:textSize = "20sp"
            android:text = " 停止 "/>
    </LinearLayout>
```

2）在工程中添加音乐播放的服务，在服务中创建内部类 MusicControlBinder 用于和 Activity 进行交互，在 MusicControlBinder 类中添加播放音乐、暂停 / 播放音乐和停止音乐的方法，代码如下：

```
package com.qcxy.chapter9;
import android.app.Service;
import android.content.Intent;
import android.media.MediaPlayer;
import android.os.Binder;
import android.os.IBinder;
public class MusicService extends Service {
    public MusicService() {
    }
    private MediaPlayer mediaPlayer;
    private MusicControlBinder binder = new MusicControlBinder();
    @Override
    public IBinder onBind(Intent intent) {
        return binder;
    }
    @Override
    public void onCreate() {
        super.onCreate();
        mediaPlayer = MediaPlayer.create(this, R.raw.test);
        mediaPlayer.setLooping(true);
    }
    class MusicControlBinder extends Binder {
        public void musicPlay() {
            if(mediaPlayer ! = null && !mediaPlayer.isPlaying()) {
                mediaPlayer.start();
            }
        }
        public void musicPause() {
            if(mediaPlayer ! = null) {
                if(mediaPlayer.isPlaying()){
                    mediaPlayer.pause();
                } else {
                    mediaPlayer.start();
                }
            }
```

```
        }
        public void musicStop() {
            if(mediaPlayer ! = null && mediaPlayer.isPlaying()) {
                mediaPlayer.stop();
                mediaPlayer = MediaPlayer.create(MusicService.this, R.raw.test);
                mediaPlayer.setLooping(true);
            }
        }
        public void destory() {
            if(mediaPlayer ! = null) {
                mediaPlayer.stop();
                mediaPlayer.release();
                mediaPlayer = null;
            }
        }
    }
}
```

3）在 MainActivity 的 onCreate() 方法中绑定 MusicService，在 onDestroy() 方法中解绑 MusicService。MainActivity 与 MusicService 绑定成功后，获取 MusicControlBinder 对象，在按钮的单击事件中调用 MusicControlBinder 对象的相应方法，实现音乐的播放、暂停 / 播放和停止功能，代码如下：

```
package com.qcxy.chapter9;
import androidx.appcompat.app.AppCompatActivity;
import android.content.ComponentName;
import android.content.Intent;
import android.content.ServiceConnection;
import android.os.Bundle;
import android.os.IBinder;
import android.view.View;
import android.widget.Button;
public class MusicActivity extends AppCompatActivity implements View.OnClickListener {
    private MusicService.MusicControlBinder binder;
    @Override
    protected void onCreate(Bundle savedInstanceState) {
        super.onCreate(savedInstanceState);
        setContentView(R.layout.activity_music);
        Button play = findViewById(R.id.play);
        play.setOnClickListener(this);
        Button pause = findViewById(R.id.pause);
        pause.setOnClickListener(this);
        Button stop = findViewById(R.id.stop);
        stop.setOnClickListener(this);
        Intent intent = new Intent(this, MusicService.class);
        bindService(intent, connection, BIND_AUTO_CREATE);
    }
    private ServiceConnection connection = new ServiceConnection() {
```

```
        @Override
        public void onServiceConnected(ComponentName componentName, IBinder iBinder){
            binder = (MusicService.MusicControlBinder) iBinder;
        }
        @Override
        public void onServiceDisconnected(ComponentName componentName) {
            binder.destroy();
        }
    };
    @Override
    protected void onDestroy() {
        super.onDestroy();
        unbindService(connection);
    }
    @Override
    public void onClick(View view) {
        switch (view.getId()) {
            case R.id.play:
                if(binder ! = null) {
                    binder.musicPlay();
                }
                break;
            case R.id.pause:
                if(binder ! = null) {
                    binder.musicPause();
                }
                break;
            case R.id.stop:
                if(binder ! = null) {
                    binder.musicStop();
                }
                break;
            default:
                break;
        }
    }
}
```

## 9.5　Service 的生命周期

　　服务也有自己的生命周期，根据其启动方式也有两种，如图 9-17 所示。

　　使用 startService() 方法来启动 Service 时，其生命周期如图 9-17a 所示。服务会先执行 onCreate() 方法，接着执行 onStartCommand() 方法，此时服务处于运行状态，直到自身调用 stopSelf() 方法或者访问者调用 stopService() 方法时服务停止，最终被系统销毁。这种方式开启的服务会长期在后台运行，与访问者的状态没有关系。

　　当使用 bindService() 方法启动 Service 时，其生命周期如图 9-17b 所示。当其他组件调用 bindService() 方法时，服务首先被创建，接着访问者通过 IBinder 接口与服务通信。访问者通过 unbindService() 方法关闭连接，当多个访问者能绑定在一个服务上，当其都解除绑定时，服务就会被直接销毁。这种方式开启的服务与访问者有关，调用者销毁时，服务也会被销毁。

当使用 bindService() 方法绑定一个已启动的 Service 时，系统只是把 Service 内部的 IBinder 对象传给访问者（如 Activity），并不是把该 Service 整个生命周期完全绑定给访问者，因而当访问者调用 unBindService() 方法取消与该 Service 的绑定时，也只是切断了访问者与 Service 的联系，并没有停止 Service 运行，除非调用 onDestroy() 方法。

Service 生命周期的回调方法介绍如下。

onCreate()：第一次创建服务时执行的方法。

onDestroy()：服务被销毁时执行的方法。

onStartCommand()：访问者通过 startService(Intent service) 启动服务时执行的方法。

onBind()：使用 bindService() 方式启动服务调用的方法。

onUnbind()：解除绑定时调用的方法。

图 9-17　Service 生命周期

【示例 9.6】调用服务生命周期中的回调方法输出日志。

1）创建服务并注册。

```
package com.qcxy.chapter9;
import android.app.Service;
import android.content.Intent;
import android.os.Binder;
import android.os.IBinder;
import android.util.Log;

public class MyServiceLife extends Service {
    private static final String TAG = "MyServiceLife";
    private MyBinder myBinder = new MyBinder();
    public MyServiceLife() {
```

```
        }
        @Override
        public IBinder onBind(Intent intent) {
            Log.d(TAG, "onBind: ");
            return myBinder;
        }
        @Override
        public void onCreate() {
            Log.d(TAG, "onCreate: ");
            super.onCreate();
        }
        @Override
        public int onStartCommand(Intent intent, int flags, int startId) {
            Log.d(TAG, "onStartCommand: ");
            return super.onStartCommand(intent, flags, startId);
        }
        @Override
        public boolean onUnbind(Intent intent) {
            Log.d(TAG, "onUnbind: ");
            return super.onUnbind(intent);
        }
        @Override
        public void onDestroy() {
            Log.d(TAG, "onDestroy: ");
            super.onDestroy();
        }
        class MyBinder extends Binder {
            public void startWrok() {
                Log.d(TAG, "startWork executed");
            }
            public int getProgress() {
                Log.d(TAG, "getProgress executed");
                return 0;
            }
        }
    }
}
```

清单文件中生成的代码如下:

```
<service
    android:name = ".MyServiceLife"
    android:enabled = "true"
    android:exported = "true" />
```

2）修改布局文件，代码如下:

```
<?xml version = "1.0" encoding = "utf-8"?>
<LinearLayout xmlns:android = "http://schemas.android.com/apk/res/android"
    xmlns:app = "http://schemas.android.com/apk/res-auto"
```

```
        xmlns:tools = "http://schemas.android.com/tools"
        android:layout_width = "match_parent"
        android:layout_height = "match_parent"
        android:orientation = "vertical"
        tools:context = ".ServiceLifeActivity">
        <LinearLayout
            android:layout_width = "match_parent"
            android:layout_height = "wrap_content"
            android:orientation = "horizontal">
            <Button
                android:id = "@+id/btnStart"
                android:layout_weight = "1"
                android:layout_width = "wrap_content"
                android:layout_height = "wrap_content"
                android:text = " 启动服务 "
                android:textSize = "20sp"/>
            <Button
                android:id = "@+id/btnStop"
                android:layout_weight = "1"
                android:layout_width = "wrap_content"
                android:layout_height = "wrap_content"
                android:text = " 停止服务 "
                android:textSize = "20sp"/>
        </LinearLayout>
        <LinearLayout
            android:layout_width = "match_parent"
            android:layout_height = "wrap_content"
            android:orientation = "horizontal">
            <Button
                android:id = "@+id/btnBind"
                android:layout_weight = "1"
                android:layout_width = "wrap_content"
                android:layout_height = "wrap_content"
                android:text = " 绑定服务 "
                android:textSize = "20sp"/>
            <Button
                android:id = "@+id/btnUnbind"
                android:layout_weight = "1"
                android:layout_width = "wrap_content"
                android:layout_height = "wrap_content"
                android:text = " 解绑服务 "
                android:textSize = "20sp"/>
        </LinearLayout>
</LinearLayout>
```

3）在 Activity 中添加启动和停止服务、绑定和解绑服务的事件，代码如下：

```
package com.qcxy.chapter9;
import androidx.appcompat.app.AppCompatActivity;
```

```java
import android.content.ComponentName;
import android.content.Intent;
import android.content.ServiceConnection;
import android.os.Bundle;
import android.os.IBinder;
import android.view.View;
import android.widget.Button;
public class ServiceLifeActivity extends AppCompatActivity implements View.OnClickListener {
    private MyServiceLife.MyBinder myBinder;
    Button btnStart, btnStop, btnBind, btnUnbind;
    @Override
    protected void onCreate(Bundle savedInstanceState) {
        super.onCreate(savedInstanceState);
        setContentView(R.layout.activity_service_life);
        // 获取控件对象
        btnStart = findViewById(R.id.btnStart);
        btnStop = findViewById(R.id.btnStop);
        btnBind = findViewById(R.id.btnBind);
        btnUnbind = findViewById(R.id.btnUnbind);
        // 设置事件监听器
        btnStart.setOnClickListener(this);
        btnStop.setOnClickListener(this);
        btnBind.setOnClickListener(this);
        btnUnbind.setOnClickListener(this);
    }
    private ServiceConnection connection = new ServiceConnection() {
        @Override
        public void onServiceConnected(ComponentName componentName, IBinder iBinder) {
            myBinder = (MyServiceLife.MyBinder)iBinder;
            myBinder.startWrok();
            myBinder.getProgress();
        }
        @Override
        public void onServiceDisconnected(ComponentName componentName) {
        }
    };
    @Override
    public void onClick(View v) {
        switch (v.getId()){
            case R.id.btnStart:
                // 启动服务
                Intent startIntent = new Intent(this, MyServiceLife.class);
                startService(startIntent);
                break;
            case R.id.btnStop:
                // 停止服务
                Intent stopIntent = new Intent(this, MyServiceLife.class);
                stopService(stopIntent);
```

```
                break;
            case R.id.btnBind:
                Intent intent = new Intent(this, MyServiceLife.class);
                // 绑定服务
                bindService(intent, connection, BIND_AUTO_CREATE);
                break;
            case R.id.btnUnbind:
                // 解绑服务
                unbindService(connection);
                break;
            }
        }
    }
```

运行程序，单击"启动服务"按钮，接着单击"停止服务"按钮，查看输出日志，如图 9-18 所示。

```
2020-03-29 22:59:11.997 11789-11789/com.qcxy.chapter9 D/MyServiceLife: onCreate:
2020-03-29 22:59:12.000 11789-11789/com.qcxy.chapter9 D/MyServiceLife: onStartCommand:
2020-03-29 22:59:17.064 11789-11789/com.qcxy.chapter9 D/MyServiceLife: onDestroy:
```

图 9-18　启动并停止服务的日志

单击"绑定服务"按钮，接着单击"解绑服务"按钮，查看输出日志，如图 9-19 所示。

```
2020-03-29 23:03:13.640 11982-11982/com.qcxy.chapter9 D/MyServiceLife: onCreate:
2020-03-29 23:03:13.662 11982-11982/com.qcxy.chapter9 D/MyServiceLife: onBind:
2020-03-29 23:03:13.676 11982-11982/com.qcxy.chapter9 D/MyServiceLife: startWork executed
2020-03-29 23:03:13.676 11982-11982/com.qcxy.chapter9 D/MyServiceLife: getProgress executed
2020-03-29 23:03:20.423 11982-11982/com.qcxy.chapter9 D/MyServiceLife: onUnbind:
2020-03-29 23:03:20.424 11982-11982/com.qcxy.chapter9 D/MyServiceLife: onDestroy:
```

图 9-19　绑定并解绑服务的日志

服务在其生命周期中具有如下特点：

1）一旦在项目的任何位置调用了 Context 的 startService() 方法，相应的服务就会启动，并回调 onStartCommand() 方法。如果之前没有创建过这个服务，onCreate() 方法会先于 onStartCommand() 方法执行。

2）服务启动之后会一直保持运行状态，直到 stopService() 方法或 stopSelf() 方法被调用。

3）每调用一次 startService() 方法，onStartCommand() 方法就会执行一次，但每个服务只会存在一个实例，所以不管调用了多少次 startService() 方法，只需调用一次 stopService() 方法或 stopSelf() 方法，服务就会停止。

4）调用 Context 的 bindService() 方法可以获取一个服务的持久连接，这时会回调服务中的 onBind() 方法。如果之前没有创建过这个服务，onCreate() 方法会先于 onBind() 方法执行。

5）bindService() 方法绑定服务后，调用方可以获取 onBind() 方法中返回的 IBinder 对象实例，然后与服务进行通信。只要调用方和服务之间的连接没有断开，服务就会一直保持运行状态。

6）当调用了 startService() 方法后再调用 stopService() 方法，服务中的 onDestroy() 方法就会执行，表示服务已经销毁。同样，当调用了 bindService() 方法后再调用 unbindService()

方法，onDestroy() 方法也会执行。

7）如果同时调用了 startService() 方法和 bindService() 方法对服务进行开启和绑定，根据 Android 系统的机制，一个服务只要被启动或者被绑定，就一直处于运行状态，只有同时调用 stopService() 方法和 unbindService() 方法，onDestroy() 方法才会执行。

# 本章习题

## 1. 选择题

1）下面关于静态注册广播接收者中 Exported 属性的描述正确的是（　　）。

A. 广播接收者是否可以由系统实例化

B. 是否接收当前程序之外的广播

C. 创建广播接收者名称

D. 以上说法都不对

2）下列选项中，当使用 bindService() 方法开启服务时，关于生命周期的描述正确的是（　　）。

A. onCreate() → onStart() → onBind() → onDestroy()

B. onCreate() → onBind() → onDestroy()

C. onCreate() → onBind() → onUnBind() → onDestroy()

D. onCreate() → onStart() → onBind() → onUnBind() → onDestroy()

3）下列选项中属于创建服务时继承的类是（　　）。

A. Activity　　　　　B. Broadcast　　　　C. Service　　　　　　D. Intent

4）下列选项中属于接收系统广播组件的是（　　）。

A. Broadcast　　　　　　　　　　B. BroadcastReceiver

C. ContentProvider　　　　　　　D. ContentResolver

5）下面关于 bindService() 方法启动服务的描述正确的是（　　）。

A. 服务会长期在后台运行

B. 启动服务的组件与服务之间没有关联

C. 可以通过 stopService() 方法停止该服务

D. 可以通过 unbindService() 方法停止该服务

6）下列选项中属于注册广播接收者方法的是（　　）。

A. registerReceiver()　　　　　　B. setReceiver()

C. unregisterReceiver()　　　　　D. setBroadcastReceiver()

7）下面关于广播的描述正确的是（　　）。

A. 有序广播可以被接收者拦截

B. 无序广播是同步的

C. 有序广播的效率比无序广播高

D. 无序广播可以被接收者拦截

8）下列选项中属于在清单文件中配置广播接收者标签的是（　　）。

A. <broadcast/>　　　　　　　　B.

C. <ContentProvider/>　　　　　D.

9）下面关于 Service 的描述错误的是（　　　）。

A. Service 是 Android 的四大组件之一

B. 没有用户界面

C. 在 Java 代码中可以动态注册服务

D. Service 依赖于 Activity，当 Activity 销毁时，Service 也被销毁

10）下列选项中属于可以长期运行在后台的组件的是（　　　）。

A. Activity                              B. ContentProvider

C. Service                               D. Intent

2. 简答题

1）简述广播机制的实现过程。

2）简述有序广播和无序广播的区别。

3）简述开启和关闭 Service 时执行的生命周期方法。

4）请简要介绍如何通过 bindService() 方法调用服务里面的方法。

# 第10章

# Android 框架的应用

**本章简介**

本章主要是介绍 Android 开发中的流行框架。框架的诞生将开发人员从复杂的步骤中解放出来，更专注于逻辑的开发。本章介绍的框架有事件发布 – 订阅框架（EventBus 框架）、快速高效的 Android 图片加载框架（Glide 框架）、数据库 ORM（操作）框架 GreenDao、ViewBinding 视图绑定。

**学习目标**

1）掌握 EventBus 框架。

2）掌握 Glide 框架。

3）理解 ORM 框架的原理。

4）了解 ViewBinding 视图绑定。

## 10.1　EventBus 框架

### 10.1.1　EventBus 简介

Android 的组件间使用 handler 消息机制和广播机制进行通信，但是使用它们进行通信，代码量多，组件间容易产生耦合引用。EventBus 是一种用于 Android 的事件发布 – 订阅框架，由 GreenRobot 开发（EventBus 网址是 https://github.com/greenrobot/EventBus）。它简化了应用程序内组件之间进行通信的复杂度，尤其是碎片之间进行通信的问题，可以避免由于使用广播通信而带来的诸多不便。它利用发布 / 订阅者模式来对项目进行解耦。它可以利用很少的代码来实现多组件间的通信。EventBus 框架具有如下优点：

1）简化了组件间交流的方式。

2）对事件通信双方进行解耦。

3）通过 ThreadMode 可以灵活方便地指定工作线程。

4）使用该框架程序实现组件间的通信时速度快、性能好。

5）整个框架库比较小，不占内存。

6）使用这个库的 App 多，学习资源丰富。

7）该框架的功能强大，使用简单方便。

在 EventBus 框架中，Event（事件）、Subscriber（事件订阅者）、Publisher（事件发布者）是 3 个非常重要的角色。下面对它们进行介绍：

1）Event：它可以是任意类型的，EventBus 会根据事件类型进行全局的通知。

2）Subscriber：在 EventBus 3.0 之前，人们必须定义以 onEvent 开头的那几个方法，分别是 onEvent()、onEventMainThread()、onEventBackgroundThread() 和 onEventAsync()，而在 EventBus 3.0 之后，事件处理的方法名可以随意取，不过需要加上注解 @subscribe，并且需要指定线程模型，默认是 POSTING。

3）Publisher：可以在任意线程里发布事件。一般情况下，使用 EventBus.getDefault() 就可以得到一个 EventBus 对象，然后调用 post(Object) 方法即可。

在 EventBus 中，Publisher 通过 post() 方法把 Event 事件发布出去，Subscriber 在 onEvent() 方法中接收事件。EventBus 的工作模式如图 10-1 所示。

EventBus 支持订阅者方法在不同于发布事件所在线程的线程中被调用。用户可以使用线程模式来指定调用订阅者

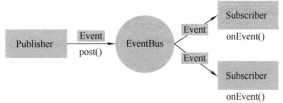

图 10-1　EventBus 的工作模式

方法的线程。EventBus 支持的 5 种线程模式（Thread Mode）：POSTING、MAIN、MAIN_ ORDERED、BACKGROUND、ASYNC。下面分别介绍。

1）POSTING。POSTING 是默认线程模式，表示事件处理函数的线程跟发布事件的线程在同一个线程中。在哪个线程发送事件就在对应线程处理事件，避免了线程切换，效率高。因此，对于不要求在主线程中执行并且耗时很短的简单任务推荐使用该模式。在线程模型为 POSTING 的事件处理函数中尽量避免执行耗时操作，因为它会阻塞事件的传递，甚至有可能会引起 ANR。

2）MAIN。订阅者方法将在主线程（UI 线程）中被调用。因此，可以在该模式的订阅者方法中直接更新 UI 界面。事件处理的时间不能太长，长了会导致 ANR。

3）MAIN_ORDERED。订阅者在主线程中调用。该事件总是在排队等待后交付给订阅者，因此对 post 的调用将立即返回。这为事件处理提供了更严格且更一致的顺序，例如，在具有 MAIN 线程模式的事件处理程序中发布另一个事件，则第二个事件处理程序将在第一个事件处理程序之前完成，事件处理的时间不能太长，长了会导致 ANR。

4）BACKGROUND。表示事件处理函数的线程在后台线程，因此不能进行 UI 操作。订阅者将在后台线程中调用。如果发布线程不是主线程，则将在发布线程中直接调用事件处理程序方法。如果发布线程是主线程，则 EventBus 使用单个后台线程，该线程将按顺序传递其所有事件。在此事件处理函数中禁止进行 UI 更新操作。

5）ASYNC。无论事件在哪个线程中发布，该事件处理函数都会在新建的子线程中执

行。同样，此事件处理函数中禁止进行 UI 更新操作。

## 10.1.2 EventBus 的使用

在使用 EventBus 之前，首先要在 build.gradle 文件中导入 EventBus 库，代码如下：

```
implementation 'org.greenrobot:eventbus:3.1.1'
```

开发中使用 EventBus 一般分为 4 步：
（1）定义事件

```java
public class MessageEvent {
    public final String message;
    public MessageEvent(String message) {
        this.message = message;
    }
}
```

（2）准备订阅者（指定模式）

```java
@Subscribe(threadMode = ThreadMode.MAIN)
public void onMessageEvent(MessageEvent event) {
Toast.makeText(getActivity(), event.message, Toast.LENGTH_SHORT).show();
}

// This method will be called when a SomeOtherEvent is posted
@Subscribe
public void handleSomethingElse(SomeOtherEvent event) {
doSomethingWith(event);
}
```

（3）注册/注销订阅者（注册和注销是成对出现的）

```java
    @Override
public void onStart() {
super.onStart();
EventBus.getDefault().register(this);
}
    @Override
public void onStop() {
super.onStop();
EventBus.getDefault().unregister(this);
}
```

（4）发送事件

```java
EventBus.getDefault().post(new MessageEvent("Hello everyone!"));
```

【示例 10.1】使用 EventBus 框架实现 Fragment 和 Activity 的通信。
运行程序后单击浮动按钮的加号，弹出 Fragment，选择 Success 选项，出现笑脸图标，如图 10-2 所示。

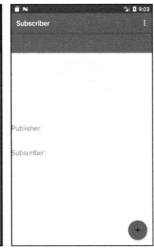

图 10-2　选择 Success 选项后出现笑脸图标

单击添加的浮动按钮，选择 Failure 选项，出现哭脸的图标，如图 10-3 所示。

单击 Fragment 中的不同线程模式，显示订阅者和发布者所在的线程，如选择 Main 线程模式，显示图 10-4 所示的内容。

图 10-3　选择 Failure 选项后出现哭脸图标　　　图 10-4　显示订阅者和发布者所在的线程

示例的实现代码如下：

1）定义 SuccessEvent 事件，代码如下：

```
package com.qcxy.eventbusdemo;

public class SuccessEvent {

}
```

① 定义 FailureEvent，代码如下：

```
package com.qcxy.eventbusdemo;
```

```java
public class FailureEvent {

}
```

②定义 AsyncEvent，代码如下：

```java
package com.qcxy.eventbusdemo;
public class AsyncEvent {
    public final String threadInfo;
    public AsyncEvent(String threadInfo) {
        this.threadInfo = threadInfo;
    }
}
```

③定义 BackgroundEvent，代码如下：

```java
package com.qcxy.eventbusdemo;

public class BackgroundEvent {
    public final String threadInfo;
    public BackgroundEvent(String threadInfo) {
        this.threadInfo = threadInfo;
    }
}
```

④定义 MainEvent，代码如下：

```java
package com.qcxy.eventbusdemo;

public class MainEvent {
    public final String threadInfo;
    public MainEvent(String threadInfo) {
        this.threadInfo = threadInfo;
    }
}
```

⑤定义 MainOrderedEvent，代码如下：

```java
package com.qcxy.eventbusdemo;

public class MainOrderedEvent {
    public final String threadInfo;
    public MainOrderedEvent(String threadInfo) {
        this.threadInfo = threadInfo;
    }
}
```

⑥定义 PostingEvent，代码如下：

```java
package com.qcxy.eventbusdemo;
```

```
public class PostingEvent {
    public final String threadInfo;
    public PostingEvent(String threadInfo) {
        this.threadInfo = threadInfo;
    }
}
```

2）使用 BaseActivity 模板创建 Activity，注册与注销订阅者，并实现回调函数，代码如下：

```
public class MainActivity extends AppCompatActivity {

    private static final String TAG = "MainActivity";

    @Override
    protected void onStart() {
        super.onStart();
        EventBus.getDefault().register(this);
    }

    @Override
    protected void onStop() {
        super.onStop();
        EventBus.getDefault().unregister(this);
    }

    @Subscribe
    public void onSuccessEvent(SuccessEvent event) {
        setImageSrc(R.drawable.ic_happy);
    }

    @Subscribe
    public void onFailureEvent(FailureEvent event) {
        setImageSrc(R.drawable.ic_sad);
    }

    @Subscribe(threadMode = ThreadMode.POSTING)
    public void onPositingEvent(final PostingEvent event) {
        final String threadInfo = Thread.currentThread().toString();
        runOnUiThread(new Runnable() {
            @Override
            public void run() {
                setPublisherThreadInfo(event.threadInfo);
                setSubscriberThreadInfo(threadInfo);
            }
        });
    }
```

```java
@Subscribe(threadMode = ThreadMode.MAIN)
public void onMainEvent(MainEvent event) {
    setPublisherThreadInfo(event.threadInfo);
    setSubscriberThreadInfo(Thread.currentThread().toString());
}

@Subscribe(threadMode = ThreadMode.MAIN_ORDERED)
public void onMainOrderedEvent(MainOrderedEvent event) {
    Log.d(TAG, "onMainOrderedEvent: enter @" + SystemClock.uptimeMillis());
    setPublisherThreadInfo(event.threadInfo);
    setSubscriberThreadInfo(Thread.currentThread().toString());
    try {
        TimeUnit.SECONDS.sleep(1);
    } catch (InterruptedException e) {
        e.printStackTrace();
    }
    Log.d(TAG, "onMainOrderedEvent: exit @" + SystemClock.uptimeMillis());
}

@Subscribe(threadMode = ThreadMode.BACKGROUND)
public void onBackgroundEvent(final BackgroundEvent event) {
    final String threadInfo = Thread.currentThread().toString();
    runOnUiThread(new Runnable() {
        @Override
        public void run() {
            setPublisherThreadInfo(event.threadInfo);
            setSubscriberThreadInfo(threadInfo);
        }
    });
}

@Subscribe(threadMode = ThreadMode.ASYNC)
public void onAsyncEvent(final AsyncEvent event) {
    final String threadInfo = Thread.currentThread().toString();
    runOnUiThread(new Runnable() {
        @Override
        public void run() {
            setPublisherThreadInfo(event.threadInfo);
            setSubscriberThreadInfo(threadInfo);
        }
    });
}
private void setPublisherThreadInfo(String threadInfo) {
    setTextView(R.id.publisherThreadTextView, threadInfo);
}

private void setSubscriberThreadInfo(String threadInfo) {
    setTextView(R.id.subscriberThreadTextView, threadInfo);
```

```java
    }

    private void setTextView(int resId, String text) {
        final TextView textView = (TextView) findViewById(resId);
        textView.setText(text);
        textView.setAlpha(.5f);
        textView.animate().alpha(1).start();
    }

    @Override
    protected void onCreate(Bundle savedInstanceState) {
        super.onCreate(savedInstanceState);
        setContentView(R.layout.activity_main);
        setTitle("Subscriber");
        Toolbar toolbar = findViewById(R.id.toolbar);
        FloatingActionButton fab = (FloatingActionButton) findViewById(R.id.fab);
        fab.setOnClickListener(new View.OnClickListener() {
            @Override
            public void onClick(View view) {
                // Display dialog fragment (publisher)
                final PublisherDialogFragment fragment = new PublisherDialogFragment();
                fragment.show(getSupportFragmentManager(), "publisher");
            }
        });
    }

    private void setImageSrc(int resId) {
        final ImageView imageView = (ImageView) findViewById(R.id.emotionImageView);
        imageView.setImageResource(resId);
    }

    @Override
    public boolean onCreateOptionsMenu(Menu menu) {
        getMenuInflater().inflate(R.menu.menu_main, menu);
        return true;
    }

    @Override
    public boolean onOptionsItemSelected(MenuItem item) {
        int id = item.getItemId();

        if (id == R.id.action_sticky) {
            final Intent intent = new Intent(this, StickyActivity.class);
            EventBus.getDefault().postSticky(new StickyMessageEvent("sticky-message-content"));
            startActivity(intent);
            return true;
        }
```

```
            return super.onOptionsItemSelected(item);
        }
    }
```

定义 StickyActivity，代码如下：

```
package com.qcxy.eventbusdemo;
import android.os.Bundle;
import androidx.appcompat.app.AppCompatActivity;
import org.greenrobot.eventbus.EventBus;
import org.greenrobot.eventbus.Subscribe;

public class StickyActivity extends AppCompatActivity {

    @Override
    protected void onStart() {
        super.onStart();
        EventBus.getDefault().register(this);
    }

    @Override
    protected void onStop() {
        super.onStop();
        EventBus.getDefault().unregister(this);
    }

    @Subscribe(sticky = true)
    public void onStickyMessageEvent(StickyMessageEvent event) {
        setTitle(event.message);
    }

    @Override
    protected void onCreate(Bundle savedInstanceState) {
        super.onCreate(savedInstanceState);
        setContentView(R.layout.activity_sticky);
    }
}
```

下面介绍主要的布局文件。

① activity_main.xml 布局文件，代码如下：

```
<?xml version = "1.0" encoding = "utf-8"?>
<androidx.coordinatorlayout.widget.CoordinatorLayout xmlns:android = "http://schemas.android.com/apk/res/
android"
    xmlns:app = "http://schemas.android.com/apk/res-auto"
    xmlns:tools = "http://schemas.android.com/tools"
    android:layout_width = "match_parent"
    android:layout_height = "match_parent"
    tools:context = ".MainActivity">
```

```xml
    <com.google.android.material.appbar.AppBarLayout
        android:layout_width = "match_parent"
        android:layout_height = "wrap_content"
        android:theme = "@style/AppTheme.AppBarOverlay">

        <androidx.appcompat.widget.Toolbar
            android:id = "@+id/toolbar"
            android:layout_width = "match_parent"
            android:layout_height = "?attr/actionBarSize"
            android:background = "?attr/colorPrimary"
            app:popupTheme = "@style/AppTheme.PopupOverlay" />

    </com.google.android.material.appbar.AppBarLayout>

    <include layout = "@layout/content_main" />

    <com.google.android.material.floatingactionbutton.FloatingActionButton
        android:id = "@+id/fab"
        android:layout_width = "wrap_content"
        android:layout_height = "wrap_content"
        android:layout_gravity = "bottom|end"
        android:layout_margin = "@dimen/fab_margin"
        app:srcCompat = "@drawable/ic_add" />

</androidx.coordinatorlayout.widget.CoordinatorLayout>
```

② content_main.xml 布局文件，代码如下：

```xml
<?xml version = "1.0" encoding = "utf-8"?>
<RelativeLayout xmlns:android = "http://schemas.android.com/apk/res/android"
    xmlns:app = "http://schemas.android.com/apk/res-auto"
    xmlns:tools = "http://schemas.android.com/tools"
    android:layout_width = "match_parent"
    android:layout_height = "match_parent"
    app:layout_behavior = "@string/appbar_scrolling_view_behavior"
    tools:context = ".MainActivity"
    tools:showIn = "@layout/activity_main">

    <ImageView
        android:id = "@+id/emotionImageView"
        android:layout_centerHorizontal = "true"
        android:layout_width = "200dp"
        android:layout_height = "200dp"
        android:contentDescription = "@null" />

    <LinearLayout
        android:layout_width = "match_parent"
        android:layout_height = "wrap_content"
```

```xml
        android:layout_below = "@+id/emotionImageView"
        android:orientation = "vertical">

        <TextView
            android:layout_width = "wrap_content"
            android:layout_height = "wrap_content"
            android:textSize = "20sp"
            android:text = "Publisher:" />

        <TextView
            android:id = "@+id/publisherThreadTextView"
            android:layout_width = "wrap_content"
            android:layout_height = "wrap_content"
            android:textColor = "#00f"
            android:textSize = "20sp" />

        <TextView
            android:layout_width = "wrap_content"
            android:layout_marginTop = "16dp"
            android:layout_height = "wrap_content"
            android:textSize = "20sp"
            android:text = "Subscriber:" />

        <TextView
            android:id = "@+id/subscriberThreadTextView"
            android:layout_width = "wrap_content"
            android:layout_height = "wrap_content"
            android:textColor = "#f00"
            android:textSize = "20sp" />

    </LinearLayout>

</RelativeLayout>
```

3）在 Fragment 中发布事件，代码如下：

```java
package com.qcxy.eventbusdemo;

import android.app.AlertDialog;
import android.app.Dialog;
import android.content.DialogInterface;
import android.os.Bundle;
import android.os.SystemClock;
import android.util.Log;

import androidx.annotation.NonNull;
import androidx.annotation.Nullable;
import androidx.fragment.app.DialogFragment;
```

```java
import org.greenrobot.eventbus.EventBus;
import org.greenrobot.eventbus.EventBusBuilder;

import java.util.concurrent.ExecutorService;
import java.util.concurrent.Executors;

public class PublisherDialogFragment extends DialogFragment {
    private static final String TAG = "PublisherDialogFragment";

    @NonNull
    @Override
    public Dialog onCreateDialog(@Nullable Bundle savedInstanceState) {
        final AlertDialog.Builder builder = new AlertDialog.Builder(getActivity());
        builder.setTitle("Publisher");
        final String[] items = {"Success", "Failure",
                "Posting", "Main", "MainOrdered", "Background", "Async"};
        builder.setItems(items, new DialogInterface.OnClickListener() {
            @Override
            public void onClick(DialogInterface dialog, int which) {
                switch (which) {
                    case 0:
                        // Success
                        postSuccessEvent();
                        break;
                    case 1:
                        // Failure
                        postFailureEvent();
                        break;
                    case 2:
                        // Posting
                        postPostingEvent();
                        break;
                    case 3:
                        // Main
                        postMainEvent();
                        break;
                    case 4:
                        // MainOrdered
                        postMainOrderedEvent();
                        break;
                    case 5:
                        // Background
                        postBackgroundEvent();
                        break;
                    case 6:
                        // Async
                        postAsyncEvent();
                        break;
```

```
                }
            }

        private void postMainEvent() {
            if (Math.random() > .5) {
                new Thread("working-thread") {
                    @Override
                    public void run() {
                        super.run();
                        EventBus.getDefault().post(new MainEvent(Thread.currentThread().
                        toString()));
                    }
                }.start();
            } else {
                EventBus.getDefault().post(new MainEvent(Thread.currentThread().toString()));
            }
        }

        private void postPostingEvent() {
            if (Math.random() > .5) {
                new Thread("posting-002") {
                    @Override
                    public void run() {
                        super.run();
                        EventBus.getDefault().post(new PostingEvent(Thread.currentThread().
                        toString()));
                    }
                }.start();
            } else {
                EventBus.getDefault().post(new PostingEvent(Thread.currentThread().toString()));
            }
        }
    });
    return builder.create();
}

private void postAsyncEvent() {
    if (Math.random() > .5) {
        final ExecutorService pool = Executors.newFixedThreadPool(1);
        pool.submit(new Runnable() {
            @Override
            public void run() {
                EventBus.getDefault().post(new AsyncEvent(Thread.currentThread().toString()));
            }
        });
        pool.shutdown();
    } else {
        EventBus.getDefault().post(new AsyncEvent(Thread.currentThread().toString()));
```

```
            }
        }

        private void postBackgroundEvent() {
            if (Math.random() > .5) {
                final ExecutorService pool = Executors.newFixedThreadPool(1);
                pool.submit(new Runnable() {
                    @Override
                    public void run() {
                        EventBus.getDefault().post(new BackgroundEvent(Thread.currentThread().
                        toString()));
                    }
                });
                pool.shutdown();
            } else {
                EventBus.getDefault().post(new BackgroundEvent(Thread.currentThread().toString()));
            }
        }

        private void postMainOrderedEvent() {
            Log.d(TAG, "onClick: before @" + SystemClock.uptimeMillis());
            EventBus.getDefault().post(new MainOrderedEvent(Thread.currentThread().toString()));
            Log.d(TAG, "onClick: after @" + SystemClock.uptimeMillis());
        }

        private void postFailureEvent() {
            EventBus.getDefault().post(new FailureEvent());
        }

        private void postSuccessEvent() {
            EventBus.getDefault().post(new SuccessEvent());
        }
    }
```

## 10.2 Glide 框架

### 10.2.1 Glide 框架简介

Glide 是 Google 员工的开源项目，在 Google I/O 上被推荐使用，是一个高效、开源的 Android 设备上的媒体管理框架，它遵循 BSD、MIT 及 Apache 2.0 协议发布。创建 Glide 的主要目的有两个，一个是实现平滑的图片列表滚动效果，另一个是支持远程图片的获取、大小调整和展示。

Glide 是一个快速高效的 Android 图片加载库，注重于平滑地滚动。Glide 提供了易用的 API，高性能、可扩展的图片解码管道（Decode Pipeline），以及自动的资源池技术。Glide 支持拉取、解码，以及展示视频快照、图片和 GIF 动画。Glide 的 API 非常灵活，开发者甚至可以插入和替换成自己喜爱的任何网络栈。默认情况下，Glide 使用的是一个定制化的基于 HttpUrlConnection 的栈，但同时也提供了与 Google Volley 和 Square OkHttp 快速集成的工具库。

　　Glide 使用简明的流式语法 API，因为在大部分情况下它允许用户使用一行代码满足需求，如以下代码：

```
Glide.with(fragment)
    .load(url)
    .into(imageView);
```

　　上面的代码是调用 with() 方法来创建一个加载图片的实例。with() 方法可以接收 Context、Activity 或者 Fragment 类型的参数。也就是说可选择的范围非常广，不管是在 Activity 中还是在 Fragment 中调用 with() 方法，都可以直接传实例。那么如果调用的地方既不在 Activity 中也不在 Fragment 中呢？此时可以获取当前应用程序的 ApplicationContext 传入 with() 方法中。注意，with() 方法中传入的实例会决定 Glide 加载图片的生命周期，如果传入的是 Activity 或者 Fragment 的实例，那么当这个 Activity 或 Fragment 被销毁的时候，图片加载也会停止。如果传入的是 ApplicationContext，那么只有当应用程序被删除时，图片加载才会停止。

　　Glide 充分考虑了 Android 图片加载性能的两个关键方面，注重图片解码速度和解码图片带来的资源压力。为了让用户拥有良好的 App 使用体验，图片不仅要快速加载，而且还不能因为过多的主线程 I/O 或频繁地垃圾回收导致页面的闪烁和抖动现象。

　　Glide 使用以下步骤来确保在 Android 上加载图片尽可能地快速和平滑：

　　1）自动、智能地下采样（Downsampling）和缓存（Caching），以最小化存储开销和解码次数。

　　2）积极的资源重用，如字节数组和 Bitmap，以最小化昂贵的垃圾回收和堆碎片影响。

　　3）深度的生命周期集成，以确保仅优先处理活跃的 Fragment 和 Activity 的请求，并有利于在必要时释放资源以避免在后台时被删除。

## 10.2.2　Glide 框架的使用

### 1. 使用准备

　　要想使用 Glide，首先需要将这个库引入项目中。新建一个 Android 项目，然后在 app/build.gradle 文件中添加依赖，代码如下：

```
repositories {
    mavenCentral()
    google()
}

dependencies {
    implementation 'com.github.bumptech.glide:glide:4.11.0'
    annotationProcessor 'com.github.bumptech.glide:compiler:4.11.0'
}
```

　　另外，Glide 中需要用到网络功能，因此还需要在 AndroidManifest.xml 中声明网络权限，使用 <uses-permission android:name="android.permission.INTERNET" /> 声明，然后就可以自由地使用 Glide 中的功能了。

2. 基本用法

多数情况下，使用 Glide 加载图片非常简单，一行代码即可：

```
Glide.with(fragment)
    .load(myUrl)
    .into(imageView);
```

上述代码中，with( ) 用于创建图片加载实例，load( ) 用于指定加载的图片资源，into( ) 用于指定图片的加载控件。

取消加载的代码如下：

```
Glide.with(fragment).clear(imageView);
```

尽管及时取消不必要的加载是很好的实践，但并不是必需的操作。实际上，当 Glide. with() 中传入的 Activity 或 Fragment 实例销毁时，Glide 会自动取消加载并回收资源。

Glide 提供了许多可应用于单一请求的选项，包括变换、过渡、缓存选项等。

默认选项可以直接应用于请求上：

```
Glide.with(fragment)
  .load(myUrl)
  .placeholder(placeholder)
  .fitCenter()
  .into(imageView);
```

选项也可以通过 RequestOptions 类在多个请求之间共享：

```
RequestOptions sharedOptions =
    new RequestOptions()
        .placeholder(placeholder)
        .fitCenter();

Glide.with(fragment)
  .load(myUrl)
  .apply(sharedOptions)
  .into(imageView1);

Glide.with(fragment)
  .load(myUrl)
  .apply(sharedOptions)
  .into(imageView2);
```

3. 在 ListView 和 RecyclerView 中的使用

在 ListView 或 RecyclerView 中加载图片的代码和在单独的 View 中加载代码完全一样。Glide 已经自动处理了 View 的复用和请求的取消：

```
@Override
public void onBindViewHolder(ViewHolder holder, int position) {
    String url = urls.get(position);
    Glide.with(fragment)
```

```
        .load(url)
        .into(holder.imageView);
}
```

对 url 进行 null 检验并不是必须的，如果 url 为 null，那么 Glide 会清空 View 的内容，或者显示 placeholder Drawable、fallback Drawable 的内容。

Glide 唯一的要求是，对于任何可复用的 View 或 Target，如果它们在之前的位置上用 Glide 进行过加载操作，那么在新的位置上去执行一个新的加载操作，或调用 clear() API 停止 Glide 的工作时，代码如下：

```
@Override
public void onBindViewHolder(ViewHolder holder, int position) {
    if (isImagePosition(position)) {
        String url = urls.get(position);
        Glide.with(fragment)
            .load(url)
            .into(holder.imageView);
    } else {
        Glide.with(fragment).clear(holder.imageView);
        holder.imageView.setImageDrawable(specialDrawable);
    }
}
```

对 View 调用 clear() 或 into(View)，表明在此之前的加载操作会被取消，并且在方法调用完成后，Glide 不会改变 View 的内容。如果既没有调用 clear()，又没有开启新的加载操作，那么就会出现这种情况：已经为一个 View 设置好了一个 Drawable，但该 View 在之前的位置上使用 Glide 进行过加载图片的操作，Glide 加载完毕后可能会将这个 View 改回成原来的内容。

【示例 10.2】使用 Glide 加载图片。

运行程序，显示"加载图片"按钮，如图 10-5 所示。

单击"加载图片"按钮，加载网络图片，如图 10-6 所示。

图 10-5　"加载图片"按钮

图 10-6　加载图片

实现步骤如下：

1）创建 Activity 的布局文件，代码如下：

```xml
<?xml version = "1.0" encoding = "utf-8"?>
<LinearLayout xmlns:android = "http://schemas.android.com/apk/res/android"
    xmlns:app = "http://schemas.android.com/apk/res-auto"
    xmlns:tools = "http://schemas.android.com/tools"
    android:layout_width = "match_parent"
    android:layout_height = "match_parent"
    android:orientation = "vertical"
    tools:context = ".MainActivity">
    <Button
        android:id = "@+id/btnLoadImg"
        android:layout_width = "match_parent"
        android:layout_height = "wrap_content"
        android:text = " 加载图片 "
        android:textSize = "20sp"/>
    <ImageView
        android:id = "@+id/ivPic"
        android:layout_width = "match_parent"
        android:layout_height = "wrap_content"/>

</LinearLayout>
```

2）在 Activity 中使用 Glide 加载图片，代码如下：

```java
public class MainActivity extends AppCompatActivity {
    private ImageView mIvPic;
    Button btnLoadImg;
    @Override
    protected void onCreate(Bundle savedInstanceState) {
        super.onCreate(savedInstanceState);
        setContentView(R.layout.activity_main);

        mIvPic = findViewById(R.id.ivPic);
        btnLoadImg = findViewById(R.id.btnLoadImg);
        btnLoadImg.setOnClickListener(new View.OnClickListener() {
            @Override
            public void onClick(View v) {
                onLoadImage();
            }
        });
    }

    public void onLoadImage() {
        glideLoadImage("https://www.whu.edu.cn/images/2020031910.jpg");
    }

/**
```

```
 * 使用 Glide 加载网络图片
 * @param img 网络图片地址
 */
private void glideLoadImage (String img) {
// 通过 RequestOptions 对象来设置 Glide 的配置
        RequestOptions options = new RequestOptions()
// 设置图片变换为圆角
                .circleCrop()
// 设置占位图
                .placeholder(R.mipmap.loading)
// 设置加载失败的错误图片
                .error(R.mipmap.loader_error);

// Glide.with 会创建一个图片的实例，接收 Context、Activity、Fragment
        Glide.with(this)
// 指定需要加载的图片资源，接收 Drawable 对象、网络图片地址、本地图片文件、资源文件、二进制
流、Uri 对象等
                .load(img)
          // 指定配置
                .apply(options)
        // 用于展示图片的 ImageView
                .into(mIvPic);
    }

}
```

# 10.3  ORM 框架

所谓 ORM 框架，即 ObjectRelational Mapping，它的作用是在关系数据库和对象之间作一个映射，这样，在具体操作数据库时，就不需要和复杂的 SQL 语句打交道，只要像平时操作对象一样操作它就可以了。为了简化对关系数据库的操作，出现了很多 ORM 框架，本节主要介绍 ORM 框架——GreenDao。

## 10.3.1  GreenDao 简介

GreenDao 是一款开源的面向 Android 的轻便、快捷的 ORM 框架，可将 Java 对象映射到 SQLite 数据库中，用户操作数据库的时候，不再需要编写复杂的 SQL 语句。在性能方面，GreenDao 针对 Android 进行了高度优化，具有最小的内存开销、依赖体积小，同时还支持数据库加密。

通常在使用 GreenDao 的时候，只需定义数据模型，GreenDao 框架将创建数据对象（实体）和 DAO（数据访问对象），能够节省部分代码。它能自动生成代码，用户无须关注实体类以及 Dao，因为 GreenDao 已经帮助生成了。下面介绍 GreenDao 对外提供的核心类。

### 1. DaoMaster

DaoMaster 保存数据库对象（SQLiteDatabase）并管理特定模式的 Dao 类。它具有静态方法来创建表或将其删除。

### 2. DaoSession

管理特定模式的所有可用 Dao 对象，用户可以使用 getter() 方法获取。DaoSession 还为实体提供了一些通用的持久性方法，如插入、加载、更新、刷新和删除。最后，DaoSession 对象也跟踪一个身份范围。

### 3. Dao 层

数据访问对象（Dao）持续存在并查询实体。对于每个实体，GreenDao 生成一个 Dao，它比 DaoSession 有更多的持久化方法，如 count、loadAll 和 insertInTx。

### 4. 实体

通常实体是使用标准 Java 属性（如 POJO 或 JavaBean）来表示数据库的对象。

## 10.3.2　GreenDao 的使用

### 1. 在项目中配置 GreenDao

使用 GreenDao 时，首先需要在工程中添加依赖，代码如下：

```
buildscript {
    repositories {
        google()
        maven { url'https://maven.aliyun.com/repository/public/'}
        maven{ url'https://maven.aliyun.com/repository/jcenter'}
        maven{ url'https://maven.aliyun.com/repository/google'}
        jcenter()
        mavenLocal()
        mavenCentral()

    }
    dependencies {
        classpath 'com.android.tools.build:gradle:3.5.2'
        classpath 'org.greenrobot:greendao-gradle-plugin:3.2.2'
    }
}
```

在项目下的 build.gradle 文件中添加如下代码：

```
apply plugin: 'com.android.application'
apply plugin: 'org.greenrobot.greendao'

dependencies {
…
implementation 'org.greenrobot:greendao:3.2.2'
compile 'net.zetetic:android-database-sqlcipher:3.5.9@aar'
}
```

### 2. 创建实体类，这里创建 Goods 实体类，代码如下：

```
@Entity
```

```
public class GoodsModel {
    @Id(autoincrement = true)
    private Long id;
    @Index(unique = true)
    private Integer goodsId;
    private String name;
    private String icon;
    private String info;
    private String type;
}
```

在 GreenDao 中，常用的注解如下：

@Entity：将 Java 普通类标识为一个能够被 GreenDao 识别的数据库类型的实体类。

@nameInDb：数据库中的名称，如果不写，则为实体中的类名。

@Id：设为主键，主键不能为 int 类型。参数 autoincrement 用于设置 ID 值是否自增。

@Property：可以自定义字段名，注意外键不能使用该属性。

@NotNull：属性不能为空。

@Transient：使用该注释的属性不会被存入数据库的字段中。

@Unique：该属性值必须在数据库中是唯一值。

@Generated：编译后自动生成的构造函数、方法等的注释，提示构造函数、方法等不能被修改。

@Keep：在 GreenDao 下次运行时保持不变。注解实体类：默认禁止修改此类；注解其他代码段：默认禁止修改注解的代码段。

### 3. 重新编译工程，生成代码

执行 build→make project（Ctrl+F9）编译工程，生成实体类的代码，在 build→generated→source 下生成 GreenDao 的一些类，如 DaoMaster、DaoSession、GoodsModelDao，这些生成的类可以在项目中直接使用。

### 4. 操作数据库

1）创建数据库 goods.db：

DaoMaster.DevOpenHelper daoHelper = new DaoMaster.DevOpenHelper(context, "goods.db", null);

2）获取可写数据库：

SQLiteDatabase db = daoHelper.getWritableDatabase();

3）获取数据库对象：

DaoMaster daoMaster = new DaoMaster(db);

4）获取 Dao 对象管理者：

DaoSession daoSession = daoMaster.newSession();

5）使用 daoSession 获取对应的数据访问对象来操作数据库，实现增删改查。

## 10.4　ViewBinding 视图绑定

ViewBinding 的意思就是如何将 view 与代码绑定在一起。所以其主要解决如何安全地从代码中引用 XML layout 文件中 view 控件的问题。到目前为止，Android 构建用户界面的主流方式仍然是使用 XML 格式的 layout 文件。使用 ViewBinging 能够很好地减少 findViewById 的代码，使得程序操作 View 控件更加方便。使用视图绑定功能，可以更轻松地编写可与视图交互的代码。在模块中启用视图绑定之后，系统会为该模块中的每个 XML 布局文件生成一个绑定类。绑定类的实例包含对相应布局中具有 ID 的所有视图的直接引用。在大多数情况下，视图绑定会替代 findViewById。

**提示**：视图绑定在 Android Studio 3.6 Canary 11 及更高版本中可用。

视图绑定功能可按模块启用。要在某个模块中启用视图绑定，需要将 viewBinding 元素添加到其 build.gradle 文件中，如以下代码所示：

```
android {
        ...
        viewBinding {
            enabled = true
        }
}
```

如果希望在生成绑定类时忽略某个布局文件，则可将 tools:viewBindingIgnore="true" 属性添加到相应布局文件的根视图中，代码如下：

```
<LinearLayout
    ...
    tools:viewBindingIgnore = "true" >
    ...
</LinearLayout>
```

为某个模块启用视图绑定功能后，系统会为该模块中包含的每个 XML 布局文件都生成一个绑定类。每个绑定类均包含对根视图及具有 ID 的所有视图的引用。系统会通过以下方式生成绑定类的名称：将 XML 文件的名称转换为驼峰式大小写，并在末尾添加"Binding"。

例如，假设某个布局文件名为 result_profile.xml：

```
<?xml version = "1.0" encoding = "utf-8"?>
<LinearLayout xmlns:android = "http://schemas.android.com/apk/res/android"
    xmlns:app = "http://schemas.android.com/apk/res-auto"
    xmlns:tools = "http://schemas.android.com/tools"
    android:layout_width = "match_parent"
    android:layout_height = "match_parent"
    android:orientation = "vertical"
    tools:context = ".MainActivity">
        <TextView android:id = "@+id/name" />
        <ImageView android:cropToPadding = "true" />
        <Button android:id = "@+id/button"
            android:background = "@drawable/rounded_button" />
```

</LinearLayout>

此时生成的绑定类名为 ResultProfileBinding。此类具有两个字段：一个是名为 name 的 TextView，另一个是名为 button 的 Button。该布局中的 ImageView 没有 ID，因此绑定类中不存在对它的引用。

每个绑定类都包括一个 getRoot() 方法，为相应布局文件的根视图提供直接引用。在此示例中，ResultProfileBinding 类中的 getRoot() 方法返回 LinearLayout 根视图。

```
private ResultProfileBinding binding;
@Override
protected void onCreate(Bundle savedInstanceState) {
    super.onCreate(savedInstanceState);
    binding = ResultProfileBinding.inflate(layoutInflater);
    setContentView(binding.root);
}
```

现在绑定类的实例可以用于引用任何视图：

```
binding.name.text = viewModel.name;
binding.button.setOnClickListener(new View.OnClickListener() {
    viewModel.userClicked()
});
```

与使用 findViewById 相比，视图绑定具有一些很显著的优点：

1）Null 安全：由于视图绑定会创建对视图的直接引用，因此不存在因视图 ID 无效而引发 Null 指针异常的风险。此外，如果视图仅出现在布局的某些配置中，则绑定类中包含其引用的字段会使用 @Nullable 标记。

2）类型安全：每个绑定类中的字段均具有与它们在 XML 文件中引用的视图相匹配的类型。这意味着不存在发生类转换异常的风险。

# 本章习题

### 1. 选择题

1）下列关于 Glide 加载图片描述正确的是（      ）。（选两项）

A. load() 方法中无法加载 GIF 图

B. Glide 加载网络图片是同步加载

C. Glide 设置图片加载失败时的显示内容

D. Glide 设置占位图：placeholder()

2）以下关于 EventBus 的使用错误的是（      ）。

A. EventBus.getDefault().register();

B. EventBus.getDefault().post();

C. EventBus.getDefault().unregister();

D. EventBus.getDefault().handlerMessage();

3）如果需要将发布事件和接收事件设置在同一个线程，那么 ThreadMode 应该设置成（      ）。

A. POSTING　　　B. MAIN　　　　　　C. BACKGROUND　　D. ASYNC

4）下列关于 EventBus 说法错误的是（　　　）。

A. EventBus 是以观察者模式实现的事件总线

B. EventBus 简化了组件间以及组件与后台线程间的通信

C. EventBus 通过发布 / 订阅方式来管理事件总线

D. EventBus 实现不了线程间的切换

5）除了 Glide，下面（　　　）也是常用的加载框架。（选两项）

A. Volley　　　　　B. Mockito　　　　　C. Picasso　　　　　D. Robotium

2. 简答题

1）简述 EventBus 框架的作用和使用步骤。

2）简述 Glide 框架的作用和使用步骤。

3）简述 ORM 类型框架的原理，常见的 ORM 框架有哪些？

# 参 考 文 献

[1]  黑马程序员 . Android 移动开发基础案例教程 [M]. 北京：人民邮电出版社，2017.

[2]  李刚 . 疯狂 Android 讲义 [M]. 4 版 . 北京：电子工业出版社，2019.

[3]  郭霖 . 第一行代码 Android [M]. 3 版 . 北京：人民邮电出版社，2020.

[4]  张思民 . Android Studio 应用程序设计 [M]. 2 版 . 北京：清华大学出版社，2017.